国家科技重大专项

大型油气田及煤层气开发成果丛书

（2008—2020）

卷 42

鄂尔多斯盆缘过渡带复杂类型气藏精细描述与开发

吕新华　何发岐　王国壮　李克智　等编著

石油工业出版社

内容提要

本书系统介绍了不同类型气藏的地质模式、地球物理响应特征及地震地质一体化评价预测方法，阐述了不同类型气藏开发技术对策及适应性工程工艺技术，总结了针对盆缘复杂区致密－低渗气藏的地质－工程一体化开发模式及应用效果。

本书可供从事低渗透油气田科研人员参考使用，也可作为相关高等院校师生参考用书。

图书在版编目（CIP）数据

鄂尔多斯盆缘过渡带复杂类型气藏精细描述与开发 /
吕新华等编著 . —北京：石油工业出版社，2023.3
（国家科技重大专项·大型油气田及煤层气开发成果丛书：2008—2020）
ISBN 978-7-5183-4786-5

Ⅰ.①鄂… Ⅱ.①吕… Ⅲ.① 鄂尔多斯盆地—复杂地层—
油气藏—研究② 鄂尔多斯盆地—复杂地层—油气开采—研究
Ⅳ.① P618.130.622.6 ② TE343

中国版本图书馆 CIP 数据核字（2021）第 151618 号

责任编辑：何丽萍　王宝刚
责任校对：郭京平
装帧设计：李　欣　周　彦

出版发行：石油工业出版社
　　　　（北京安定门外安华里 2 区 1 号　　100011）
　　　　网　　址：www.petropub.com
　　　　编辑部：（010）64210387　图书营销中心：（010）64523633
经　　销：全国新华书店
印　　刷：北京中石油彩色印刷有限责任公司

2023 年 3 月第 1 版　　2023 年 3 月第 1 次印刷
787×1092 毫米　开本：1/16　印张：19
字数：440 千字

定价：190.00 元

《国家科技重大专项·大型油气田及煤层气开发成果丛书（2008—2020）》

◇◇◇◇◇ 编委会 ◇◇◇◇◇

《鄂尔多斯盆缘过渡带
复杂类型气藏精细描述与开发》

◇◇◇◇◇ 编写组 ◇◇◇◇◇

组　长：吕新华

副组长：何发岐　王国壮　李克智

成　员：（按姓氏拼音排序）

安　川	陈　奎	邓红琳	丁景辰	高青松	高照普
归平军	季永强	雷　涛	李　新	李春堂	李大雷
李月丽	凌　云	刘争芬	马运利	彭　杰	齐　荣
王　帆	王　翔	王善明	吴建彪	杨　艺	於文辉
张　辉	张　威	张立强	张永春	张永清	张占杨
赵　兰	周　舰	周瑞立	朱新春		

丛书·序

能源安全关系国计民生和国家安全。面对世界百年未有之大变局和全球科技革命的新形势，我国石油工业肩负着坚持初心、为国找油、科技创新、再创辉煌的历史使命。国家科技重大专项是立足国家战略需求，通过核心技术突破和资源集成，在一定时限内完成的重大战略产品、关键共性技术或重大工程，是国家科技发展的重中之重。大型油气田及煤层气开发专项，是贯彻落实习近平总书记关于大力提升油气勘探开发力度、能源的饭碗必须端在自己手里等重要指示批示精神的重大实践，是实施我国"深化东部、发展西部、加快海上、拓展海外"油气战略的重大举措，引领了我国油气勘探开发事业跨入向深层、深水和非常规油气进军的新时代，推动了我国油气科技发展从以"跟随"为主向"并跑、领跑"的重大转变。在"十二五"和"十三五"国家科技创新成就展上，习近平总书记两次视察专项展台，充分肯定了油气科技发展取得的重大成就。

大型油气田及煤层气开发专项作为《国家中长期科学和技术发展规划纲要（2006—2020 年）》确定的 10 个民口科技重大专项中唯一由企业牵头组织实施的项目，以国家重大需求为导向，积极探索和实践依托行业骨干企业组织实施的科技创新新型举国体制，集中优势力量，调动中国石油、中国石化、中国海油等百余家油气能源企业和 70 多所高等院校、20 多家科研院所及 30 多家民营企业协同攻关，参与研究的科技人员和推广试验人员超过 3 万人。围绕专项实施，形成了国家主导、企业主体、市场调节、产学研用一体化的协同创新机制，聚智协力突破关键核心技术，实现了重大关键技术与装备的快速跨越；弘扬伟大建党精神、传承石油精神和大庆精神铁人精神，以及石油会战等优良传统，充分体现了新型举国体制在科技创新领域的巨大优势。

经过十三年的持续攻关，全面完成了油气重大专项既定战略目标，攻克了一批制约油气勘探开发的瓶颈技术，解决了一批"卡脖子"问题。在陆上油气勘探、陆上油气开发、工程技术、海洋油气勘探开发、海外油气勘探开发、非常规油气勘探开发领域，形成了 6 大技术系列、26 项重大技术；自主研发 20 项重大工程技术装备；建成 35 项示范工程、26 个国家级重点实验室和研究中心。我国油气科技自主创新能力大幅提升，油气能源企业被卓越赋能，形成产量、储量增长高峰期发展新态势，为落实习近平总书记"四个革命、一个合作"能源安全新战略奠定了坚实的资源基础和技术保障。

《国家科技重大专项·大型油气田及煤层气开发成果丛书（2008—2020）》（62 卷）是专项攻关以来在科学理论和技术创新方面取得的重大进展和标志性成果的系统总结，凝结了数万科研工作者的智慧和心血。他们以"功成不必在我，功成必定有我"的担当，高质量完成了这些重大科技成果的凝练提升与编写工作，为推动科技创新成果转化为现实生产力贡献了力量，给广大石油干部员工奉献了一场科技成果的饕餮盛宴。这套丛书的正式出版，对于加快推进专项理论技术成果的全面推广，提升石油工业上游整体自主创新能力和科技水平，支撑油气勘探开发快速发展，在更大范围内提升国家能源保障能力将发挥重要作用，同时也一定会在中国石油工业科技出版史上留下一座书香四溢的里程碑。

在世界能源行业加快绿色低碳转型的关键时期，广大石油科技工作者要进一步认清面临形势，保持战略定力、志存高远、志创一流，毫不放松加强油气等传统能源科技攻关，大力提升油气勘探开发力度，增强保障国家能源安全能力，努力建设国家战略科技力量和世界能源创新高地；面对资源短缺、环境保护的双重约束，充分发挥自身优势，以技术创新为突破口，加快布局发展新能源新事业，大力推进油气与新能源协调融合发展，加大节能减排降碳力度，努力增加清洁能源供应，在绿色低碳科技革命和能源科技创新上出更多更好的成果，为把我国建设成为世界能源强国、科技强国，实现中华民族伟大复兴的中国梦续写新的华章。

中国石油董事长、党组书记

中国工程院院士　　戴厚良

石油天然气是当今人类社会发展最重要的能源。2020 年全球一次能源消费量为 134.0×10^8 t 油当量，其中石油和天然气占比分别为 30.6% 和 24.2%。展望未来，油气在相当长时间内仍是一次能源消费的主体，全球油气生产将呈长期稳定趋势，天然气产量将保持较高的增长率。

习近平总书记高度重视能源工作，明确指示"要加大油气勘探开发力度，保障我国能源安全"。石油工业的发展是由资源、技术、市场和社会政治经济环境四方面要素决定的，其中油气资源是基础，技术进步是最活跃、最关键的因素，石油工业发展高度依赖科学技术进步。近年来，全球石油工业上游在资源领域和理论技术研发均发生重大变化，非常规油气、海洋深水油气和深层—超深层油气勘探开发获得重大突破，推动石油地质理论与勘探开发技术装备取得革命性进步，引领石油工业上游业务进入新阶段。

中国共有 500 余个沉积盆地，已发现松辽盆地、渤海湾盆地、准噶尔盆地、塔里木盆地、鄂尔多斯盆地、四川盆地、柴达木盆地和南海盆地等大型含油气大盆地，油气资源十分丰富。中国含油气盆地类型多样、油气地质条件复杂，已发现的油气资源以陆相为主，构成独具特色的大油气分布区。历经半个多世纪的艰苦创业，到 20 世纪末，中国已建立完整独立的石油工业体系，基本满足了国家发展对能源的需求，保障了油气供给安全。2000 年以来，随着国内经济高速发展，油气需求快速增长，油气对外依存度逐年攀升。我国石油工业担负着保障国家油气供应安全，壮大国际竞争力的历史使命，然而我国石油工业面临着油气勘探开发对象日趋复杂、难度日益增大、勘探开发理论技术不相适应及先进装备依赖进口的巨大压力，因此急需发展自主科技创新能力，发展新一代油气勘探开发理论技术与先进装备，以大幅提升油气产量，保障国家油气能源安全。一直以来，国家高度重视油气科技进步，支持石油工业建设专业齐全、先进开放和国际化的上游科技研发体系，在中国石油、中国石化和中国海油建立了比较先进和完备的科技队伍和研发平台，在此基础上于 2008 年启动实施国家科技重大专项技术攻关。

国家科技重大专项"大型油气田及煤层气开发"（简称"国家油气重大专项"）是《国家中长期科学和技术发展规划纲要（2006—2020 年）》确定的 16 个重大专项之一，目标是大幅提升石油工业上游整体科技创新能力和科技水平，支撑油气勘探开发快速发展。国家油气重大专项实施周期为 2008—2020 年，按照"十一五""十二五""十三五" 3 个阶段实施，是民口科技重大专项中唯一由企业牵头组织实施的专项，由中国石油牵头组织实施。专项立足保障国家能源安全重大战略需求，围绕"6212"科技攻关目标，共部署实施 201 个项目和示范工程。在党中央、国务院的坚强领导下，专项攻关团队积极探索和实践依托行业骨干企业组织实施的科技攻关新型举国体制，加快推进专项实施，攻克一批制约油气勘探开发的瓶颈技术，形成了陆上油气勘探、陆上油气开发、工程技术、海洋油气勘探开发、海外油气勘探开发、非常规油气勘探开发 6 大领域技术系列及 26 项重大技术，自主研发 20 项重大工程技术装备，完成 35 项示范工程建设。近 10 年我国石油年产量稳定在 $2 \times 10^8 t$ 左右，天然气产量取得快速增长，2020 年天然气产量达 $1925 \times 10^8 m^3$，专项全面完成既定战略目标。

通过专项科技攻关，中国油气勘探开发技术整体已经达到国际先进水平，其中陆上油气勘探开发水平位居国际前列，海洋石油勘探开发与装备研发取得巨大进步，非常规油气开发获得重大突破，石油工程服务业的技术装备实现自主化，常规技术装备已全面国产化，并具备部分高端技术装备的研发和生产能力。总体来看，我国石油工业上游科技取得以下七个方面的重大进展：

（1）我国天然气勘探开发理论技术取得重大进展，发现和建成一批大气田，支撑天然气工业实现跨越式发展。围绕我国海相与深层天然气勘探开发技术难题，形成了海相碳酸盐岩、前陆冲断带和低渗—致密等领域天然气成藏理论和勘探开发重大技术，保障了我国天然气产量快速增长。自 2007 年至 2020 年，我国天然气年产量从 $677 \times 10^8 m^3$ 增长到 $1925 \times 10^8 m^3$，探明储量从 $6.1 \times 10^{12} m^3$ 增长到 $14.41 \times 10^{12} m^3$，天然气在一次能源消费结构中的比例从 2.75% 提升到 8.18% 以上，实现了三个翻番，我国已成为全球第四大天然气生产国。

（2）创新发展了石油地质理论与先进勘探技术，陆相油气勘探理论与技术继续保持国际领先水平。创新发展形成了包括岩性地层油气成藏理论与勘探配套技术等新一代石油地质理论与勘探技术，发现了鄂尔多斯湖盆中心岩性地层大油区，支撑了国内长期年新增探明 $10 \times 10^8 t$ 以上的石油地质储量。

（3）形成国际领先的高含水油田提高采收率技术，聚合物驱油技术已发展到三元复合驱，并研发先进的低渗透和稠油油田开采技术，支撑我国原油产量长期稳定。

（4）我国石油工业上游工程技术装备（物探、测井、钻井和压裂）基本实现自主化，具备一批高端装备技术研发制造能力。石油企业技术服务保障能力和国际竞争力大幅提升，促进了石油装备产业和工程技术服务产业发展。

（5）我国海洋深水工程技术装备取得重大突破，初步实现自主发展，支持了海洋深水油气勘探开发进展，近海油气勘探与开发能力整体达到国际先进水平，海上稠油开发处于国际领先水平。

（6）形成海外大型油气田勘探开发特色技术，助力"一带一路"国家油气资源开发和利用。形成全球油气资源评价能力，实现了国内成熟勘探开发技术到全球的集成与应用，我国海外权益油气产量大幅度提升。

（7）页岩气、致密气、煤层气与致密油、页岩油勘探开发技术取得重大突破，引领非常规油气开发新兴产业发展。形成页岩气水平井钻完井与储层改造作业技术系列，推动页岩气产业快速发展；页岩油勘探开发理论技术取得重大突破；煤层气开发新兴产业初见成效，形成煤层气与煤炭协调开发技术体系，全国煤炭安全生产形势实现根本性好转。

这些科技成果的取得，是国家实施建设创新型国家战略的成果，是百万石油员工和科技人员发扬艰苦奋斗、为国找油的大庆精神铁人精神的实践结果，是我国科技界以举国之力团结奋斗联合攻关的硕果。国家油气重大专项在实施中立足传统石油工业，探索实践新型举国体制，创建"产学研用"创新团队，创新人才队伍建设，创新科技研发平台基地建设，使我国石油工业科技创新能力得到大幅度提升。

为了系统总结和反映国家油气重大专项在科学理论和技术创新方面取得的重大进展和成果，加快推进专项理论技术成果的推广和提升，专项实施管理办公室与技术总体组规划组织编写了《国家科技重大专项·大型油气田及煤层气开发成果丛书（2008—2020）》。丛书共62卷，第1卷为专项理论技术成果总论，第2～9卷为陆上油气勘探理论技术成果，第10～14卷为陆上油气开发理论技术成果，第15～22卷为工程技术装备成果，第23～26卷为海洋油气理论技术装备成果，第27～30卷为海外油气理论技术成果，第31～43卷为非常规油气理论技术成果，第44~62卷为油气开发示范工程技术集成与实施成果（包括常规油气开发7卷，煤层气开发5卷，页岩气开发4卷，致密油、页岩油开发3卷）。

各卷均以专项攻关组织实施的项目与示范工程为单元，作者是项目与示范工程的项目长和技术骨干，内容是项目与示范工程在2008—2020年期间的重大科学理论研究、先进勘探开发技术和装备研发成果，代表了当今我国石油工业上游的最新成就和最高水平。丛书内容翔实，资料丰富，是科学研究与现场试验的真实记录，也是科研成果的总结和提升，具有重大的科学意义和资料价值，必将成为石油工业上游科技发展的珍贵记录和未来科技研发的基石和参考资料。衷心希望丛书的出版为中国石油工业的发展发挥重要作用。

国家科技重大专项"大型油气田及煤层气开发"是一项巨大的历史性科技工程，前后历时十三年，跨越三个五年规划，共有数万名科技人员参加，是我国石油工业史上一项壮举。专项的顺利实施和圆满完成是参与专项的全体科技人员奋力攻关、辛勤工作的结果，是我国石油工业界和石油科技教育界通力合作的典范。我有幸作为国家油气重大专项技术总师，全程参加了专项的科研和组织，倍感荣幸和自豪。同时，特别感谢国家科技部、财政部和发改委的规划、组织和支持，感谢中国石油、中国石化、中国海油及中联公司长期对石油科技和油气重大专项的直接领导和经费投入。此次专项成果丛书的编辑出版，还得到了石油工业出版社大力支持，在此一并表示感谢！

中国科学院院士 贾承造

《国家科技重大专项·大型油气田及煤层气开发成果丛书（2008—2020）》

◇◇◇◇◇◇ 分卷目录 ◇◇◇◇◇◇

序号	分卷名称
卷 29	超重油与油砂有效开发理论与技术
卷 30	伊拉克典型复杂碳酸盐岩油藏储层描述
卷 31	中国主要页岩气富集成藏特点与资源潜力
卷 32	四川盆地及周缘页岩气形成富集条件、选区评价技术与应用
卷 33	南方海相页岩气区带目标评价与勘探技术
卷 34	页岩气气藏工程及采气工艺技术进展
卷 35	超高压大功率成套压裂装备技术与应用
卷 36	非常规油气开发环境检测与保护关键技术
卷 37	煤层气勘探地质理论及关键技术
卷 38	煤层气高效增产及排采关键技术
卷 39	新疆准噶尔盆地南缘煤层气资源与勘查开发技术
卷 40	煤矿区煤层气抽采利用关键技术与装备
卷 41	中国陆相致密油勘探开发理论与技术
卷 42	鄂尔多斯盆缘过渡带复杂类型气藏精细描述与开发
卷 43	中国典型盆地陆相页岩油勘探开发选区与目标评价
卷 44	鄂尔多斯盆地大型低渗透岩性地层油气藏勘探开发技术与实践
卷 45	塔里木盆地克拉苏气田超深超高压气藏开发实践
卷 46	安岳特大型深层碳酸盐岩气田高效开发关键技术
卷 47	缝洞型油藏提高采收率工程技术创新与实践
卷 48	大庆长垣油田特高含水期提高采收率技术与示范应用
卷 49	辽河及新疆稠油超稠油高效开发关键技术研究与实践
卷 50	长庆油田低渗透砂岩油藏 CO_2 驱油技术与实践
卷 51	沁水盆地南部高煤阶煤层气开发关键技术
卷 52	涪陵海相页岩气高效开发关键技术
卷 53	渝东南常压页岩气勘探开发关键技术
卷 54	长宁—威远页岩气高效开发理论与技术
卷 55	昭通山地页岩气勘探开发关键技术与实践
卷 56	沁水盆地煤层气水平井开采技术及实践
卷 57	鄂尔多斯盆地东缘煤系非常规气勘探开发技术与实践
卷 58	煤矿区煤层气地面超前预抽理论与技术
卷 59	两淮矿区煤层气开发新技术
卷 60	鄂尔多斯盆地致密油与页岩油规模开发技术
卷 61	准噶尔盆地砂砾岩致密油藏开发理论技术与实践
卷 62	渤海湾盆地济阳坳陷致密油藏开发技术与实践

　　鄂尔多斯盆地北部盆缘过渡带构造位置处于天环坳陷、伊陕斜坡与伊盟隆起三个盆地一级构造单元结合部位，是盆地最早取得天然气突破的地区之一。早在 1977 年，地质矿产部第三石油普查大队（中国石化华北油气分公司前身之一）在伊盟隆起上以构造气藏为主要目标部署的伊深 1 井在下二叠统下石盒子组试获工业气流，揭示了盆地北缘具有天然气成藏条件，取得该区天然气勘探的重大突破。由于该区天然气成藏地质条件远比盆地内部伊陕斜坡主体部位复杂，在取得天然气突破后，华北油气分公司经历了 40 多年的科技攻关和勘探实践，在伊盟隆起和伊陕斜坡上发现东胜气田，探明储量超过千亿立方米，被选为 2011—2020 年全国优选找矿成果，成为近中期中国天然气重要的增储上产阵地之一。

　　盆地北部杭锦旗区块主要发育上古生界石炭—二叠系致密—低渗透气藏，含气层位与盆地内部苏里格气田一致，同属于克拉通盆地大型致密砂岩含气区，成藏条件及气藏分布与盆地内部是连续的，但由于受盆地构造单元结合带上基底隆起、断裂等影响，"源—储—输—构"成藏要素空间上呈差异配置，天然气成藏基本地质特征具有"四个过渡带"的特点：（1）构造过渡带。表现为从南部斜坡区向北部继承性隆起区过渡，从南向北地层倾角显著增大。在中部近东、西向三条基底大断层及伴生的一系列次级断层的多期活动控制下，上古生界发育大量局部隆起带与裂缝带，继承性古隆起控制了古生界地层由南向北超覆尖灭。（2）沉积过渡带。表现为由北部近物源陡坡区冲积扇沉积向南部缓坡区辫状河沉积过渡，砂体的连通性从南向北逐渐增强，储层物性从南部致密向北部低渗透过渡。（3）生烃过渡带。烃源岩展布由盆内大型生烃中心向盆缘逐渐减薄至缺失过渡，生烃强度从南向北大幅减小，北部隆起区生烃强度普遍小于 $20 \times 10^8 \mathrm{m}^3/\mathrm{km}^2$。（4）成藏过渡带。表现为成藏模式由盆内岩性成藏单一模式向盆缘多因素复合成藏过渡。

由于天然气成藏条件复杂变化，叠加成藏后期持续且强烈的构造活动，造成本区气水分布复杂，与盆内源储紧邻、大面积分布的致密砂岩气藏有显著差异，主要表现为：致密与低渗透储层共存，孔隙与微裂缝共存，岩性圈闭、构造圈闭及复合圈闭共存，气层、气水层与水层共存，浮力作用与非浮力作用共存。因此，前人认为该区位于"深盆气"边部的"气水过渡带"上，难以形成大型气田。

"十二五"期间中国石化华北油气分公司依托国家油气重大专项下设课题《鄂尔多斯盆地碎屑岩层系大中型油气田富集规律与勘探方向》和中国石化科研项目《杭锦旗地区大中型气田形成条件与分布规律》对盆地北缘过渡带的成藏条件开展持续攻关研究，突破了"水区"、"气藏零散分布"等固有认识，逐渐认识到该区石炭—二叠系位于盆内岩性气藏到盆缘构造气藏的过渡区，具备大中型气藏形成条件。通过持续勘探，到"十二五"末，杭锦旗区块保有三级储量近 $8000 \times 10^8 m^3$，展现出较大的资源潜力。然而，由于富集规律仍不明朗，规模优质储量富集区仍不明确，探明储量仅有 $163 \times 10^8 m^3$，未实现规模建产。

为进一步寻找盆缘天然气富集区，摸索适应盆缘复杂气藏的勘探开发技术，"十三五"以来依托国家油气重大专项下设课题《鄂尔多斯盆地北缘低丰度致密低渗气藏开发关键技术》开展盆缘致密—低渗透气藏富集规律与勘探开发关键技术攻关，逐步揭示了盆缘多类型气藏成藏机理，明确了该区天然气成藏模式和气藏分布类型，建立了不同类型气藏评价及甜点描述技术方法。2017 年以来，华北油气分公司将科研成果及时转化，勘探目标突破了单一岩性圈闭，转向了过渡带上多类型圈闭，优选出独贵加汗、新召和什股壕三个天然气富集区，在气水两相渗流机理研究基础上制定了不同类型气藏相应的开发技术政策，形成了一套盆缘多类型气藏地质—工程一体化评价技术，新建产能 $15 \times 10^8 m^3$，推动了超 $1000 \times 10^8 m^3$ 探明储量的发现，建成了中国石化在鄂尔多斯盆地的第二个大气田——东胜气田。

东胜气田的发现是几代油气地质工作者的持续攻坚克难、创新实践的结果，实现了鄂尔多斯盆地致密砂岩气藏勘探领域从盆内到盆缘的拓展，丰富和发展了致密砂岩成藏理论。本书总结了"十三五"期间在盆地北缘取得的勘探开发成果与认识，用盆缘的特殊性来完善全盆致密砂岩气成藏理论的普遍性与规律性，为同类型油气藏的勘探开发提供借鉴，从而推动盆地边缘复杂类型油气藏的勘探开发。

本书回顾了鄂尔多斯盆地北缘的勘探历程，从盆地北缘与盆地内部成藏地质特征的差异性出发，以盆缘不同区带成藏要素的差异配置及其演化为主线，揭示了盆缘不同类型气藏的成藏机理及分布规律；重点解剖地层—岩性及岩性—构造两种典型气藏，系统介绍了不同类型气藏的地质模式、地球物理响应特征及地震地质一体化评价预测方法；在复杂含水气藏渗流机理及开采规律研究基础上，阐述了不同类型气藏开发技术对策及适应性工程工艺技术；最后总结了针对盆缘复杂区致密—低渗透气藏的地质—工程一体化开发模式及应用效果。

本书共九章。各章执笔人如下：第一章，安川；第二章第一节，张威，第二节，张威、张占杨；第三章第一节，李春堂，第二节，赵兰，第三节，齐荣；第四章第一节，高照普、王善明、凌云、马运利，第二节，归平军、李新、高照普，第三节，张占杨、於文辉；第五章，丁景辰；第六章，吴建彪；第七章第一节，邓红琳、张永清、李大雷、张辉，第二节，张永春、王帆、李月丽、朱新春，第三节，周瑞立、周舰、张立强；第四节，季永强、刘争芬、彭杰；第八章第一节，王翔、雷涛，第二节，雷涛、牛似成；第九章，陈奎。全书由王国壮、李克智、高青松、杨艺审查核稿，由吕新华、何发岐统编定稿。

本书所引用的东胜气田勘探开发资料截至2020年底。

目 录

第一章　构造及沉积背景

鄂尔多斯盆地处于华北地台西部，属华北地台的次级构造单元，是一个稳定沉降、坳陷迁移的多旋回演化的克拉通盆地。鄂尔多斯盆地经历了中新元古代裂谷系、早古生代浅水碳酸盐岩台地、晚古生代浅水海陆过渡、中生代内陆湖盆、新生代周缘断陷等几个重要的构造演化阶段。现今构造格局主要由六大构造单元组成：伊盟隆起、伊陕斜坡、渭北隆起、晋西挠褶带、天环坳陷和西缘逆冲带。盆地内部构造较稳定，盆地边缘构造复杂，由盆内向盆缘具有构造、沉积、生烃及成藏逐渐变化过渡的典型特征。

第一节　区域构造背景

一、盆地概况

鄂尔多斯盆地是中国陆上第二大沉积盆地及重要的能源基地，矿产资源十分丰富。盆地周边分布着一系列的山脉，山脉海拔一般在 2000m 左右。盆地内部相对较低，一般海拔 800～1400m。盆地内部大致以长城为界，北部为干旱沙漠、草原区，有著名的毛乌素沙漠、库布齐沙漠等；南部为半干旱黄土高原区，黄土广布，地形复杂。盆地外围邻近三大冲积平原，即西边的银川平原、南边的渭河平原和北边的河套平原，地形平坦，交通便利。现今盆地北起阴山、南至秦岭、西至六盘山、东达吕梁山，横跨陕、甘、晋、宁、内蒙古五省区，总面积约 $33×10^4km^2$，除周边河套盆地、六盘山盆地、渭河盆地、银川盆地等外围盆地外，盆地本部面积 $25×10^4km^2$。

鄂尔多斯盆地是一个近矩形构造盆地（图 1-1-1）。盆地四周均以构造断裂与周围构造单元相邻，东部以离石断裂带与吕凉山隆起带相接，南面与渭河地堑的北界断裂相邻，西缘则以桌子山、惠安堡—沙井子断裂带分别与河套弧形构造带西南翼和六盘山弧形构造带东翼相接，北界为河套地堑南缘断裂。鄂尔多斯盆地是在裂谷系背景上演化的克拉通台地型构造沉积盆地。基底为太古宇和古元古界结晶变质岩系，其后经历了中新元古代裂谷系、早古生代浅水碳酸盐岩台地、晚古生代浅水海陆过渡、中生代内陆湖盆、新生代周缘断陷等几个重要的构造演化阶段，形成现今近于矩形的、周缘由褶皱山系围裹的大型沉积盆地。

二、构造演化特征

1.区域断裂特征

鄂尔多斯盆地是一个四周被继承性活动的深大断裂围限的块体。基底断裂活动是盆

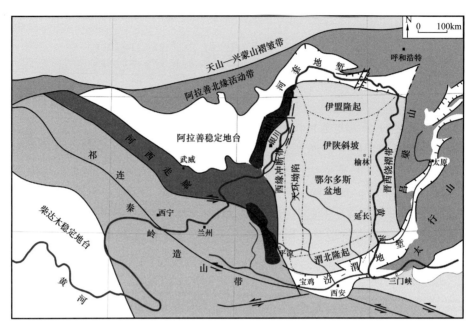

图 1-1-1 鄂尔多斯盆地构造格局图（据赵红格修改，2003）

地形成和构造演化的控制因素，四周被持续活动的深大断裂围限，其内部也存在大量的规模不等的基底断裂，并具有明显的分区特征。基底断裂带有东西向、南北向、北西向和北东向 4 组。基底断裂长期持续活动对上覆沉积盖层的变形具有明显控制作用，且部分基底断裂直接切穿了盖层。

长期以来，鄂尔多斯盆地被认为是一个稳定沉降、坳陷迁移、扭动明显的多旋回沉积型克拉通类含油气盆地（杨俊杰，2002），从古生代起随华北克拉通升降，盆地内部不易发育断裂。特别是盆地中部的伊陕斜坡被认为是整体一块，不会有断层形成。随着盆地勘探和研究程度增加，越来越多的证据表明盆地内部断层也很发育。如盆地北部存在着断距 40～240m 的断层，从天环坳陷北部到苏里格庙、乌审、东胜一带为北东向断裂多发区，其中，泊尔江海子断裂东西向延伸长度 97km，断距 50～300m；盆地中部下古生界存在大量北东和北西向小断距剪切断层；中生界发现多个断距小且大多近于直立的北东向断层的存在，进一步研究认为盆地至少存在东西向、南北向、北东向、北西向 4 组断裂和大量节理密集带，而且发现断裂与油气藏形成和分布关系密切。

鄂尔多斯盆地北部经历了元古宙以来的多期伸展—挤压构造旋回，发育了系列形态各异的断层，各期构造运动发育的断层在性质、展布特征等方面有很大差异，导致盆地北部断层具有多向性、多期性及分区性等特征，并对该区的沉积构造及油气成藏等具有重要控制作用。盆地北部断裂构造类型丰富、空间展布复杂多样，表现出明显的分期、分区、分带、分段及分层差异活动特征。

断裂分期差异性与多期区域应力场转变以及盆缘边界条件等密切相关，盆地北部断裂分期差异活动具体主要表现为以下活动特点：（1）中新元古代——裂陷槽发育期大量北北西向正断层活动。（2）加里东期——三眼井、乌兰吉林庙和泊尔江海子断裂初具雏形。（3）晚石炭世至早二叠世太原期—山西期——弱伸展裂陷与山西期末期弱挤压改造（小型高角度断层）。（4）盒1段沉积早期—盒2段沉积前——弱继承性伸展与挤压逆冲与反转改造。（5）延安组沉积末期——挤压隆升。（6）侏罗纪末期——强烈挤压逆冲。（7）早白垩世——区域性沉降与弱伸展。（8）始新世—新近纪——右旋张扭（末期弱挤压与盆地消亡）。

2. 盆地结构特征

鄂尔多斯盆地及邻区经历了长期构造演化，是华北板块、秦岭板块、扬子板块相互俯冲碰撞且又经历了复杂的大陆内多期次造山及成盆作用而形成的一个整体沉降、坳陷迁移的大型多旋回克拉通盆地。在地质结构上，沉积盆地表现为被区域性不整合面所限定的构造—地层层序在垂向上的叠加组合，不整合面和构造—地层层序以及构造沉积分析是认识鄂尔多斯盆地构造演化阶段的重要手段。

依据鄂尔多斯盆地地震资料各反射层在不同构造单元的反射特征，结合各个构造单元重点钻井的地质、测井资料，地面露头地质资料，鄂尔多斯盆地由下至上存在10个区域不整合面。盆地北缘经历早古生代—新生代4个伸展—聚敛旋回，地层缺失严重，自下而上缺失志留系—下石炭统、中上二叠统—三叠系以及上白垩统—古近系，地层之间多以角度不整合接触，仅在个别地区为平行不整合。其中区域性不整合面有7个，分别是元古宇/太古宇、寒武系/震旦系、石炭系/奥陶系、侏罗系/三叠系、白垩系/侏罗系、古近系/白垩系、第四系/新近系，与相应的构造运动相对应。某些地层内部也存在平行不整合，如在太古宇、元古宇以及侏罗系内部均发育平行不整合面。

通过野外露头、钻井资料和地震资料等分析，结合不整合面发育特征，可将整个盆地地层划分为六大构造层：中新元古界构造层、下古生界构造层、上古生界—三叠系构造层、侏罗系构造层、白垩系构造层和新生界构造层（图1-1-2）。

3. 盆地演化特征

根据中国石化华北油气分公司"十三五"重点科技项目群《鄂尔多斯盆地大中型气田目标评价及勘探关键技术》项目研究成果，结合盆地区域性不整合发育特征、构造—地层层序的划分、盆地周缘岩浆岩发育特征、盆地构造沉降阶段以及周缘大地构造背景，将鄂尔多斯盆地演化划分为7个阶段（图1-1-3）。

1）中元古代早期—中期大陆裂解阶段

中元古代早期，原始华北古陆发生裂解，于华北古陆南、北两侧分别形成秦祁和兴蒙两个大陆裂谷，受其控制相继在其南、北边缘又产生了一系列坳拉槽，且影响到地台内部（车自成，2002）。其中位于陆块北缘的有狼山坳拉槽和燕山—太行山坳拉槽，它们与兴蒙裂谷相连；位于地块南缘的有贺兰坳拉槽、晋陕坳拉槽及晋豫坳拉槽。该时期盆地南部沉积格局主要受延伸至盆地南部的三大坳拉槽所控制，盆地北部则因伊盟古隆起持续存在，构造环境相对稳定。

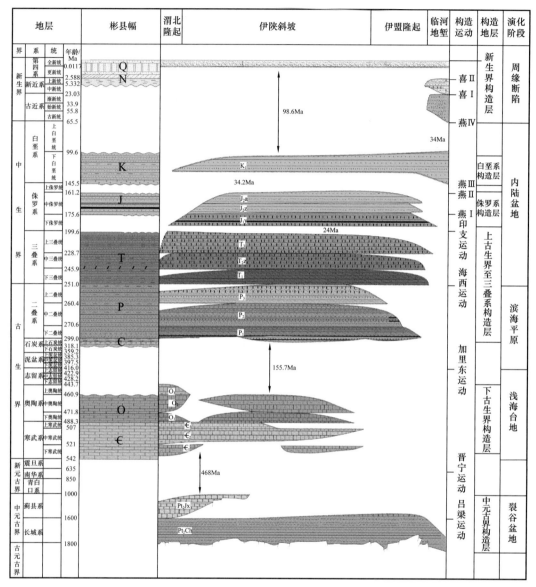

图 1-1-2　鄂尔多斯盆地综合构造—地层层序图（南北）

2）寒武纪—中奥陶世被动大陆边缘阶段

早—中寒武世，鄂尔多斯盆地继承了新元古代后期的应力特征，表现为区域伸展，寒武纪—奥陶纪鄂尔多斯盆地北缘与南缘有火山喷发和岩浆岩侵入。其中盆地北部的岩浆侵入指示自早古生代起逐渐步入被动大陆边缘演化阶段。盆地南部的岩浆侵入则指示出华北板块西缘南部发生了洋盆俯冲（杨华，杨奕华等，2007）。而此时盆地构造沉降则呈现出加速沉降与减速沉降交替出现的特征，反映在被动大陆边缘与陆内克拉通的海进与海退旋回，其中海进时期为加速沉降，海退时期为减速沉降。

此时，盆地北部形成了东西向的杭锦隆起、中西部南北向的中央隆起以及盆地东部的吕梁隆起。除上述隆起外，盆地其余区域皆为海相沉积环境，并在中寒武世张夏期海

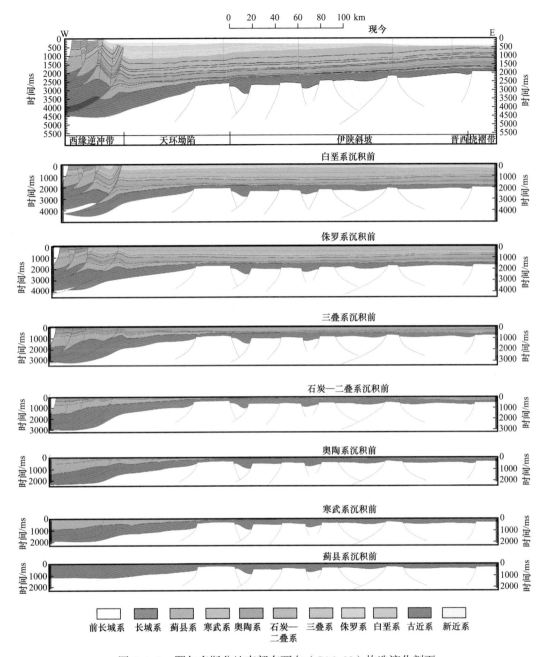

图 1-1-3 鄂尔多斯盆地南部东西向（G16-03）构造演化剖面

侵达到全盛。由于此时盆地古地貌北高南低，因此即便在张夏期，盆地北部仍存在杭锦隆起，并在鄂托克旗—东胜一线以北缺失下古生界。晚寒武世至早奥陶世亮甲山期，构造应力场由南北拉伸向南北挤压过渡，加之全球海平面下降，致使鄂尔多斯盆地内部出现大面积古陆，只在盆地周缘接受了少量潮坪相沉积。

3）晚奥陶世主动大陆边缘与碰撞造山阶段

进入晚奥陶世，盆地南侧的秦祁洋向北俯冲而北侧的兴蒙洋向南俯冲，南北向挤压进一步加剧，随之盆地两侧转换为活动大陆边缘，发育沟—弧—盆体系，华北板块整体抬升，海水退出全区。与此同时，西缘和南缘快速沉降，同沉积断裂活动加强，台地边缘发育斜坡重力流，沉积了平凉组和背锅山组，这标志着鄂尔多斯盆地早古生代碳酸盐岩台地沉积已接近尾声。

奥陶纪末，由于加里东运动影响，鄂尔多斯地区普遍抬升、剥蚀。兴蒙洋、秦祁洋以及贺兰坳拉槽相继关闭并转化成陆间造山带，盆地内部缺失志留系、泥盆系与下石炭统，形成了下古生界与上古生界之间的区域不整合面。盆地南部的晚奥陶世至晚志留世的岩浆侵入指示盆地南部正处于同碰撞沉积阶段。

4）晚古生代晚石炭世—二叠纪末盆地内克拉通内坳陷阶段

在经历了晚奥陶世—早石炭世的隆升剥蚀之后，鄂尔多斯盆地开始大范围接受沉积。本溪组沉积晚期，兴蒙海槽向南俯冲消减，包括鄂尔多斯盆地在内的华北地台由南隆北倾转变为北隆南倾，华北海与祁连海沿中央古隆起北部局部连通。早二叠世太原期，随着盆地区域性沉降持续，海水自东西两侧侵入，致使中央古隆起没于水下，并形成了统一的广阔海域。尽管如此，水下古隆起对盆地沉积仍具有一定的控制作用，古隆起东部以陆表海沉积为主，西部则以半深水裂陷槽沉积为主。早二叠世山西期，盆地周边海槽不再拉张，转而进入消减期（赵振宇等，2012）。

晚石炭世至晚二叠世早期，盆地构造沉降呈现出逐渐加速的趋势，但是仍然处于缓慢沉降阶段。晚二叠世晚期，北部兴蒙洋因西伯利亚板块与华北板块对接而消亡，南部秦祁洋则再度向北俯冲而消减。

5）中生代早期陆内坳陷阶段

早三叠世，盆地受到秦岭造山带的影响，盆地南部构造应力场以南北向挤压为主，刘家沟期盆地构造沉降继承了晚二叠世快速沉降的特征，沉降速率发生突变，开始接受陆源碎屑岩沉积。

晚三叠世，华北板块与扬子板块由东向西碰撞，秦岭洋呈"剪刀式"闭合，强烈的造山运动使得南华北地区大规模隆升，靠近郯庐断裂带首先隆起并逐渐向西扩展，使得晚三叠世盆地沉积不断向西退缩，沉积中心不断向西迁移，地层整体西厚东薄。盆地西缘受到阿拉善古陆向东挤出的影响，应力场为东西向挤压，盆地整体构造发生反转，早期正断层再次活化，沿断面发生逆冲，断层性质发生变化。西缘惠安堡—沙井子断裂与南部渭北隆起北缘断裂均为反转构造的典型例子。

6）中生代中—晚期周缘前陆盆地阶段

早侏罗世，盆地受到印支运动的影响，在西缘沉积部分下侏罗统富县组，形成了侏罗系与三叠系之间的角度不整合接触。

侏罗纪古太平洋板块开始向新生的亚洲大陆之下斜向俯冲，华北板块中东部地区总体处于北东向左旋挤压构造环境，鄂尔多斯盆地东部显著向西掀斜，盆地西南缘发生强烈陆内变形和多期逆冲推覆，形成了盆地西部坳陷、东部掀斜抬升的古构造格局。

晚侏罗世盆地受特提斯域诸地块与西伯利亚板块南北双向挤压及阿拉善地块东向挤压作用影响下，盆地西缘发生强烈逆冲变形、东部抬升剥蚀。地层厚度自西向东骤然减薄，与白垩系高角度不整合接触。

早白垩世，盆地处于弱伸展构造环境，仅发生轻微褶皱和断裂，东部持续抬升，西部继续逆冲，盆地多处与古近系呈不整合接触。盆地周缘的岩浆活动同样指示出这一点。

7）新生代周缘断陷阶段

喜马拉雅期，印度洋板块与欧亚板块碰撞，古特提斯洋闭合，同时太平洋板块向西俯冲消减，盆地内部整体抬升，周缘发育一系列新生代断陷盆地。渭北隆起、渭河盆地与临河地堑均形成于此时期。

三、盆地边界特征及构造单元划分

1. 盆地边界特征

鄂尔多斯盆地周缘及邻区断裂构造相对发育，"控盆控（造山）带"作用明显，是作为盆、山以及盆内二级构造单元或次级区带边界的主要依据。基底（深大）断裂及区域一级、二级断裂具有长期演化、多期发育、规模大、活动强烈的特点，对盆山及盆内区带地层系统的沉积与展布、构造演化、构造变形强度、构造样式以及含油气系统模式具有很强的制约作用，如临河南、黄河、牛首山—罗山—固原、渭南以及桌子山—惠安堡—沙井子等断裂（图1-1-4）。

通过盆地与邻区地层沉积特征、构造变形特征及构造活动的区域动力学、运动学背景分析认为，加里东旋回被动陆缘台盆体系、印支晚期—燕山期秦—祁造山活动、喜马拉雅旋回伸展—断陷活动在盆地周缘主要形成三种不同性质的边界类型：伸展断陷—断裂边界、逆冲走滑断裂边界、被动宽缓盆地边缘。

1）盆地北缘边界

临河南断裂位于盆地北缘，整体沿伊盟隆起的北缘呈NEE—NW向段状展布，延展约390km，具有明显的控隆控坳区域一级断裂的特性；断面向北陡倾，断开长城系进入基岩，上端可延至地表，垂向断距自上而下逐渐增大，新近系底界垂向断距约1500m，中生界底界垂向断距达2000m；在断裂上升盘新生界厚度不足1000m，而临河凹陷内可达8500m，显示新生界活动的张性正断层特性；对伊盟隆起的沉积与时空展布控制作用强。

2）盆地南缘边界

渭南断裂带位于渭河断陷与渭北凸起间结合部，由一组倾向于渭河断陷的正断层构成。因富平横向断裂的切截，呈东、西两段，西段大体沿凤翔—岐山—乾县—泾阳一带呈近EW向展布；东段沿富平—蒲城—韩城—河津一带呈NE向展布，整体延伸长度约520km；渭南断裂显示主控断裂的特征，既控制渭河断陷新生界的沉积，亦制约渭北凸起次级断裂构造及地层分布。

3）盆地西部边界

秦祁褶皱带的形成并向盆地的推覆，西缘前陆体系形成，这一过程发生在燕山早期及燕山中期，形成段状展布的、NNW走向的西缘逆冲断裂系统，其后缘的牛首山—罗山—固原断裂构成盆地的西缘边界断裂，而桌子山—惠安堡—沙井子断裂则构成西缘逆冲带与天环坳陷间边缘断裂。

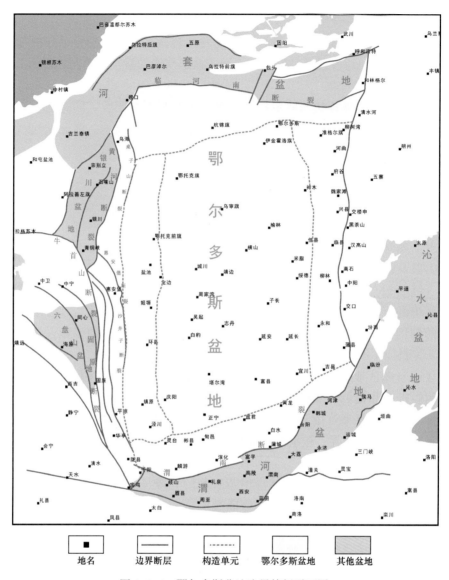

图 1-1-4 鄂尔多斯盆地边界特征平面图

4）盆地东部边界

吕梁褶皱带的造山活动发生在侏罗纪晚期，其前缘以构造楔的样式向盆地内楔入，导致上覆地层被动挠褶抬升，晋西挠褶带形成，其反冲或主冲断裂构成盆地与吕梁造山带的边界；其中，南段自下峪口向北东方向延至黑龙关，断裂呈段状、相互间呈斜列式展布，显示压扭性断裂带的特性；中段以离石为界，划分为南北两个亚段，黑龙关—离石亚段基本沿 NNW 走向的紫荆山西翼经黑龙关—交口—中阳一线展布，其间发育有中阳南、交口、蒲县等规模不一的横向走滑断裂的分割，亦呈段状；离石—黑茶山亚段基本沿 NNE 走向的汉高山西侧离石—黑茶山—交娄申一线展布；北段基本遵循历史的习惯，将其边界依据石炭系的出露边界确定，其走向沿兴县—魏家滩—河曲—柳树湾—清水河一带展布。

2. 构造单元划分

构造单元划分是盆地研究的重要内容，也是油气资源评价和油气勘探部署的重要基础（或依据）。鄂尔多斯盆地构造单元的划分主要是结合盆地基底构造态势、区域构造线趋势、主干断裂系统特征、地层发育及分布、油气系统特征等因素，将盆地划分为伊盟隆起、晋西挠褶带、伊陕斜坡、渭北隆起、天环坳陷、西缘逆冲带 6 个二级构造单元（杨俊杰，2002）。早期人们对结晶基底的时代及岩性特征的认识主要是根据周缘露头和磁力异常、重力异常和地震信息加以确定（何自新，2003），通过鄂尔多斯盆地及邻区磁异常分析结果，鄂尔多斯块体中部、南部以及块体以东的广大华北地区表现为宽缓的 NE 向正磁异常，鄂尔多斯块体北部则表现为宽缓的 EW 向正磁异常（丁燕云，2000）。根据磁异常特征确定了盆地北部伊盟隆起的南边界（图 1-1-5）。随着地震及钻井资料的不断丰富，盆地北部杭锦旗地区识别出 3 条近东西向雁列状基底断裂，对盆地北部古生界构造特征及天然气成藏具有明显控制作用，并将此作为伊盟隆起与伊陕斜坡的分界。

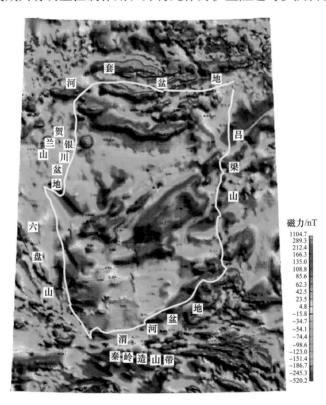

图 1-1-5　鄂尔多斯盆地磁力异常图

综合前人研究，将鄂尔多斯盆地划分为西缘逆冲带、天环（向斜）坳陷、伊陕斜坡、晋西挠褶带、伊盟隆起、渭北隆起 6 个二级构造单元（图 1-1-6），即"二隆二带一坳一坡"区域构造格局，整体呈东西宽 440km，南北长 660km，似矩形的周缘由造山带与山前断裂限定的大型陆内山间沉积盆地，轮廓面积约 $25 \times 10^4 km^2$。其中，西缘逆冲带、伊盟隆起、天环坳陷与伊陕斜坡是盆地主要的油气聚集区。

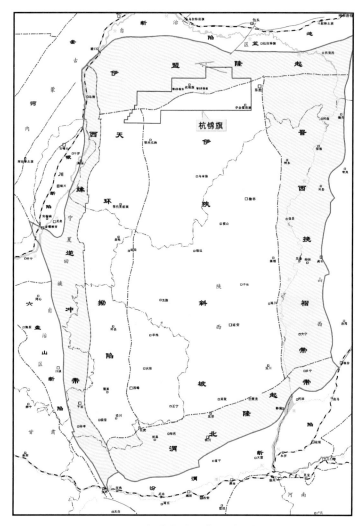

图 1-1-6 鄂尔多斯盆地构造单元划分图

1）伊盟隆起

伊盟隆起结晶基底为太古宙—古元古代变质岩系，重力及磁性异常在该地区总体呈东西向分布，反映出基底结构的东西向格局，基底由太古宇、古元古界沿东西向基底断裂多期拼合形成（图 1-1-7）。

伊盟隆起自古生代以来一直处于相对隆起状态，各时代地层均向隆起方向变薄或尖灭，隆起顶部是东西走向的乌兰格尔凸起。新生代河套盆地断陷下沉，把阴山与伊盟隆起分开，形成现今伊盟隆起的构造面貌。

2）渭北隆起

渭北隆起重力及磁力场表现为宽缓的 NE 向磁异常，具有东高西低特征，基底为太古宇变质岩系。中新元古代到早古生代为一向南倾斜的斜坡，至中石炭世东西两侧相对下沉，西侧沉积了羊虎沟组，东侧沉积了本溪组，至中生代形成隆起，它是鄂尔多斯盆地的南部边缘。新生代渭河地区断陷下沉，渭北隆起翘倾抬升，形成现今构造面貌。

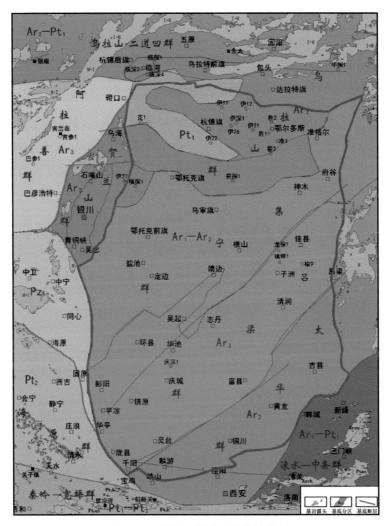

图 1-1-7 鄂尔多斯盆地基底结构图

3）晋西挠褶带

晋西挠褶带磁异常受基底岩性及基底断裂控制呈北西向展布，呈南北分带特征，基底以太古宇变质岩系为主。中新元古代—古生代处于相对隆起状态，仅在中晚寒武世、早奥陶世、中晚石炭世及早二叠世有较薄的沉积，各统厚度为 $100\sim200\mathrm{m}$。中生代侏罗纪末升起，与华北地台分离，成为鄂尔多斯盆地的东部边缘。燕山运动使吕梁山上升并向西推挤，加上基底断裂的影响，形成南北走向的晋西挠褶带。

4）伊陕斜坡

磁性异常在盆地中部总体呈北东向分布，反映出基底结构的北东向格局。盆地内部新元古代及早古生代早期为隆起区，没有接受沉积，在中晚寒武世、早奥陶世沉积了总厚 $500\sim1000\mathrm{m}$ 的海相地层。吴旗—定边—庆阳为古隆起区，沉积厚度 $250\mathrm{m}$。晚古生代以后接受陆相沉积。伊陕斜坡主要形成于早白垩世，呈向西倾斜的平缓单斜，平均坡降为 $10\mathrm{m/km}$，倾角小于 $1°$。该斜坡占据着盆地中部的广大范围，以发育鼻状构造为主。

5）天环坳陷

该区基底埋藏较深，盖层保存较完整。在古生代表现为西倾斜坡，晚三叠世才开始拗陷，延长组在石沟驿及平凉一带沉积厚度达 3000m 左右，成为当时的沉降带。侏罗纪、白垩纪坳陷继续发展，沉降中心逐渐向东迁移，沉降带具西翼陡东翼缓的不对称向斜构造。

6）西缘逆冲带

早古生代该带北段为贺兰裂谷，中段和南段为鄂尔多斯地台边缘坳陷，晚古生代为前缘坳陷，三叠纪中期及侏罗纪为分隔明显的不连续深坳陷带，早白垩世仍有局部地区继续坳陷。燕山运动中期，该区受到强烈的挤压与剪切，形成了冲断构造带的基本面貌，断裂与局部构造发育，成排成带分布。

第二节　地层及沉积特征

鄂尔多斯盆地位于华北地台西部，是在太古宙—古元古代结晶基底上发育起来的多旋回叠合盆地。鄂尔多斯盆地古生界及中生界在盆地内广泛分布，下古生界主要岩石类型为碳酸盐岩，上古生界及中生界主要岩石类型为碎屑岩。由于加里东期的区域抬升剥蚀，盆地缺失志留系、泥盆系及下石炭统，上石炭统直接覆盖在奥陶系之上，下寒武统不整合于前寒武系变质基底之上（图 1-2-1）。杭锦旗区块上古生界分布广泛，基本由碎屑岩组成，仅石炭系发育少量碳酸盐岩。

一、地层展布特征

杭锦旗区块发育太古宇、元古宇基底，其上覆盖了下奥陶统马家沟组，石炭系太原组，二叠系山西组、下石盒子组、上石盒子组和石千峰组，三叠系刘家沟组、和尚沟组、二马营组、延长组，侏罗系延安组、直罗组、安定组，白垩系志丹群和第四系。受伊盟古隆起控制，古生界由南向北逐渐超覆尖灭（图 1-2-2 和图 1-2-3）。

1. 太原组

太原组主要分布在泊尔江海子—乌兰吉林庙—三眼井断裂以南地区，厚度为10～80m，其底界与下古生界不同层位碳酸盐岩、中元古界浅变质岩及太古宇深变质岩接触。太原组发育扇三角洲沉积，岩性以石英砂岩与暗色泥岩互层、中上部夹碳质泥岩和煤层为特点。砂岩成分以石英为主，岩性纯，正粒序特征显著，局部夹细砾层，主要为硅质—钙质胶结，含海相蜓类、腕足化石，个别井偶夹微晶灰岩（伊 6 井）。由于微相不同，太原组亦有砂岩不发育，而煤系、泥质岩较为发育的岩性组合。太原组基本发育为两个正沉积旋回，在岩性和电性上均有较明显的反映，但上部旋回的砂岩发育程度逊于下部旋回的砂岩发育程度。太原组电性特征主要为高—低电阻、高—低伽马组合，电阻率常以高阻—特高阻为特点。太原组顶部普遍发育煤层或碳质泥岩夹薄煤层，具有横向连续稳定分布的特点，是一个地层划分对比标志层（K4），并据其顶界将太原组与山西组底砂岩划分开。

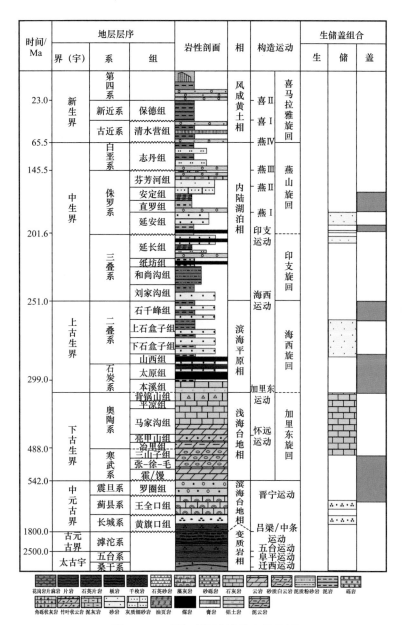

图 1-2-1　鄂尔多斯盆地综合柱状图

2. 山西组

杭锦旗地区除公卡汉—浩绕召、乌兰格尔及个别小型局部的古隆起未沉积山西组，其他地区皆有山西组分布，厚度为 10～90m。岩性主要为浅灰、灰、灰褐色块状砂岩及灰黑、深灰色泥岩、粉砂质岩及碳质泥岩不等厚互层，中—上部夹煤线及煤层。砂岩主要分布于层序底部和中、下部，粒度下粗上细，正旋回特征明显，富含云母和高岭石胶结物。

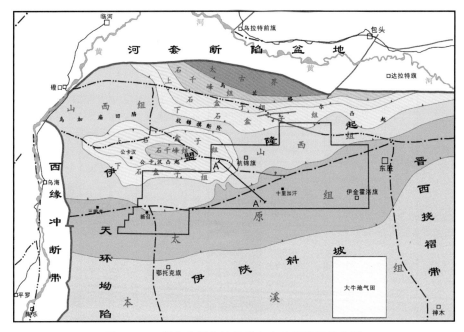

图 1-2-2 鄂尔多斯盆地北缘上古生界地层分布图

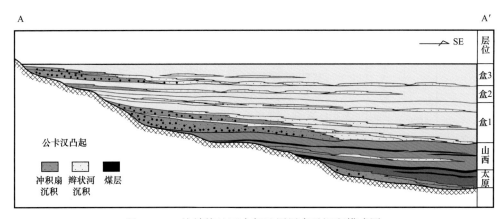

图 1-2-3 杭锦旗地区中部地层展布及沉积模式图

山西组上部煤层间夹碳质泥岩、暗色泥岩且较发育，区域上分布稳定，具有较强的地层—时间单元性质，易在钻井剖面和测井曲线与上覆下石盒子组河道相沉积砂岩对比划分，成为地层划分对比的良好区域性标志（K5）。山西组底部具冲刷特征的河道相砂岩与下伏太原组顶部煤层划分。山西组电性特征主要显示为以低电位、低伽马及高阻—特高阻。

3. 下石盒子组

下石盒子组除杭锦旗区块西部的公卡汉古隆起缺失沉积外，其余地区皆有分布，厚度为65～160m。下石盒子组发育冲积扇—辫状河沉积，沿公卡汗凸起周边发育多个冲积扇沉积，其他地区以辫状河沉积为主。岩性主要以砂质岩为主夹少量泥质岩组合为特点，正旋回性特征明显，个别钻井偶见碳质泥岩或煤线。下石盒子组内部依据岩性组合和沉积旋回性，又可分为三个岩性段，自下而上分别命名为盒1段、盒2段和盒3段。每个岩性段次一级正旋回性亦较明显，粒度下粗上细，尤其是盒1段底部砂岩中常含细砾，并作为岩性段划分对比的标志。盒1段河流沉积特征明显，砂体发育且相互叠置，层序厚度普遍较大，盒2段、盒3段砂体发育规模及层序厚度一般相对较小，且向上泥岩比例逐渐增多，砂岩比例逐渐减少，甚至无明显单层砂岩。下石盒子组电性特征以低电位、低伽马及较高电阻为特点。底部具冲刷特征的大段厚层块状砂岩成为公认的地层分界及横向对比标志层（K6），易与下伏山西组煤层标志层（K5）划分；以下石盒子组上部（盒3段）厚层泥质岩与上覆上石盒子组底部砂岩划分。

4. 上石盒子组

上石盒子组与下伏下石盒子组呈整合接触关系，岩性主要为一套互层状紫红色泥岩和砂质泥岩。与下伏的下石盒子组相比较，该层段最大的特点为泥岩具有鲜明的紫红、棕红色。地层的厚度为160m左右，分布面积大而且稳定，同样具有中部厚而北部、南部薄的厚度变化特征。

二、沉积特征

鄂尔多斯盆地古生代的演化过程主要受北缘的古亚洲洋、南缘和西南缘的秦岭洋及其派生的贺兰坳拉槽的扩张、俯冲、消减、再生活动的控制；发育的晚古生代地层包括本溪组、太原组、山西组、下石盒子组、上石盒子组和石千峰组（图1-2-4）。盆地演化包括陆表海和陆内坳陷盆地2大阶段：一是晚石炭世至早二叠世早期以海相沉积为主的陆表海阶段，其中又可以分为本溪组陆表海盆地和裂陷盆地，及太原组陆表海盆地和坳陷盆地2个次级发育阶段；二是早二叠世晚期至晚二叠世，区域构造由之前的拉张转化为抬升作用为主，海水逐渐向西南和东南退出，进入以陆相沉积为主的发展阶段，包括山西组沉积早期具有过渡性质的近海湖盆和下石盒子组沉积开始的陆内坳陷盆地。

由于鄂尔多斯盆地北缘伊盟隆起地区长期处于隆起状态，直接影响着晚石炭纪太原期—二叠纪石盒子期沉积状况。晚古生代沉积超覆于早奥陶世及前古生代变质地层之上。自南而北分别由太原组、山西组及其以上地层组成。其沉积相展布及演化受构造作用及古地貌所控制。构造演化主要以水平的升降为主，古地貌影响冲积平原—河流的分布范围、规模及位置的变化。从晚石炭世太原期至早二叠世晚期研究区经历了由海到陆的古地理演化过程，与此相应地发育了几套沉积体系，太原组和山西组发育典型的边缘相组合，包括扇三角洲沉积和辫状河三角洲沉积。太原组发育扇三角洲沉积体系、山西组发育三角洲沉积体系、下石盒子组盒1段发育冲积扇沉积体系、下石盒子组盒2段、盒3段发育辫状河沉积体系。由于受到古气候变迁的影响，在冲积平原上，河流产生多期次、多层位的叠加，可形成较大面积分布的复合储集砂体。

太原期：鄂尔多斯盆地太原期早期海侵扩大，整个盆地陆表海沉积特征表现更为显著，中央古隆起两侧的广大地区水体极浅，发育潮坪碎屑岩，主要为潮间带沉积的泥坪、

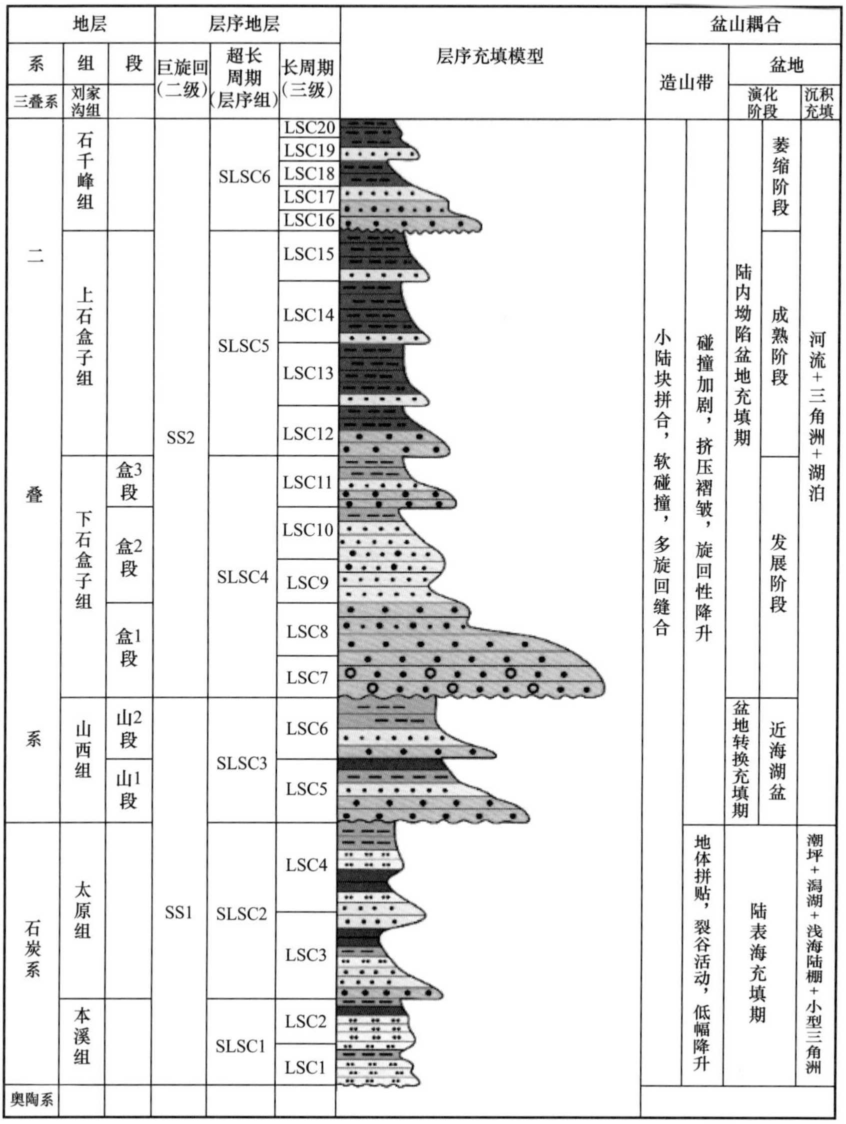

地层			层序地层				盆山耦合		
系	组	段	巨旋回(二级)	超长周期(层序组)	长周期(三级)	层序充填模型	造山带	盆地 演化阶段	盆地 沉积充填
三叠系	刘家沟组								
二叠系	石千峰组		SS2	SLSC6	LSC20 / LSC19 / LSC18 / LSC17 / LSC16		小陆块拼合，软碰撞，多旋回缝合	陆内坳陷盆地充填期 — 萎缩阶段	河流+三角洲+湖泊
二叠系	上石盒子组		SS2	SLSC5	LSC15 / LSC14 / LSC13 / LSC12		碰撞加剧，挤压褶皱，旋回性降升	陆内坳陷盆地充填期 — 成熟阶段	河流+三角洲+湖泊
二叠系	下石盒子组	盒3段 / 盒2段 / 盒1段	SS2	SLSC4	LSC11 / LSC10 / LSC9 / LSC8 / LSC7			陆内坳陷盆地充填期 — 发展阶段	
二叠系	山西组	山2段 / 山1段		SLSC3	LSC6 / LSC5		盆地转换充填期	近海湖盆	
石炭系	太原组		SS1	SLSC2	LSC4 / LSC3		地体拼贴，裂谷活动，低幅降升	陆表海充填期	潮坪+潟湖+浅海陆棚+小型三角洲
石炭系	本溪组		SS1	SLSC1	LSC2 / LSC1				
奥陶系									

图 1-2-4　鄂尔多斯盆地北部晚古生代层序充填模型及盆—山耦合关系

混合坪、潟湖、障壁岛沉积。盆地泊尔江海子—乌兰吉林庙—三眼井断裂带此时仍控制着太原期的沉积，断裂带以北为基底剥蚀区，断裂带以南太原组厚度逐步加大，并沿断裂形成向南延伸呈朵状分布的扇三角洲，自西向东可识别出 8 个扇三角洲扇体，延伸范围在 5～15km。

　　山西期：山西期因华北地台整体抬升，海水从鄂尔多斯盆地东西两侧迅速退出，沉积环境由海相转变为海陆过渡相三角洲沉积环境，东西差异基本消失，而南北差异沉降和相带分异增强。杭锦旗区块主要发育三角洲平原沉积，局部有冲积扇特征。岩性主要为浅灰、灰、灰褐色块状砂岩及灰黑、深灰色泥岩、粉砂质岩及碳质泥岩不等厚互层，中—上部夹煤线及煤层。砂岩主要分布于底部和中、下部，粒度下粗上细，正旋回特征明显。砂体为河道沉积砂体，山 2 期和山 1 期河道砂体累计厚度一般在 15～25m。

下石盒子期：下石盒子组沉积时是一套以粗碎屑沉积为主的冲积平原—辫状河、冲积扇沉积体系，上覆于山西组河道体砂体之上。这两期河道沉积的出现，显然与盆缘部分构造隆升活动有关。下部岩性主要以含砾的中—粗砂岩为主夹少量泥质岩组合为特点，上部泥质岩逐渐增多，含砾砂岩厚度减薄，砾石直径减小。

第三节　盆缘过渡带的确定

杭锦旗区块位于伊陕斜坡、天环坳陷和伊盟隆起过渡部位，天然气基本成藏条件在平面展布上具有明显过渡带的特点，在纵向上层内或层间的气水关系复杂，通过盆地区域地质条件的差异性研究，重点从构造演化、源岩分布、储层评价及气藏类型等四个角度对上古生界天然气成藏要素进行分析，发现杭锦旗区块不同区带的构造—沉积演化特征的差异，形成不同区带的构造特征、烃源岩展布及储层品质、输导能力及封堵条件等关键成藏要素的差异配置（何发岐等，2020）。

一、盆缘过渡带基本特征

1. 构造过渡带特征

构造特征表现为从盆内平缓斜坡区向盆缘复杂隆起区的过渡，相比盆地内部，盆地北缘断裂活动更强烈。杭锦旗区块构造格局发生了三期关键性变化，长城纪裂陷期构造格局受控于基底断裂，造成了长城系主要分布在西北部裂陷带内；奥陶系—二叠纪，盆地北部兴蒙海槽向南俯冲，伊盟隆起强烈隆升，以公卡汉凸起为最高区域，形成西北高、东南低的古构造格局，控制了奥陶系—二叠系地层由南向北逐层超覆分布；中新生代鄂尔多斯盆地受古亚洲洋、古特提斯洋和环太平洋三大区域动力体系控制，周缘板块相继汇聚、碰撞造山（赵振宇等，2012），鄂尔多斯盆地发生构造反转，东部隆升，形成现今的东北高、西南低的构造格局。受盆地北部构造演化控制，在杭锦旗区块内形成 3 条近东西向断裂：泊尔江海子断裂、乌兰吉林庙断裂、三眼井断裂，并以此作为伊盟隆起和伊陕斜坡的分界，断裂带以北构造活动强烈，发育大量断层及褶皱，断裂带以南发育少量断裂，构造相对稳定。

盆地北部构造演化影响了杭锦旗区块地层沉积叠置及分布的差异性。南部为平缓斜坡区，奥陶系—二叠系逐层向北超覆尖灭；西北部为继承性凸起区，发育长城系，缺失奥陶系、石炭系，二叠系下石盒子组逐层向北超覆尖灭；东北部为隆起—断阶带，主要发育二叠系山西组及下石盒子组。

2. 沉积过渡带特征

沉积特征为北部近物源陡坡区冲积扇沉积向南部较远物源缓坡区辫状河沉积的过渡，总体表现为南北分带、东西分区的特点，东西分区特征主要受古地貌及物源控制，根据古地貌、物源特征将杭锦旗地区划分为三大沉积水系：什股壕—十里加汗水系、独贵加汗水系、西部公卡汉—新召水系。受继承性古隆起持续活动影响，石炭系—二叠系各层系沉积相特征均呈现出南北差异。以下石盒子组盒1段为例，北部隆起区发育冲积扇砂体，沉积水动力强，砂体粒度粗、厚度大；南部斜坡区逐渐过渡为辫状河沉积，沉积水动力减弱，砂体粒度和单层厚度减小。同时，受母源区岩石类型与古地貌影响，不同水系形成的河道砂体也呈现出东、西差异，这种差异造成了该区有效储层分布的横向差异。

鄂尔多斯盆地下石盒子组沉积时期的物源主要来自北部的阿拉善—阴山古陆，其基岩分布具明显东西分异性，可大致分为西北部母岩区、北部母岩区和东北部母岩区。结合古地貌特征及沉积环境的识别，进一步考虑源区与汇区之间的物质搬运距离，在杭锦旗区块厘定出了三大水系：（1）什股壕—十里加汗水系，主体位于研究区东部什股壕及十里加汗区带。（2）独贵加汗水系，位于研究区中部独贵加汗区带。（3）西部公卡汉—新召水系，主体位于研究区西部公卡汉和新召区带。受古地貌及沉积物源控制，砂体厚度及物性自东向西呈明显的有序变化，总体上，从西部新召区带到东北什股壕区带，古地貌坡降变大，水动力作用变强，砂体厚度逐渐增大，物性逐渐变好。

3. 烃源岩过渡带特征

烃源岩展布特征表现为从盆内大型生烃中心到盆缘烃源岩减薄至缺失的过渡。石炭系太原组和二叠系山西组的煤层及暗色泥岩是杭锦旗区块的主要烃源岩，受前石炭纪古地貌影响，烃源岩主要分布在南部斜坡区，北部隆起区仅分布在局部洼地、沟谷中。从烃源岩厚度、热演化程度和生烃强度来看，优质烃源岩主要分布在西南部（图1-3-1）。

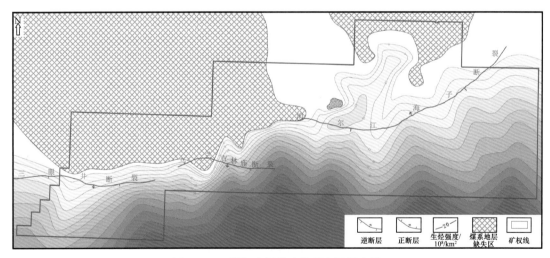

图1-3-1 鄂尔多斯盆地北部生烃强度图

由于盆地北部石炭系—二叠系主要烃源岩煤层分布受前海西期古地貌影响，该区气源分布的横向差异远比盆地内部大。气源差异对该区天然气成藏控制作用表现为两个方面，一是烃源岩分布差异控制了"源内充注"和"源外运移"两种不同的成藏模式，二是源内生烃强度的差异造成不同区带富集程度的较大差异。

4. 成藏过渡带特征

常规—非常规油气共生及其有序聚集成藏是近年来非常规油气研究的一个重要方面。处于伊陕斜坡—伊盟隆起过渡带上的杭锦旗探区石炭系—二叠系发育大面积的层状天然气成藏系统，在层状成藏系统内部，源内准连续聚集与源侧非连续聚集两种成藏方式在横向上并存，两者成藏机理及气藏类型有显著差异。泊尔江海子—乌兰吉林庙—三眼井断裂带以南的斜坡区发育大面积致密岩性气藏，其特点为：下石盒子组与下伏太原组—山西组高成熟气源岩呈紧邻配置，在晚侏罗世—早白垩世呈现近源大面积充注成藏；区域构造趋势平缓，局部构造稀少；河道砂体非均质性强，先致密后成藏；非浮力驱动聚集，气藏无明显的边底水；气藏个数众多，边界模糊；河道相带控藏、物性控富。断裂带以北的隆起区（如什股壕区带）下石盒子组具有源侧非连续成藏特征：无高成熟气源岩发育，气源对比表明天然气来自断裂带以南高熟烃源岩；下石盒子组河道砂体普遍为厚层低渗透储层，相对于断裂带以南物性变好；处于区域构造上倾方向；气藏类型以构造气藏和构造—岩性复合气藏为主，边底水发育；计算结果表明，该区低渗透砂体与低幅构造叠合后产生的浮力大于毛细管阻力，足以产生气水分异。两种聚集成藏方式并非截然分离，而是之间存在一个过渡带，在个过渡带中砂体物性由致密向低渗透过渡、砂体非均质性由强转弱、岩性和物性封堵条件由好变差、封堵因素由岩性转变为构造因素。

从盆内岩性气藏为主到盆缘多种气藏类型共存。该区构造、沉积与气源的变化造成了气藏特征的变化。在盆地内部的斜坡区，石炭系—二叠系大面积源—储紧邻分布背景下，天然气为连续充注成藏，形成了大面积岩性气藏；在盆地北部隆起区，源—储条件由紧邻配置过渡为侧接配置，天然气由充注成藏过渡为运移调整成藏，形成了构造、构造—岩性、地层—岩性等多类型气藏。

二、盆缘过渡带勘探思路

鄂尔多斯盆地北缘油气勘探起始于 20 世纪 50 年代，勘探思路随着勘探认识的深入逐渐发生转变。鄂尔多斯盆地北缘的勘探认识和实践，经历了从"气水过渡带"到"天然气差异富集带"、从盆内"稳定构造单元"到盆缘"多期断裂活动单元"、从盆内"单一类型圈闭"到盆缘"多种类型圈闭"差异分布、从盆内"大面积富集"到盆缘"差异富集"四个方面勘探认识和思路的转变。根据杭锦旗地区所处的构造、沉积、成藏等油气地质特征，通过对杭锦旗区块不同区带源储配置、圈闭类型、成藏主控因素等进行综合对比，明确了该区不同区带天然气成藏条件的差异特征，转变勘探思路，针对不同类型的圈闭及气藏类型开展针对性的勘探评价。

西部的新召区带圈闭类型以岩性圈闭为主，烃源岩厚度大，成熟度高，储层为低渗透—特低渗透储层，烃源岩与储层的配置关系配置控制天然气成藏，储层物性是控制天然气富集的主控因素，勘探方向以寻找辫状河有利沉积相带为主；中部的独贵加汗区带圈闭类型以岩性、地层圈闭为主，储层物性和上倾方向地层尖灭封堵控制富集，勘探目标以辫状河心滩及侧向封堵条件有利区为主，兼顾上部上石盒子组、石千峰组次生气藏及下部元古宇潜山气藏；十里加汗区带烃源岩厚度大，储层非均质性弱，泊尔江海子断裂造成南部地区天然气大量逸散，靠近断裂区域以寻找岩性构造圈闭为主、南部远离断裂的区域以寻找岩性圈闭为主，同时积极探索奥陶系岩溶型气藏；东北部的什股壕区带，烃源岩不发育，砂体厚度大，非均质性弱；圈闭类型以构造圈闭、构造岩性复合圈闭为主，构造条件为控藏的主要因素，其次为储层物性条件，勘探工作的重点是对局部构造的精细刻画。

2017 年以来，在以上源储差异及不同类型气藏分布研究的基础上，取得三方面认识转变：一是认识到气藏类型的多样性，勘探目标转变为多类型气藏综合勘探；二是认识到纵向上多层含气，勘探层系要上下兼顾；三是认识到有效成藏要素的差异分布，勘探思路要从成藏要素的差异配置出发划分成藏区带。根据盆地北缘不同区带"源、储、输、构"差异配置，将杭锦旗区块划分为四个成藏区带，明确了不同区带勘探目标及勘探思路，落实了四个规模增储勘探区带（图 1-3-2）。

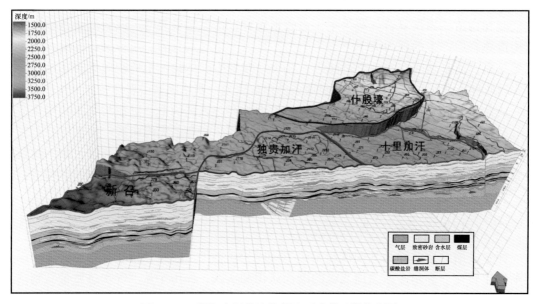

图 1-3-2 鄂尔多斯盆地北部地区成藏区带分布图

第二章 东胜气田的发现

东胜气田的发现是鄂尔多斯盆地油气勘探开发大发展的重要组成部分，也是盆地曲折向上、波澜壮阔勘探过程的一个历史缩影。在华北石油几代人的努力下，历经失败而不气馁，不断总结经验教训，转变勘探思路，创新方法技术，最终取得勘探大突破，拓展了盆地天然气勘探新区带，发现了新类型。本章总结了鄂尔多斯盆地天然气勘探开发阶段，在此背景下回顾了东胜气田的勘探开发历程与启示，展望了东胜气田的勘探开发潜力。

第一节 鄂尔多斯盆地勘探开发进展

一、盆地勘探进展

鄂尔多斯盆地天然气资源丰富，具有下古生界奥陶系和上古生界石炭系—二叠系两大含气层系，资源量为 $15.7 \times 10^{12} m^3$。盆地天然气勘探历经了 5 个阶段，先后发现了靖边气田、乌审旗气田、榆林气田、苏里格气田、大牛地气田、神木气田、柳杨堡气田、东胜气田等 14 个气田。截至 2020 年底，盆地已有探明储量 $5.6 \times 10^{12} m^3$，年产天然气突破 $550 \times 10^8 m^3$，形成了全国最大的整装气区。

1. 早期盆缘天然气探索阶段（1985 年之前）

鄂尔多斯盆地天然气勘探始于 20 世纪 50 年代，早期是伴随着石油勘探而发展的。在经历了按油气苗钻探的区域普查时期（1957—1976 年）后，勘探方向主要围绕在盆地周边，在构造圈闭等油气成藏理论指导下，以寻找构造油气藏和古潜山油气藏为主要目标。

盆地的天然气勘探首先是在西缘突破的。1969 年，西缘逆冲带刘家庄背斜构造上的刘庆 1 井在上古生界二叠系的石盒子组、山西组发现了多套气层，试气获得 $5.78 \times 10^4 m^3/d$ 的工业气流，成为盆地在上古生界钻探的第一口工业气流井，打开了古生界天然气勘探的局面（邱中建，龚再升，1999）。1977 年在伊盟隆起什股壕构造部署的伊深 1 井在二叠系下石盒子组试获工业气流，证实了盆地北缘具有天然气勘探潜力（详见本章第二节）。

随后，以盆缘构造带为主要目标，先后在西缘复杂构造带、北缘伊盟隆起、南缘渭北隆起和东缘晋西挠褶带分别开展了探索，找到刘家庄、什股壕、图东、胜利井、天池背斜等一系列含气构造，也获得过一些工业气流井，但均具构造控制面积小、含气规模小的特点，加之投资额度、技术手段和装备条件等限制，这一阶段天然气勘探未能取得重大突破和进展（翟光明，1992）。

2. 天然气勘探重大突破阶段（1985—1990 年）

20 世纪 80 年代，随着煤成气成藏理论的引进（戴金星等，1981），开展了盆地煤成气资源评价，明确了上古生界具有丰富的煤成气资源，提升了盆地古生界的资源信心。1985 年以后，随着技术和装备力量有了很大的改善和提升，使得进盆地腹部找气的愿望成为可能。在此背景下，加大了盆地天然气勘探力度，勘探思路从"由盆地周边到腹部、由构造圈闭到地层—岩性圈闭"发生了转变，勘探部署目标为上、下古生界兼探，取得了重大发现：一是发现了盆地腹部上古生界致密砂岩气，二是发现了下古生界靖边大气田。

1985 年，盆地腹部不同部位多口井均钻遇上古生界致密砂岩气藏。在盆地北部榆林以北塔巴庙地区（今大牛地气田位置）的伊 24 井，在上古生界下石盒子组、山西组、石炭系太原组和下古生界奥陶系马家沟组钻遇多层油气显示，随后采用常规方法测试，在奥陶系马家沟组、二叠系下石盒子组盒 1 段分别试获 280m³/d 和 458m³/d 的天然气产量，限于当时的技术工艺条件，未能对气层进行压裂改造；在盆地东部子洲县麒麟沟隆起上钻探了麒参 1 井，在下石盒子组和山西组钻遇气层，试获低产气流。

随后在盆地东部镇川堡地区钻探的镇川 1 井，在下石盒子组钻遇 8.6m 砂岩气层，试获天然气 2.58×10⁴m³/d。1987—1988 年，以上古生界砂岩气藏为主要目标，在镇川堡地区部署了 18 口井，发现石盒子组、山西组和太原组多套气层。1988 年，在镇川堡气田提交控制储量 35.2×10⁸m³，成为盆地上古生界发现的首个致密砂岩气藏。这一阶段的勘探由于受到致密砂岩气藏分布规律的认识程度限制，勘探思路仍以寻找有利构造为目标，发现气藏规模仍然较小；同时，针对致密砂岩气藏的钻井和压裂工艺也处于探索阶段，单井产量较低，未能取得较大进展。

1989 年，在陕西省榆林市境内完钻的科学探索井陕参 1 井，发现奥陶系顶部马家沟组马五段白云岩储层，经酸化压裂试获天然气 28.3×10⁴m³/d，成为靖边气田的发现井；与此同时，在距陕参 1 井东北 40km 处的榆 3 井，在同一层位发现白云岩气层，酸化后试获天然气 13.8×10⁴m³/d。以上两口井是鄂尔多斯盆地中部气田勘探取得重大突破的标志，拉开了盆地下古生界碳酸盐岩风化壳气藏天然气勘探的序幕。经过 5 年勘探评价，到 1995 年，靖边气田累计天然气探明储量 2300×10⁸m³，成为当时中国陆上第一个海相碳酸盐岩大气田。靖边气田的发现突破了构造圈闭找气的勘探思路，开拓了碳酸盐岩岩溶古地貌找气的新领域，丰富了中国海相碳酸盐岩天然气地质理论，开创了盆地"油气并举"勘探的新局面（杨华等，2016）。

3. 天然气勘探快速发展阶段（1991—2005 年）

在探明靖边大气田的同时，按照"上、下古生界立体勘探"的思路，积极开展了盆地上古生界的勘探。通过综合评价，认识到盆地上古生界石盒子组、山西组致密砂岩中普遍含气，但受到当时的认识水平和压裂工艺技术限制，大部分为低产气流。但在盆地北部乌审旗、榆林地区上古生界三角洲平原分流河道砂体中发现了含气富集区，其中陕 173 井下石盒子组试气获无阻流量 11.07×10⁴m³/d，显示了致密砂岩富集区的勘探潜力。随后，在该富集区部署了陕 145、陕 148 等探井，压裂试气获工业气流，于 1996 年探明了盆地第一个致密砂岩气田——乌审旗气田，探明储量 $35.73 \times 10^8 m^3$。

这一时期，随着对致密砂岩气藏认识的逐渐深入，地震储层预测技术以及钻井、压裂技术的不断进步，盆地致密砂岩气的勘探进入快速发展阶段，天然气勘探转入以上古生界为主，兼探下古生界的方向。继乌审旗气田之后，1999—2005 年又探明了榆林、苏里格、大牛地、米脂、神木、子洲等储量上千亿立方米的大气田。

1999 年 11 月，中国石化华北油气分公司在榆林北部地区以"大型岩性圈闭"为目标部署的大探 1 井山 1 段经加砂压裂，获得无阻流量 $3.34 \times 10^4 m^3/d$，2000 年 4 月，大探 1 井盒 1 段经加砂压裂，获得无阻流量 $2.04 \times 10^4 m^3/d$，首钻告捷。2000 年，大 2 井、大 3 井、大 4 井山 1 段分别获得工业气流，提交了大 1 井区山 1 段探明储量 $164.95 \times 10^8 m^3$。2002 年大 15 井、大 16 井单井产能突破（大 15 井盒 3 段无阻流量 $21.08 \times 10^4 m^3$、大 16 井盒 2 段无阻流量 $16.44 \times 10^4 m^3$），发现了盒 2、盒 3 高产气藏，证实了大牛地气田具备高产富集条件，增强了气田投入开发的信心。

2000 年，在盆地北部苏里格地区部署的苏 6 井在盒 1 段获 $50.0 \times 10^4 m^3/d$ 的高产工业气流，后经压裂改造获无阻流量 $120.16 \times 10^4 m^3/d$ 的高产工业气流，发现了中国又一个世界级整装低渗透气田——苏里格大气田，成为中国陆上最大的天然气田，对盆地致密砂岩天然气勘探具有重大战略意义。

4. 天然气储量跨越式增长阶段（2006—2015 年）

在盆地上古生界苏里格、榆林、大牛地等致密砂岩气田发现之后，极大地坚定了在盆地上古生界勘探的信心。与此同时，通过不断解放思想，创新地质认识，形成了大型三角洲致密砂岩气藏成藏理论，与之配套的岩性圈闭评价方法、叠前叠后致密砂岩储层地震预测技术、低渗透储层测井评价方法及压裂工艺技术也取得了长足的进步，有力地支撑了盆地上古生界致密砂岩气的勘探部署，使盆地进入了规模整体勘探阶段，储量呈现出跨越式增长。2007 年盆地新增探明储量（含基本探明）攀升上 $5000 \times 10^8 m^3$ 新台阶，其中苏里格气田 2007—2012 年连续六年新增探明储量超过 $5000 \times 10^8 m^3$，大牛地气田 2012 年上古生界取得整体探明，储量为 $4545 \times 10^8 m^3$，同年盆地西部探明了柳杨堡气田，储量为 $550 \times 10^8 m^3$。以上多个区带储量的探明为盆地天然气快速发展奠定了坚实的资源基础。

5. 差异化评价与新领域拓展阶段（2016 年至今）

进入"十三五"以来，通过不断深化致密气和碳酸盐岩成藏理论认识，完善不同类型气藏评价技术，盆地天然气勘探进入"上古与下古整体部署、集中与甩开同时勘探"的阶段。平面上，勘探阵地从盆地中心向盆地边缘拓展；纵向上，勘探层系从奥陶系风化壳及二叠系河道砂岩向奥陶系"盐下"及中元古界拓展；领域上，气藏类型从地层—岩性气藏向复合气藏、煤层气、页岩气拓展。

在盆地中心坚持整体部署、整体勘探，形成了苏里格气区、盆地中心碳酸盐岩气区和盆地东部致密砂岩气区三个万亿立方米整装大气区。其中苏里格气田目前累计探明（含基本探明）地质储量达 $5 \times 10^{12} m^3$，保有天然气产能 $230 \times 10^8 m^3 /a$；盆地中心碳酸盐岩气田从靖边向东西两侧不断扩大，同时在奥陶系马家沟组马五 6-10 段、马四段及奥陶系盐下勘探获得重大突破，目前下古生界已探明储量 $8000\times10^8m^3$，靖边气田实现了连续 15 年天然气产量达 $55\times10^8m^3$ 以上；盆地东部上古生界多层气藏取得突破，目前已探明储量超过 $7000\times10^8m^3$，建成年产能 $40\times10^8m^3$。

与此同时，盆地边缘天然气勘探领域逐渐扩大，"全盆气"格局逐渐形成。在盆地北缘，上古生界形成了多类型气藏差异富集认识，在东胜气田培育了近 $1\times10^{12}m^3$ 三级储量气区，探明储量超过 $1000\times10^8m^3$；在盆地南缘，宜川—黄龙和陇东地区勘探取得重大突破，多口井在上古生界钻遇工业气层，落实有利含气面积约 $5000\ km^2$，新增探明储量超过 $1000\times10^8m^3$，成为上古生界规模储量接替区；在伊陕斜坡与渭北隆起构造带结合部位彬县—长武地区部署的风险探井长探 1 井在上石盒子组试获工业气流，成为盆地古生界天然气勘探最南部的一口突破井，拓展了该领域勘探前景。在盆地西部的奥陶系台缘带，通过深化盆地西部及南缘奥陶系台缘带的地质研究，实施探井 5 口，发现有利礁滩储层及有效海相烃源层，其中古探 1 井在克里摩里组台内滩相储层试气获 $1.62\times10^4m^3/d$ 低产气流；忠 4 井在乌拉力克组烃源层段试气获 $4.18\times10^4m^3/d$ 工业气流，揭示了盆地西缘具有较大的勘探接替潜力。

纵观鄂尔多斯盆地天然气勘探历史，从早期的构造找气到目前的多类型气藏立体勘探，过程艰难而曲折，但成果瞩目。勘探过程的每一次重大突破都是对新领域坚持探索和不断创新认识的结果，同时也伴随着评价预测技术与工程工艺的不断进步。

目前，随着勘探阵地向盆缘更复杂的地区拓展，勘探对象也向更复杂类型气藏转移，在盆缘探索过程中及时总结多类型气藏勘探开发的认识和技术，对重新认识克拉通盆地天然气整体分布规律，寻找下步有利勘探开发目标有重要意义。

二、盆地开发进展

鄂尔多斯盆地天然气开发起步较晚，20 世纪 60 年代末期在西缘逆冲带上发现了刘家庄气藏（田），80 年代早中期相继发现了胜利井气藏（田）、镇川堡气藏（田），层位均为上古生界二叠系砂岩气藏，均未实质性开发；80 年代末期，陕参 1 井的成功实施及靖边气田的发现，拉开了鄂尔多斯天然气开发的序幕。

1. 天然气开发起步阶段（1994—2003 年）

天然气商业开发始于靖边气田。1994 年靖边气田开始评价，1997 年靖边气田投产，1999 年榆林气田投产，2002—2003 年乌审旗气田、苏里格气田陆续投产，到 2003 年底累计建成年天然气生产能力 $75\times10^8m^3$ /a。共动用天然气地质储量 $3362\times10^8m^3$，累计生产天然气 $143.35\times10^8m^3$。靖边气田 2003 年底共投产气井 339 口，平均单井日产天然气 $5.4\times10^4m^3$，建成天然气生产能力 $60.5\times10^8m^3/a$，占长庆油田天然气总体产能的 80.6%。2003 年底，榆林气田共投产气井 68 口，平均单井日产天然气 $4.5\times10^4m^3$，建成天然气生产能力 $15.1\times10^8m^3/a$，占长庆油田天然气总体产能的 14.7%。作为鄂尔多斯盆地首批成规模开发的两个气田，成功实现了向北京、天津、西安、银川及呼和浩特等大中城市供气，作为"西气东输"的先锋气，2003 年已向上海等沿途大中城市提供天然气。

2. 天然气开发快速上产阶段（2003—2015 年）

自 2001 年起苏里格气田经历了评价、上产及稳产 3 个阶段，2013 年建成生产能力 $235 \times 10^8 m^3/a$，实现了 $350 \times 10^8 m^3/a$ 规划目标的跨越式发展，完成了由低渗透气藏向致密气藏的开发转变，2015 年长庆气区已建成天然气生产能力 $350 \times 10^8 m^3/a$，累计生产天然气 $2697 \times 10^8 m^3$，占国内天然气总产量的 27.75%，有力助推了国内低渗透—致密气藏勘探开发。鄂尔多斯盆地成为中国最大的天然气工业基地。

大牛地气田 2001 年开展先导试验，2004 年编制了第一个 $10 \times 10^8 m^3$ 开发方案，2005 年建成了年生产能力 $11.3 \times 10^8 m^3$ 的大气田，大一榆管线建成并向北京供气，大牛地气田成为中国石化重要的天然气生产基地之一。"十二五"通过技术攻关，完善了适用的工程技术系列，推动了二三类储层的有效动用，2012 年建成国内首个致密砂岩气田 $10 \times 10^8 m^3$ 水平井整体开发示范区，2015 年致密气产量 $32.2 \times 10^8 m^3$。

3. 天然气持续上产阶段（2016 年至今）

随着工程技术进步，特别是以全通径水平井体积压裂为代表的开发技术的创新，推动了鄂尔多斯盆地天然气的发展；"十三五"以来，依靠信息技术的快速发展，致密气开发集成创新应用信息传输、数字调控、智能控制等先进技术，嵌入气田建设、生产、管理关键环节，拉动生产方式、管理方式向新型工业化转型。

天然气开发技术的不断创新，助推了天然气产量的快速增长。长庆气区包括苏里格气田、靖边气田等气田，2020 年天然气产量 $448 \times 10^8 m^3$；延长石油天然气产量 $55 \times 10^8 m^3$；中国石化华北油气分公司大牛地气田、东胜气田天然气产量 $48 \times 10^8 m^3$；鄂尔多斯盆地 2020 年天然气产量突破 $550 \times 10^8 m^3$。

第二节 东胜气田勘探开发历程

一、勘探历程与启示

1. 勘探历程与阶段划分

鄂尔多斯盆地北缘油气勘探起始于 20 世纪 50 年代，总体上可以划分为五个勘探阶段。从构造高部位局部含气到大面积砂岩含气、从气水过渡带到万亿立方米规模储量叠置区，勘探认识逐渐深化；从北部隆起带到南部斜坡带、再到分区带展开勘探，勘探阵地逐渐明确；从构造找气到源内大型岩性气藏、再到多类型气藏，评价目标逐渐清晰。60 多年曲折前进的勘探历程，充分体现了该区构造—沉积差异性成藏的复杂性（图 2-2-1）。

1）盆地北缘早期探索阶段（1955—1960 年）

受"基岩隆起区找油"认识的主导，1955 年起，原地质部系统的 206 队在伊盟隆起及周边地区进行油气普查，发现白垩系油苗、含油砂岩 4 处以及长盛源、柳沟等局部构造。期间部署实施浅井 8 口，以明确白垩纪以前地层的含油性，了解可能存在的油储类型。吴1井—吴7井在上白垩统、中二叠统见油气显示；1960年6月对吴19井井深600m左右的石盒子组含油砂岩进行试油，见到少量的气喷，曾引起广泛重视。

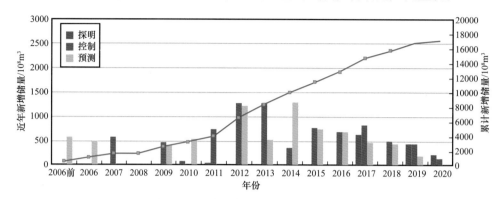

图2-2-1　杭锦旗区块储量增长柱状图

由于可靠的构造尚未被发现，钻探能力受一定限制，1960年底盆地北缘油气勘探工作基本结束，技术指导思想上开始转移到盆地的整体研究。

2）以构造圈闭为目标的油气普查阶段（1976—2000年）

这一阶段分为两个时期，第一个时期是1976—1989年，地质矿产部重上伊盟隆起，首次取得突破；第二个时期是1991—2000年，中国石油长庆石油勘探局与中国石化华北油气分公司分别再上杭锦旗断阶带，在盆地北缘首次提交了天然气地质储量。

（1）重上伊盟隆起，首次取得突破（1976—1989年）。

1976年11月15日，国家地质总局在长沙召开海相沉积区石油普查技术座谈会，提出了新一轮油气勘查的战略展开，要求把查清区域油气地质规律与发现油气田紧密结合起来，强调在新领域、新地区、新类型及新深度取得突破，不断发现油气田和油气勘查基地。

地质矿产部第三石油普查大队（华北油气分公司前身之一，简称三普）以探索盆地北缘构造圈闭含气性为主要勘探思路，在伊盟隆起及周边地区实施二维地震测线130条，在泊尔江海子—三眼井断裂以北的杭锦旗断阶发现一批小型构造。1977年在什股壕构造的伊深1井下二叠统下石盒子组4层合试自然求产测试，获得天然气（0.94～1.33）×10^4m^3/d，是鄂尔多斯盆地北部首次在上古生界获得天然气，具有里程碑的意义（图2-2-2），实现了鄂尔多斯盆地从以中生界石油勘探为主向以上古生界碎屑岩天然气勘探为主、从盆内岩性圈闭找油向盆缘构造找气的战略转移。期间相继实施探井21口，6口钻遇含气显示层进行试气，其中拉布仍构造上伊17井下石盒子组一层经加砂压裂测试天然气无阻流量3.76×10^4m^3/d。1989年以后由于勘探重心转移到鄂尔多斯盆地内部油气勘探，北部天然气勘探进入停滞阶段。

（2）再上杭锦旗，首次提交储量（1999—2010年）。

"八五"时期（1991—1995年），长庆石油勘探局也在盆地北缘杭锦旗区块进行了天然气勘探，在浩绕召构造部署的石鄂2井测试产气3.47×10^4m^3/d，拉不仍构造部署的石鄂3井测试产气4.97×10^4m^3/d，阿日柴达木构造的盟1井测试产气0.5×10^4m^3/d，进一步证实了杭锦旗区块及其邻区上古生界具有较好的天然气勘探开发前景。

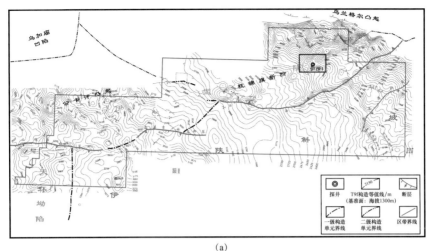

(a)

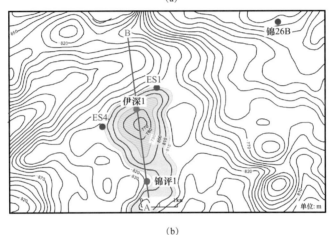

(b)

图 2-2-2 伊深 1 井圈闭位置图

"九五"后期至"十五"前期,华北油气分公司重上杭锦旗区块,以构造圈闭为目标开展新一轮的勘探。1999 年对伊深 1 井气层进行了复试,其盒 2 段和盒 3 段天然气无阻流量分别为 $1.14 \times 10^4 m^3/d$ 和 $1.32 \times 10^4 m^3/d$,伊 17 井盒 2 段气层复试天然气无阻流量 $1.23 \times 10^4 m^3/d$,均达到工业气流标准。1999—2003 年以构造圈闭为主要勘探思路,针对杭锦旗区块北部什股壕构造、浩绕召构造及拉不仍构造实施了 5 口井,证实了杭锦旗断阶带上的背斜构造普遍含气。在此期间,2000 年提交了什股壕构造下石盒子组气藏天然气控制储量 $20.73 \times 10^8 m^3$,含气面积 $5.2 km^2$。

在这一阶段,通过 30 多年的艰苦探索,逐步证实了盆地北缘具有天然气成藏条件,为后期在该区继续勘探、寻找大气田奠定了基础。但由于对盆缘主要气藏类型认识不清,仍以传统构造圈闭为勘探思路,导致勘探成果有点无面,与规模气藏失之交臂。

3)以大型岩性圈闭为目标的勘探阶段(2004—2015 年)

这一阶段也分为两个时期,第一个时期是 2004—2011 年,勘探目标从杭锦旗区块北部构造圈闭向南部岩性圈闭转变,取得了勘探突破;第二个时期是 2012—2015 年,华北油气分公司加大勘探力度，以断裂以南大型岩性圈闭为主要目标，实现了规模增储。

（1）转变思路，探索岩性气藏（2004—2011年）。

2004年之后，随着大牛地气田勘探进程的深化，对鄂尔多斯盆地北部上古生界天然气成藏条件有了更为深入的认识，华北油气分公司适时提出在杭锦旗区块"向源勘探"的思路，把勘探的重心转向泊尔江海子断裂以南的煤系烃源岩发育区（独贵加汗、十里加汗、新召和阿镇目标区）。这一时期，对杭锦旗地区上古生界气藏类型的复杂性还认识不足，对泊尔江海子断裂以南的勘探仍然延续了大牛地气田"大型岩性圈闭"的勘探思路，2004—2011年以独贵加汗、十里加汗、新召和阿镇目标区的山西组和下石盒子组主河道为对象部署了14口井，其中6口井试获工业气流，断裂带以南以二叠系山西组、下石盒子组河道砂岩复合体的含气性得到普遍验证，提交控制地质储量 $1244 \times 10^8 m^3$、预测地质储量 $1013 \times 10^8 m^3$。

同期，在泊尔江海子断裂以北地区突破原有构造控藏认识，发现下石盒子组盒2+盒3段发育岩性—构造复合气藏，指导了该区勘探取得突破，提交探明地质储量 $163 \times 10^8 m^3$、控制地质储量 $418 \times 10^8 m^3$（图2-2-3）。

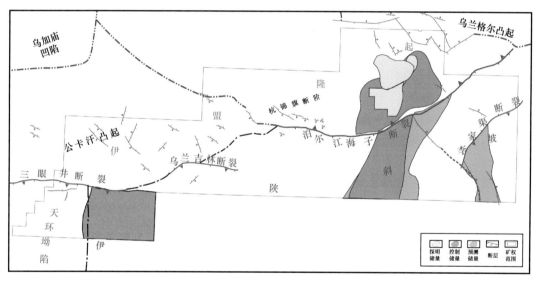

图2-2-3 东胜气田2011年储量分布图

在岩性控藏思路指导下，这一时期突破了千亿立方米储量规模关，同时也逐渐揭示了该区气藏特征与盆地内部有差异，单井产量差异大，气水关系复杂。但由于当时成藏条件的差异性与气藏类型的复杂性还认识不够，规模富集区的神秘面纱仍未揭开。

（2）加快步伐，持续规模增储（2012—2015年）。

进入"十二五"，针对杭锦旗区块上古生界气水分布复杂、富集高产规律不清的问题，以"杭锦旗区块大中型气田形成条件与分布规律"等一批重点科研项目为依托，深入开展低丰度含气区天然气富集规律及评价技术等科研攻关，充分应用科研成果进行富集区带优选和勘探评价部署，形成了杭锦旗区块是鄂尔多斯盆地石炭—二叠系致密砂岩含气区北部边缘的准连续—非连续成藏过渡带等重要地质认识，在泊尔江海子—三眼井断裂带南、北分别建立了"源储共生，近源成藏"和"双源供气，圈闭控藏"成藏模式及"断裂—砂体—不整合面"三维天然气输导模式，揭示了断裂带南北不同的成藏机理。在评价技术方面建立了杭锦旗区块上古生界大型岩性气藏有利区带优选技术、大型岩性圈闭地震—地质综合评价技术、致密低渗砂岩优势储集岩相发育与预测技术。在杭锦旗区块评价出一个 $500 \times 10^8 m^3$（什股壕区带）、一个 $3000 \times 10^8 m^3$（独贵加汗与十里加汗区带）有利勘探目标。这些成藏认识的深化、评价技术的提升和富集带的优选为"十二五"期间井位部署提供了勘探思路和技术支撑。

2012 年以后，华北油气分公司进入油气会战期，按照"十二五"期间打造千万吨级油气田建设规划，加快了杭锦旗区块勘探步伐。以泊尔江海子断裂以南的地区为重点，秉承立足于稳定构造带、以大型岩性圈闭为主要目标的勘探思路，对盒 1 段、山 2 段和山 1 段气藏展开评价，2012—2015 年在独贵加汗、十里加汗和新召区带共部署探井 55 口，其中 26 口试获工业气流，试气产量 $(0.5 \sim 5) \times 10^4 m^3/d$，每年提交三级储量超过 $1000 \times 10^8 m^3$，在独贵加汗—十里加汗区带培育了一个纵向多层、横向连片的 $6000 \times 10^8 m^3$ 规模储量阵地。

随着勘探实践和认识的不断深入，独贵加汗千亿立方米整装气田在此期间初步显现。2012 在独贵加汗部署的锦 eg 井、锦 eh 井分别在盒 3 段试获 $1.4 \times 10^4 m^3/d$、$3.02 \times 10^4 m^3/d$ 工业气流，2013 年部署的锦 hf 井在盒 1 段试获 $4.77 \times 10^4 m^3/d$ 高产气流，显示了该区为多层叠置的天然气富集区带。2014 年提交盒 3 段控制储量 $359.09 \times 10^8 m^3$，同时提交锦 hf 井区盒 1 段预测储量 $1303.3 \times 10^8 m^3$。

为进一步摸清该区富集规律，2014—2015 年，华北油气分公司对杭锦旗区块勘探选区、圈闭评价技术进行总结，在重新评价烃源岩和储层有效性的基础上，确定了储/地比值 $0.35 \sim 0.15$ 和源储近源优—优配置的主河道区是大型岩性气藏发育最有利区，优选了独贵加汗圈闭（即锦 86 井区）作为储量升级重点圈闭。同时，随着三维地震的部署和应用，总结了一套基于振幅属性与心滩发育关系的辫状河主河道预测方法。在以上认识和技术支撑下，2014—2015 年以独贵加汗盒 1 段、盒 3 段为主要目的层集中部署 16 口探井，均钻遇主要目的层盒 1 段、盒 3 段气层，气层钻遇率 100%，整体控制了独贵加汗气藏含气范围，2015 年提交盒 1 段控制储量 $762.86 \times 10^8 m^3$。2016 年，勘探开发一体化持续评价独贵气藏，新增盒 1 段控制储量 $685 \times 10^8 m^3$。至此，独贵加汗圈闭盒 1 段气藏控制储量已达 $1447.91 \times 10^8 m^3$（图 2-2-4）。

回顾这一阶段，在大牛地气田上古生界整体探明的情况下，杭锦旗区块实现规模增储，形成了三级地质储量 $8388 \times 10^8 m^3$ 的规模阵地（72% 储量为期内新增），极大增强了在该区建设大气田的信心，华北油气分公司"走出大牛地，发展杭锦旗"的战略布局初步形成。

取得显著成绩的同时，这一阶段的勘探实践也有值得反思和总结的教训。一是在勘探程序上，三维地震的部署节奏晚于勘探评价井的部署节奏，储层预测工作没有及时到位；二是在成藏规律认识上，不同类型圈闭的差异分布规律、不同河道的气水分布特征认识不足，导致不同区带探井成功率参差不齐。尽管发现了独贵加汗富集区，但同时在紧邻独贵加汗的十里加汗地区的部分河道上也钻探了一批低产井，导致探井成功率较低。

因此，在对区带成藏条件差异性认识不足、资料程度和技术方法准备不充分的情况下，对新区带的集中展开评价要谨慎。

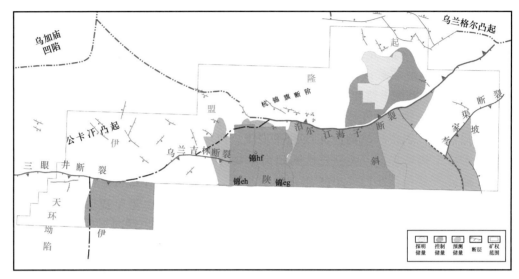

图 2-2-4　2016 年储量分布图

4）划分成藏区带，多类型圈闭差异化评价阶段（2016 年至今）

"十三五"以来，通过系统总结前期成果认识与勘探低效教训，认识到要实现盆缘复杂区的高效勘探，必须深入认识不同区带的差异成藏机理，形成不同类型圈闭精细评价技术体系，对不同区带采取不同思路开展针对性勘探。因此，针对盆地北缘杭锦旗区块平面源、储差异分布、成藏条件及气水关系复杂的特点，依托国家油气重大专项下设课题"鄂尔多斯盆地北缘低丰度致密低渗气藏开发关键技术"、中国石化勘探先导项目及一系列分公司科研攻关项目，通过系统研究沉积期—深埋期—调整期的构造沉积演化特征、"源、储、输、构"差异配置系统和成藏动力系统、成藏关键期充注动力和毛细管力耦合关系，揭示了该区石炭—二叠系致密低渗透砂岩天然气准连续—非连续成藏、时空差异聚集的分布规律，建立了源内充注成藏、源内充注调整成藏、源侧断—砂输导成藏三种成藏模式，根据不同区带"源、储、输、构"差异配置，将杭锦旗区块划分为四个成藏区带，明确了不同区带勘探目标及勘探思路，建立了不同成藏区带圈闭类型及评价方法，落实了独贵加汗、新召、什股壕和十里加汗四个规模增储目标区。

在以上研究及认识基础上，2016—2020 年以"独贵加汗为中心，向东、向西分别展开，多类型气藏综合评价"的总体思路，在 4 个成藏区带分别进行评价，获得多点突破。

在独贵加汗区带，持续开展勘探开发一体化评价，对独贵气藏进行了滚动扩边和立体勘探。以"集中探评有效圈闭，精雕细刻心滩砂体，以实现高效探明"的思路，在砂体分级构型与三维地震提高分辨率技术研究基础上，对该区下石盒子组辫状河心滩复合砂体分布开展了地质—地震—体化描述预测研究，精细刻画了盒 1 段、盒 2+ 盒 3 段辫状河单期河道心滩的分布，在心滩叠合发育区部署钻探了 7 口探井，成功率达 100%，进一步验证了辫状河心滩储层预测技术的可靠性，落实了独贵加汗多层叠合气藏的立体展布特征。2017 年在锦 hf 井区盒 1 段提交探明储量 $633.95×10^8m^3$，2019 年在锦 aao 井区盒 1 段提交探明储量 $422.50×10^8m^3$，2007—2019 年在盒 2 + 盒 3 段提交控制储量合计 $677.37×10^8m^3$。

到 2019 年底，杭锦旗区块上古生界致密低渗透气藏累计探明储量达到 $1233×10^8m^3$，鉴于杭锦旗区块独贵加汗区带下石盒子组探明储量达到 $1076×10^8m^3$，并成功进行规模建产，中国石化于 2019 年 9 月 25 日对外宣布，鄂尔多斯盆地油气勘探获得重大进展，发现"千亿立方米大气田"——东胜气田。东胜气田千亿立方米储量的发现，是中国石化在鄂尔多斯盆地复杂成藏领域取得的新突破，实现了走出大牛地的战略目标，标志着盆地北缘 60 年来的天然气勘探工作实现了里程碑式的突破，坚定了在盆地北部构造过渡带致密—低渗透气藏勘探开发的信心。

向东展开，深化什股壕区带气藏认识，在复合气藏勘探思路的指导下，通过大比例尺构造编图，精细开展岩性—构造圈闭描述和窄河道砂体刻画，2017—2020 年部署的锦 ace 井等 4 口井相继取得成功，试获（1～5.6）$×10^4m^3/d$ 工业气流，扩大了勘探有利区范围，为该区实现有效开发夯实了基础。

2018 年以来为寻找优质储量接替区，向西展开，加大新召区带勘探力度，2018—2019 年部署实施三维地震 $968.64km^2$。针对古缓坡区辫状河致密储层非均质性更强的难点，在独贵加汗形成的辫状河道地震—地质一体化评价基础上，完善了不同微相预测刻画技术，在多期河道叠置模式基础上进行单期河道心滩砂体剥离预测，有效提高了探井成功率。在此基础上，2018—2020 年部署 17 口井在盒 1 段、山西组均钻遇良好气藏，其中锦 aed 井在盒 1 段试获稳定产量 $2.8×10^4m^3/d$，无阻流量 $13.6×10^4m^3/d$，为该区第一口无阻流量突破 $10×10^4m^3/d$ 的探井，新 i 井山 2 段试获工业气流 $2.19×10^4m^3/d$，确定了山 2 段、盒 1 段大型岩性圈闭（气藏）是主要勘探评价目标。期间提交盒 1 段 + 山 2 段探明储量 $274.78×10^8m^3$，控制储量 $135.1×10^8m^3$，进一步落实了 $1000×10^8m^3$ 规模储量阵地（图 2-2-5），证实了新召地区具备形成商业规模气田的潜力，储产量接替态势初步形成。

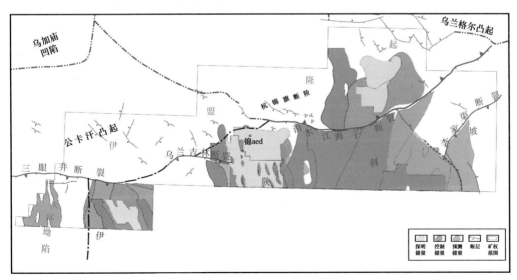

图 2-2-5　杭锦旗区块区带划分及 2020 年储量分布图

2. 勘探潜力与展望

在二叠系下石盒子组取得重大突破的同时，"十三五"期间以"多层系立体勘探"思路部署的锦 adb 井、锦 adf 井、贵 b 井等多口探井在奥陶系、长城系及二叠系上统等多层系钻遇气层，其中锦 adb 井在长城系试获 $0.5249 \times 10^4 m^3/d$ 低产气流（筛管完井，未压裂），在石千峰组试获 $1.0188 \times 10^4 m^3/d$ 工业气流，揭示了盆地北缘具有多层系、多类型的勘探潜力（图 2-2-6），主要包括以下三个方向。

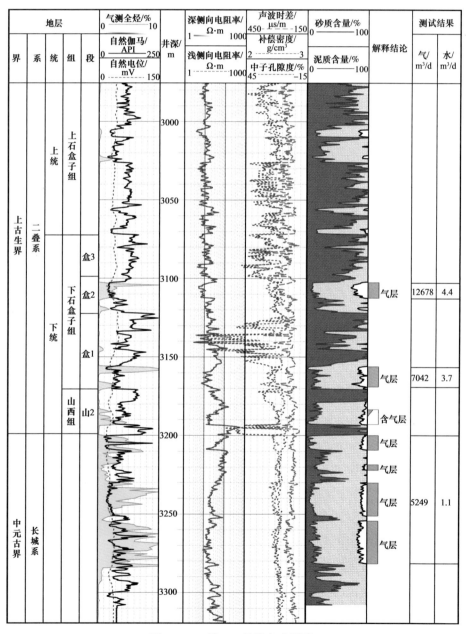

图 2-2-6　锦 adb 井综合成果图

平面上，四个区带石炭—二叠系主力层系发育多类型气藏，已发现三级储量近 $1\times10^{12}m^3$。因此，以独贵加汗千亿立方米探明储量区为中心，向西持续评价致密岩性气藏，有望近期再探明千亿立方米储量；向东持续攻关十里加汗区带、什股壕区带不同类型气藏，实现控制储量逐步升级，不断提升含水气藏的商业价值。

向深部拓展，紧邻石炭—二叠系主力含气层系之下，残存奥陶系马四段石灰岩经历了加里东—海西期 1.5 亿年左右的溶蚀作用，在残丘及断裂发育区形成了溶蚀缝、洞有利储集体，与上覆山西—太原组煤系烃源岩构成了上生下储储盖组合，发育缝洞型气藏，有利勘探面积 $750km^2$，是近期重点展开层系；在古生界之下，中新元古界长城系裂陷槽内发育厚层的海相石英砂岩，地层厚度可达 2000m，槽内断裂大量发育，有利于油气运移输导成藏，有利勘探面积 $1000km^2$，可作为下步重点突破层系。

向上部拓展，在石炭—二叠系主力含气层系之上，上石盒子组与石千峰组发育大面积河道砂岩储层。在断裂发育区，高角度断层作为有效输导体沟通了下部气源，使天然气突破上石盒子组区域盖层，在上石盒子组及石千峰组形成了含气新层系，已有 7 口井试获气流，评价出有利勘探面积 $400km^2$，值得进一步探索。

3. 勘探启示

回顾鄂尔多斯盆地北缘的勘探认识和实践，经历了从"气水过渡带"到"天然气差异富集带"、从盆内"稳定构造单元"到盆缘"多期断裂活动单元"、从盆内"单一类型圈闭"到盆缘"多种类型圈闭"差异分布、从盆内"大面积富集"到盆缘"差异富集"四个方面勘探认识和思路的转变。在克拉通盆地边缘长期的勘探实践过程中，取得了四个方面的启示。

一是要从盆地区域地质出发，明确构造、沉积演化对地质条件差异的控制作用。与盆地内部相比，盆地边缘最大的特点是成藏地质条件及其匹配关系的横向差异性，这种差异性是造成油气藏类型复杂的根本原因。因此，需要从盆地的区域构造—沉积演化出发，认识生、储、盖等基本成藏地质条件的主控因素，明确分布规律，为进一步认识气藏类型奠定基础。

二是要从地质条件的差异性出发，突出评价成藏要素有效性。在盆缘成藏地质条件过渡变化的背景下，各个成藏要素的品位及有效性在平面上也呈现出较大差异。在鄂尔多斯盆地北部，平面差异最大的成藏要素是烃源岩，不仅煤层厚平面分布具有较大差异，其成熟度、有机碳含量、泥质含量都呈现出较大差异，这种差异控制了研究区源内成藏的范围及富集程度；同时，储层物性与圈闭条件决定了气藏类型的差异。因此，成藏要素的有效性评价是盆缘区带优选的基础，重点需要评价烃源岩、储层及保存条件的有效性。

三是要从成藏要素的匹配关系出发，合理划分成藏区带。盆缘"源岩、储层、输导、构造"等成藏要素及其匹配关系的差异是不同区带成藏机理、油气藏类型及富集模式差异的根本原因。因此，需要根据这几个成藏要素的差异匹配关系，合理划分成藏区带，作为勘探分区评价的基础。

四是要从成藏模式及富集主控因素出发，明确不同类型油气藏勘探思路。在盆缘地区，由于不同区带成藏模式的差异性，需要在划分成藏区带的基础上，明确不同区带油气藏类型、成藏模式及富集主控因素，进而在不同区带提出针对性的勘探思路。针对断裂带南部岩性气藏发育区，有效储层预测是勘探工作核心，应加强沉积微相及地震—地质一体化有效储层预测方法研究；针对断裂带以北复合气藏发育区，在储层预测基础上还应开展构造精细刻画及圈闭有效性研究工作。

二、开发历程与认识

东胜气田气藏类型多样，气水关系复杂，不同类型气藏富集高产因素及开发特征具有显著差异，国内外没有成熟的开发经验可借鉴，气田开发举步维艰，但经过华北油气分公司开发技术人员长期坚持不懈的努力探索、解放思想、创新实践，闯出了一条含水气藏的效益开发之路，实现了边际气田规模效益建产，建成了年产 $15 \times 10^8 m^3$ 的气田，并将持续规模上产。

1. 开发阶段划分

回顾东胜气田的开发历程，可以划分为三个阶段。

1）气藏评价阶段（2011—2015 年）

东胜气田气藏评价始于 2011 年，先后于锦 aa、锦 ff、锦 gg 等井区开展气藏评价。2011 年伊深 a 等井下石盒子组天然气试采取得良好效果并提交探明储量的基础上，针对什股壕区带构造相对复杂区，借鉴大牛地气田岩性气藏评价思路，寻找规模岩性气藏富集区，针对盒 3 段、盒 2 段、盒 1 段气藏部署 9 口评价井，其中水平井 5 口，水平段长平均 736m，砂岩钻遇率 82%，气层钻遇率 29%，含气性较差，仅盒 2 段 1 口水平井获得较好的测试效果，试气结束日产气 $3.3 \times 10^4 m^3$，油压 9MPa，日产液 $6.8m^3$，返排率 30%；4 口直井，仅 1 口在盒 3 段试获日产气 $2.7 \times 10^4 m^3$，油压 10MPa，其他井均未获得产量，气藏评价工作未达预期效果。

2012—2014 年应用三维地震资料储层预测成果，深化储层及构造认识，继续按照岩性气藏采用直井与水平井扩大评价规模。盒 2 段气藏压裂及自然投产均取得一定的效果，1 口水平井自然投产取得突破，日产气 $4.2 \times 10^4 m^3$，套压 13.5MPa；同年探井锦 ff 井钻遇山 1 段、盒 3 段两套气层，山 1 段 DST 测试日产气 $2.0 \times 10^4 m^3$，产液 $0.1m^3$，盒 3 段日产气 $1.4 \times 10^4 m^3$，套压 6MPa，产液 $0.5m^3$。虽然该阶段气藏评价工作取得了多点突破，但气藏仍尚未认识清楚，部分气井高产液没有引起最够的重视，出液原因分析不深入。同期针对泊尔江海子断裂南部十里加汗区带锦 fb、锦 gg 井区开展盒 1 段气藏评价，并未取得实质性进展，气井整体呈现低产的特征，难以落实规模建产阵地。

2015 年以什股壕区带锦 ff 井区构造相对平缓区盒 3 段、盒 2 段气藏为开发目标，编制了《2015 年东胜气田锦 ff 井区水平井开发方案》，总体按照岩性气藏的开发思路部署水平井进行产能建设。实施过程发现大部分井呈现高产液特征，及时对新投产井及前期实施井试气效果再分析，认识到气井产能、产水情况与构造位置存在相关关系，局部构造高部位气井产能高、产液量低，构造低部位气井高产液，结合测井气水识别分析，深化认识，明确该区气藏类型主要是岩性—构造气藏，按原有岩性气藏认识提交及评价出的储量可靠程度降低。为降低风险，及时进行井位的优化调整，并取消构造低部位井位。

同时锦 eh 井区气藏评价取得积极进展，针对盒 1 气藏优选探井实施效果好、储层预测有利区部署评价，锦 eh 井区北部第一批 3 口评价水平井产能取得突破，最高无阻流量达 $31 \times 10^4 m^3/d$，明确该区为气藏富集高产区，及时优化调整产建任务，实现了当年评价当年有效建产。

2）规模建产阶段（2016—2018 年）

锦 eh 井区 3 口评价井的突破，坚定了该区评价开发的信心，华北油气分公司及时组织技术力量，开展攻关研究，深化气藏认识，明确盒 1 段、盒 3 段为主力气藏。受古地貌影响，该区盒 1 段主要发育冲积扇—辫状河沉积，砂体厚度大、储层物性好，平均孔隙度 8.9%，盒 3 段主要为窄河道辫状河沉积，河道窄，平均孔隙度 11.5%，物性优于盒 1 段。受储层岩性、物性的影响，主要发育地层—岩性气藏。结合正演模拟与波形结构分析，明确不同气藏有利储层反射特征；利用振幅属性明确了盒 1 段、盒 3 段气藏平面展布特征，为整体部署、分批实施动用奠定了基础。通过合理开发技术政策论证，完善配套工程工艺技术，2016—2018 年围绕主力气藏盒 1 段、盒 3 段持续进行了规模有效建产，至 2018 年底累计建产 $11.7 \times 10^8 m^3$。

3）持续上产阶段（2019—2020 年）

在锦 eh 井区地层—岩性气藏取得规模有效开发的基础上，进一步创新推广河道精细刻画、构造精细描述等技术成果，针对其他不同类型气藏，开展了地震—地质一体化储层预测、气藏渗流机理及开发技术政策研究，配套钻完井技术，实现了气田的持续规模上产。

什股壕区带边底水岩性—构造气藏构造幅度小、河道窄、气水界面不统一。通过开展三维地震精细处理解释，精细描述构造、精准刻画河道，定量预测气水界面，逐一刻画气藏分布，采用直井与水平井储层保护、自然建产的方式，取得良好开发效果；十里加汗区带受泊尔江海子断裂对天然气疏导及逸散的影响，气水分布十分复杂，先导试验效果不理想，气井普遍高产液，制约了该区的效益开发。通过深化气藏富集主控因素及气水分布规律研究，开展三维地震含气性预测，认识到南部靠近断裂区域天然气大量散失，仅局部发育构造—岩性气藏，向南远离断裂区逐渐过渡为致密岩性气藏。针对这两种气藏类型开展针对性评价，取得了较好的效果；新召区带河道砂体规模小，砂体厚度薄，成岩作用强。通过开展沉积及成岩演化研究，明确了不同河道岩性、物性特征、生产特征及产能。利用基于空间相对分辨率理论开展了窄河道精细刻画和叠置河道的期次分离，提高了储层预测精度，采用丛式井组混合井型，实现了高效开发建产。

截至 2020 年底，东胜气田累计新建产能 $22.5 \times 10^8 m^3$，核定天然气生产能力 $17 \times 10^8 m^3/a$（图 2-2-7），其中老井核定产能 $11.26 \times 10^8 m^3$，在盆地北缘含水区首次实现了气田规模有效开发，建成大气田。东胜气田投产井 468 口，开井 404 口，生产时率 98.8%，12 月平均油压 2.1MPa，套压 6.9MPa，年产工业气 $15.72 \times 10^8 m^3$，采气速度 1.98%，累计产气 $45 \times 10^8 \mathrm{m}^3$，采出程度 5.67%，自然递减率 9.3%，综合递减率 9.3% （图 2-2-8）。

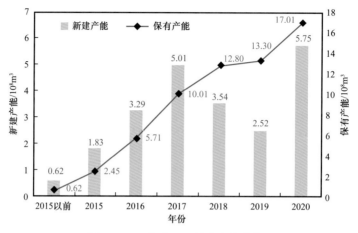

图 2-2-7　东胜气田月度生产曲线

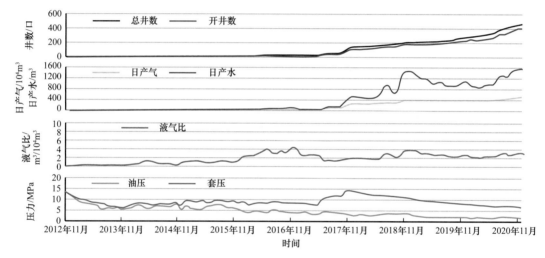

图 2-2-8　东胜气田月度生产曲线

2. 气田开发认识

（1）东胜气田不同区带主力含气层位有所差异，叠合层数不同。什股壕主力气层为盒 2 段、盒 3 段，该区总体表现为河道窄、构造圈闭小、富集区分散；独贵加汗是东胜气田规模最大、充注程度最高的富集区，气井产能高，稳产效果好，下石盒子组盒 1 段、盒 2 段、盒 3 段均为主力气层；新召是独贵加汗气区之外又一规模富集区，主力气层为盒 1 段、山 2 段，含气层位较少，但平面分布范围较大；十里加汗受构造、气水关系的影响，主力气层为盒 1 段、盒 3 段，分布范围小。

（2）杭锦旗区块受多期构造运动、长期断裂活动、沉积期古地貌及物源等影响，源、储、输、构等成藏条件空间差异配置，成藏机理复杂，发育致密岩性气藏、致密低渗透构造岩性复合气藏及低渗透岩性构造气藏等多种气藏类型，气水关系复杂，必须充分利用三维地震资料开展地震地质一体化精细气藏描述及甜点有利区识别，才能明确不同类型气藏富集高产区。

（3）东胜气田致密低渗透气藏类型多样，气水关系复杂，含气饱和度低，必须深入开展不同类型储层考虑启动压力梯度、应力敏感等地层条件下气水两相渗流机理研究，明确不同类型气藏气水两相渗流特征及气井生产能力，开展针对性地开发技术政策优化，才有可能实现经济有效开发。

（4）东胜气田气井普遍含水，必须针对不同气藏气水分布特点，采取针对性钻完井及储层改造方式，配套差异化排水采气工艺，才能实现含水气井产能的有效释放。

第三章 盆地北缘基本地质特征

盆地北缘天然气成藏研究不仅是烃源岩、储层和输导条件等基本成藏要素的研究认识，更需要开展各个成藏要素之间配置关系的综合分析。本章重点从成藏区带划分、气藏特征、天然气成藏关键期次、储层致密化过程、成藏动力学机制和成藏模式等方面详细阐述盆地北缘主要成藏地质特征，明确气藏类型和分带富集规律。

第一节 成藏区带划分及气藏特征

东胜气田位于盆内盆缘过渡带，与盆内相比，构造复杂，原始沉积格局控制烃源岩和储层分布的差异性，成藏要素的差异化配置明显，造成了多样的气藏类型和天然气的分带富集。本节在构造区带划分的基础上，梳理"源岩、储层、输导、构造"的差异配置特征，将东胜气田划分为四个成藏区带。

一、成藏区带划分

成藏区带是指盆地内同一构造带、沉积（岩）相带或油气运聚带上具有相似成因联系和油气生、运、聚规律的所有油气藏（田）、圈闭及潜在勘探目标的总和。常用的成藏区带划分方法是：首先，在成藏体系内部根据油气基本地质特征分别进行平面单因素区带划分。例如，平面上以构造带、烃源岩、沉积（岩）相带、古地貌单元或油气运聚带的边界为区带边界。然后，通过油气富集规律分析，明确各个单因素对成藏影响的优先级别，按照顺序进行多因素叠加综合分类，确定区带划分方案。

盆地北缘伊盟隆起持续抬升以及伊陕斜坡相对稳定的构造背景影响东胜气田沉积相带的差异分布，结合构造演化史分析，在构造区带划分基础上，结合成藏各要素的差异配置关系、圈闭及气藏类型开展成藏区带划分。

1.构造区带划分

东胜气田位于伊盟隆起、伊陕斜坡和天环坳陷三个二级构造单元的过渡部位，根据断裂及其走向趋势线、地层尖灭线和基底起伏等特点，将东胜气田细分为7个构造区带（图3-1-1），分别是泊尔江海子断裂以北的什股壕断阶带（简称什股壕区带），泊尔江海子与乌兰吉林庙断裂之间的独贵加汗陡坡带（简称独贵加汗区带），泊尔江海子断裂以南的十里加汗缓坡带（简称十里加汗区带）和阿镇陡坡带（简称阿镇区带），三眼井断裂以南的新召西凹陷带（简称新召西区带）和新召东缓坡带（简称新召东区带），三眼井断裂以北的公卡汉凸起带（简称公卡汉区带），各构造区带划分依据见表3-1-1。

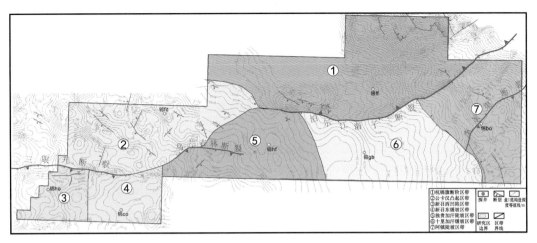

图 3-1-1 东胜气田构造区带划分图

表 3-1-1 东胜气田构造区带划分依据表

区带	盆地构造单元	东边界	南边界	西边界	北边界
新召西凹陷带	天环坳陷	盆地二级构造单元边界、坡度变化带	向南延伸进入长庆油田矿权区	向西延伸进入长庆油田矿权区	三眼井断裂
新召东缓坡带	伊陕斜坡	向东延伸进入长庆油田矿权区	向南延伸进入长庆油田矿权区	盆地二级构造单元边界	三眼井断裂
公卡汉凸起带	伊盟隆起	地层尖灭带	三眼井断裂、乌兰吉林庙断裂	向西延伸进入长庆油田矿权区	向北延伸进入长庆油田矿权区
独贵加汗陡坡带	伊陕斜坡	坡度变化带	向南延伸进入长庆油田矿权区	地层尖灭带	泊尔江海子断裂
十里加汗缓坡带	伊陕斜坡	掌岗图断裂	向南延伸进入长庆油田矿权区	坡度变化带	泊尔江海子断裂
什股壕断阶带	伊盟隆起	向东延伸进入长庆油田矿权区	泊尔江海子断裂	浩绕召断裂	向北延伸进入长庆油田矿权区
阿镇陡坡带	伊陕斜坡	向东延伸进入长庆油田矿权区	向南延伸进入长庆油田矿权区	掌岗图断裂	泊尔江海子断裂

2. 成藏要素的差异配置关系

在东胜气田不同区带之间，其烃源岩、储层物性、构造特征、地层结构、砂体非均质性等成藏要素的演化及其组合关系存在着显著差异，因此在不同位置其成藏特征也存在明显差别，如气水关系、气藏类型和天然气富集规律等。

1）煤系烃源岩南北分区

高成熟煤岩是东胜气田天然气成藏的优质烃源岩。东胜气田太原—山西组煤层总厚在 5~15m，最厚达 20m。沉积期古地貌的南低北高控制了烃源岩分布南厚北薄，古地貌的隆凹相间控制了烃源岩在凹陷处厚度较大。总的来说，以泊尔江海子、乌兰吉林庙及三眼井断裂为界，断裂以南地区煤层厚度相对较大，一般在8～16m，断裂以北地区煤层厚度相对较小，一般在0～6m。

为了快速评价烃源岩的生烃能力，本书引入了一种利用煤层测井资料快速评价煤层生烃潜力的经验公式，经过实践可以作为烃源岩评价选区的一项主要指标。前人研究表明，当烃源岩富含有机质时，测井曲线特征表现为高电阻率、高声波，可以利用地质学统计法，建立烃源岩与电阻率和声波时差相关的经验公式。Passey等（1990）做了大量的统计，提出了一项可以用于烃源岩的测井评价方法，能够计算出不同成熟度条件下的有机碳含量值。根据声波、电阻率叠加计算 $\Delta \lg R$ 的方程为

$$\Delta \lg R = \lg（R/R\text{基线}）+0.02（\Delta t - \Delta t \text{基线}） \tag{3-1-1}$$

由 $\Delta \lg R$ 计算 TOC 的定量关系式是

$$TOC = 10（2.297 - 0.1688 R_o）\Delta \lg R \tag{3-1-2}$$

可见，只要有 R_o 值，就可以利用式（3-1-2）对 TOC 进行计算。

金强、朱光有等对式（3-1-2）进行了改进。改进公式为

$$TOC = a \lg R + b \Delta t + c \tag{3-1-3}$$

通过对改进的 $\Delta \lg R$ 法进行实际应用，发现用该方法预测烃源岩，回归曲线的相关系数较高，预测的 TOC 和实测值符合较好。

从式（3-1-2）与式（3-1-3）可知，$\Delta \lg R$ 不仅可以有效地计算烃源岩的 TOC，和烃源岩成熟度与生烃潜力也有一定的相关性。那么，是否可以用 $\Delta \lg R$ 法对东胜气田煤层的生烃能力进行评价呢？为了验证这一点，对东胜气田煤层 $\Delta \lg R$ 与其有机碳含量进行了相关分析（图3-1-2）。结果表明，煤层 $\Delta \lg R$ 与有机碳含量具有较好的相关性，因此可以利用 $\Delta \lg R$ 法可以对煤层质量进行快速评价。

在以上研究的基础上，对本区太原—山1组主煤层的 $\Delta \lg R$ 进行了计算和统计，东胜气田南部地区煤层 R_o 一般在1.0%～1.6%，已进入高成熟阶段，对应的煤层 $\Delta \lg R$ 在5.5～6.9，主要分布在十里加汗南部、独贵加上汗、新召东和新召西区带。北部地区煤层镜质组反射率一般在0.5%～1.0%，煤层 $\Delta \lg R$ 在4.2～5.7，烃源岩成熟度及生烃强度相对较低，主要分布在十里加汗北部、阿镇和什股壕区带。

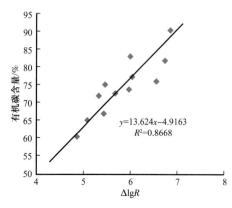

图3-1-2 东胜气田南部煤层 $\Delta \lg R$ 与有机碳含量交会图

$$y = 13.624x - 4.9163$$
$$R^2 = 0.8668$$

2）致密—低渗透储层东西分带

东胜气田除太原组砂体仅在泊尔江海子断裂以南发育，其他目的层砂体均全区分布，延展方向自北向南。太原组发育扇三角洲沉积，分布范围局限，主要分布在红井、查汗、独贵、乌兰敖包和掌岗图地区。山西组发育辫状河三角洲沉积平原沉积，从西向东发育10～15条辫状河道，较

明显的砂厚中心分布在红井、查汗、乌兰敖包、苏布尔噶、掌岗图等地区；下石盒子组发育冲积扇—辫状河沉积，受公卡汉凸起影响，在乌兰卡汉、乌素加汗以北地区发育冲积扇，以南发育河道沉积，盒1段自西向东发育16条辫状河，较明显砂厚中心分布在红井、查汗、蒋家梁、独贵、乌兰敖包、苏布尔噶、掌岗图等地区；盒2段、盒3段发育20多条辫状河，较明显砂厚中心分布在蒋家梁、独贵、大营、呼吉太等地区。受物源供给和可容纳空间的影响，河道砂体规模大小不一，盒1段辫状河砂体规模最大，其次为山西组，盒2段和盒3段规模最小。

东胜气田不同区带的储层特征也存在显著差异，以盒1段为例，总体自东北向西南方向随着埋深的增大储层物性逐渐变差（图3-1-3）。什股壕区带盒1段储层厚度最大（平均储层厚度25m）、物性最好（平均孔隙度12.5%、平均渗透率1.5mD），十里加汗东部地区次之（平均储层厚度20m、平均孔隙度11.9%、平均渗透率1.2mD），独贵加汗及新召区带储层厚度继续减薄，储层相对较致密。总的来说，从新召区带到什股壕区带，埋深逐渐变小，储层厚度逐渐增大，储层物性逐渐变好。

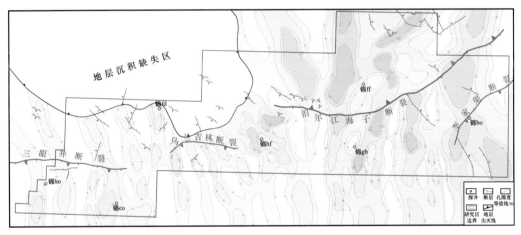

图3-1-3 东胜气田盒1段孔隙度平面分布图

3）源储差异配置关系

从东胜气田烃源岩和储集层的分布可以看出，断裂南北二者的配置关系不同。断裂以南地区烃源岩普遍发育，储集层以致密砂岩为主，基本属于高成熟烃源岩与致密储层相配置，包括新召、独贵加汗区带和十里加汗区带南部。以独贵加汗区带为例，该区烃源岩总体上具有厚度大、成熟度高、煤层质量好的特点，为独贵加汗天然气富集提供了有利的条件。在优质煤层发育的区域，烃源岩生烃能力强，充注动力大，优质储层和中等储层都可以完成气水驱替，其中物性好的优质储层气水驱替比较彻底，更有利于形成天然气富集；断裂以北及东部地区烃源岩不发育或成熟度低，储层以低渗透砂岩为主，主要存在于十里加汗区带北部、阿镇区带和什股壕区带南部。以什股壕区带为例，该区烃源岩厚度较薄或不发育，根据天然气干燥系数和成熟度对比分析（孙晓等，2016；陈敬轶等，2016），认为该区天然气主要来自断裂以南地区，为二次运移成藏。什股壕区带储层物性相对较好，厚度大物性好的山西组及盒1段砂岩为天然气向北运移提供了有利通道，在运移过程中遇到有效圈闭，就可以形成背斜构造气藏。同时，天然气可沿裂缝和断裂进行垂向运移，在盒3段和盒2段有效圈闭处形成岩性构造气藏。

4）上倾方向地层超覆尖灭形成侧向封堵带

独贵加汗区带地层自南向北逐渐抬升并向公卡汉凸起方向减薄尖灭，太原组、山西组及下石盒子组地层逐层超覆于公卡汉凸起（图1-2-3），上石盒子组地层发育较为完整，造成独贵加汗区带的储集层沿着斜坡向西北部的上倾方向也产生尖灭或相变成为泥岩与致密砂岩而形成封堵。有利的源—储近源配置、上倾方向有利的遮挡条件、上石盒子组区域盖层有利的封盖条件，以及有利的储层发育条件（图3-1-4），组成了独贵加汗区带地层超覆尖灭带有利的天然气成藏条件。

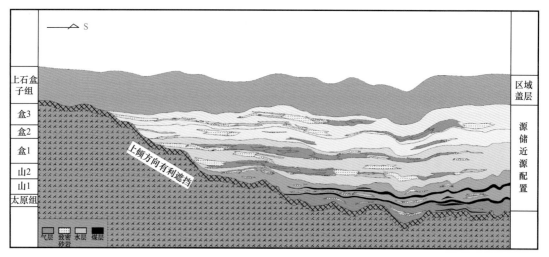

图3-1-4　独贵加汗上古生界成藏剖面示意剖面图

5）输导条件控制了气藏的差异分布

输导体系是指含油气系统中所有运移通道（疏导层、断裂、裂缝、不整合面等）及其相关围岩组成的网络体系的总和（张照录等，2000；朱筱敏等，2005），包括油气运移通道体系、流体驱动类型和流体运移相态等方面。本区主要涉及砂体、断裂对天然气的输导作用。

东胜气田砂体、断裂输导体系对气藏分布的控制作用表现在两个方面，一是侧向输导控制了气藏横向分布的差异，二是纵向输导拓展了气藏分布层系。

盒1段辫状河道复合砂体是本区石炭—二叠系主要侧向输导层。在西部缓坡带（新召区带），发育中小型孤立河道复合体，储层厚度/地层厚度（储/地比）小于0.25，储层横向连通性差，侧向输导能力差，易发育岩性圈闭；中部陡坡带（独贵加汗区带）发育中型河道复合体，储/地比为0.25～0.35，储层横向连通性较差，侧向输导能力较差，易发育岩性圈闭；东南部的缓坡带（十里加汗区带）发育中—大型河道复合体，储/地比为0.35～0.5，储层横向连通性较好，侧向输导能力较好，圈闭类型由岩性圈闭过渡为岩性—构造或构造圈闭；东北部隆起带（阿镇区带和什股壕区带）发育大型河道复合体，储/地比大于0.5，储层横向连通性最强，成为侧向运移有利通道，是发育构造圈闭的有利部位。

东胜气田发育 3 条近东西向主干断裂，由基底断至地表，主断裂形成于加里东期，燕山期受到强烈挤压作用，喜马拉雅期发生不同程度反转，整体上具有多期活动特征，研究区同时发育少量断穿古生界的层间断裂。在天然气成藏关键期晚侏罗世—早白垩世，受燕山运动影响，部分断裂活动强烈，在断裂带附近形成了天然气纵向输导通道（齐荣，2019），造成了天然气纵向调整。若断裂断穿区域盖层，则天然气可以突破区域盖层运移至石千峰组及其上部储层，甚至逸散到地表；另外，天然气可以沿着断裂向下运移至奥陶系和中新元古界。断裂的输导作用是双刃剑，一方面拓展了气藏分布层系，形成了多层立体含气格局（图 3-1-5），另一方面也造成靠近烃源岩的储层（山西组、太原组和部分盒 1 段）天然气充满度降低，地层水饱和度增高。

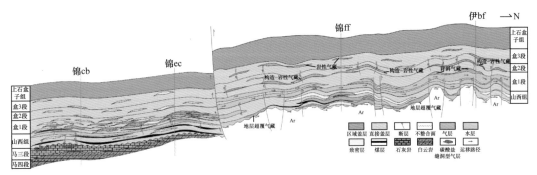

图 3-1-5 鄂尔多斯盆地北部地区南北向典型气藏剖面图

6）厚层泥岩形成全区分布的区域盖层

上石盒子组和石千峰组分布广泛、层位稳定的泥岩则构成了本区天然气藏的区域性盖层。上石盒子组及石千峰组的泥质岩岩性主要为粉砂质泥岩、泥岩，其中上石盒子组泥质岩累计厚度 100m 左右。根据薄片观察和扫描电镜资料显示，泥质岩中黏土矿物成分为蒙脱石、伊利石、高岭石，其中石千峰组黏土矿物含量最高值可达 50%，上石盒子组的最高值可达 35%。上石盒子组泥岩孔隙度为 0.92%，密度为 2.75g/cm³。泥岩微孔结构分析结果表明，泥岩突破压力在 15MPa 以上，突破时间为 1～40a/m，封盖高度在 3000m以上，遮盖系数为 2000～3000。因此，上石盒子组及石千峰组泥岩具有良好的封盖能力。

3. 成藏区带划分

在东胜气田构造区带划分的基础上，针对不同区带源岩、储层、输导和构造特征开展研究（表 3-1-2），明确了不同区带间源储配置关系、圈闭类型、构造特征的差异性，建立了以"源、储、输、构"差异配置关系为核心的成藏区带划分原则，将其划分为四个成藏区带（图 1-2-6）：源内致密岩性成藏带、源内致密地层—岩性成藏带、源内致密—低渗岩性～岩性—构造成藏带及源侧低渗岩性—构造成藏带。其中，源内致密岩性成藏带特征为高熟源岩与致密储层匹配，近源叠置，上倾岩性封堵；源内致密地层—岩性成藏带特征为高熟源岩与致密低渗透储层匹配，近源叠置，上倾地层尖灭和岩性封堵；源内致密—低渗岩性～岩性—构造成藏带特征为高—低熟源岩与致密—低渗储层匹配，近源叠置，但受到断裂调整逸散影响，在近断裂及远离断裂区域分别形成岩性—构造或岩性复合气藏；源侧低渗岩性—构造成藏带特征为低熟源岩—无源岩与低渗透储层匹配，低渗透厚砂体与断裂构成良好输导通道，在构造高部位聚集成藏。

二、各区带气藏特征

1. 源内致密岩性成藏带

源内致密岩性成藏带包括新召东区带和新召西区带，两者均位于东胜气田三眼井断裂以南，从东向西由伊陕斜坡过渡为天环坳陷，总体上为平缓的向西南倾斜的单斜形态，区带内四级层间断裂广泛分布，自元古宇到上古生界石千峰组均有发育，断裂由下到上发育规模逐渐变小，主要天然气勘探目的层为下石盒子组盒1段和山西组。

表 3-1-2　鄂尔多斯盆地北部地区成藏要素的分区分带配置关系表

构造区带		新召区带	独贵加汗区带	十里加汗区带	什股壕区带	
成藏区带		源内致密岩性成藏带	源内致密地层—岩性成藏带	源内致密—低渗透岩性~岩性—构造成藏带	源侧低渗岩性—构造成藏带	
烃源岩	煤层厚度 /m	10~16	8~14	12~20	12~20	0~6
	镜质组反射率 /%	1.5~1.6	1.2~1.4	1.0~1.4	0.8~1.0	0.8~1.0
	生气强度 / $10^8m^3/km^2$	15~25	10~30	10~15	10	0~10
储集特征	砂体连通性示意图					
	孔隙度 /%	7.8	8.7	11.9	12.5	12.3
	渗透率 /mD	0.5	0.8	1.2	1.5	1.6
	储层厚度 /m	13.6	19.1	21	25.9	28.6
输导参数	储厚 / 地厚	0.24	0.31	0.25~0.31	0.42	0.51
	砂厚 / 地厚	0.30	0.39	0.46	0.52	0.53
	气厚 / 砂厚	0.46	0.53	0.36	0.08	0.32
构造特征	坡降 / (m/km)	7.7	9.6	9.6~10.5	13.0	13.1
	局部构造特征	平缓斜坡构造圈闭不发育	平缓斜坡局部发育鼻隆	南部平缓、北部隆起	平缓斜坡	东西向隆凹相间，断裂发育
	圈闭类型	致密岩性圈闭	致密地层—岩性圈闭	致密岩性圈闭、复合圈闭	岩性—构造复合圈闭、构造圈闭	
	成藏层系	下石盒子组、山西组	石千峰组、下石盒子组、太原组	下石盒子组	下石盒子组	

该区有利的储集相带为辫状河道沉积，其岩性以中—厚层、块状砂砾岩、含砾中—粗砂岩、粗粒砂岩为主，局部夹透镜体状砾石层，构成良好的天然气储集层。盒1段储层岩性以岩屑石英砂岩、岩屑砂岩为主，山2段储层岩性以岩屑石英砂岩、石英砂岩为主，孔隙类型以粒间余孔、粒间溶孔为主，发育少量微裂缝，平均孔隙度7.8%，平均渗透率0.5mD，总体表现为特低孔、特低渗透储层。煤层累计厚度为10～16m，成熟度相对较高，镜质体反射率R_o为1.5%～1.6%，已进入成熟阶段，生烃能力强。储层物性是控制该区天然气成藏的关键因素，裂缝发育有利于改善储层物性，该区主要发育岩性气藏。

2. 源内致密地层—岩性成藏带

源内致密地层—岩性成藏带即独贵加汗区带，构造位置处于伊陕斜坡北部，构造形态总体上表现为向西南倾斜的单斜。区带北部公卡汉凸起始终处于构造的相对高部位，是天然气运移的指向区，共发育石炭系太原组、二叠系下石盒子组盒1段、盒2段、盒3段四套气层。

主要目的层盒1段发育冲积扇—辫状河沉积，乌素加汗以北地区主要发育冲积扇，扇体形状明显，单层储层厚度为5～25m，平均厚度10m，储层分布相对较为集中，测井相主要表现为光滑箱形特征。乌素加汗以南地区，由于受到地形坡降、沉积物供给、古气候及水动力条件变化，盒1期由冲积扇转变为辫状河沉积环境，砂体变窄，厚度减薄，单储层厚度在3～8m，平均厚度5m，储层分布相对较为分散，测井相主要表现为齿化箱形特征。盒1段储层平均孔隙度8.7%，渗透率0.8mD。顺河道方向，地层和砂体向上倾方向超覆尖灭形成统一的侧向封堵带，横切河道方向，与构造线近平行的河漫沉积在上倾方向形成了天然气侧向运移的封堵带，纵向上，石千峰组、上石盒子组湖相泥岩是区域盖层，下石盒子组内部洪泛沉积的泥岩、山西组分流河道间沉积的泥岩都是良好的直接盖层。该区煤层累计厚度为8～14m，镜质体反射率R_o为1.2%～1.4%，已进入成熟阶段，烃源岩生烃能力强，充注动力大，优质储层和中等储层都可以完成气水驱替，其中物性好的优质储层气水驱替比较彻底，成为高饱和度气层，该区主要发育地层—岩性气藏。

3. 源内致密—低渗透岩性～岩性—构造成藏带

源内致密—低渗透岩性～岩性—构造成藏带即十里加汗区带，地理位置位于东胜气田中南部，构造位置处于伊陕斜坡，构造较为平缓，区带北部发育近东西走向的泊尔江海子断裂带，断裂带以北为伊盟北部隆起；区带东部发育有两条近北西—南东走向的断裂，分别为苏布尔嘎断裂和掌岗图断裂。该区在上古生界盒3段、盒2段、盒1段、山2段、山1段、太原组6个层系和下古生界奥陶系都已钻遇气层，主要目的层为下石盒子组盒1段。

该成藏带的气藏特征与源内致密地层—岩性成藏带相比既有相似性，也有差异性。相似性表现为：具有相同的"近源成藏"组合，即石炭系太原组、二叠系山西组下部的煤层和暗色泥岩为气源岩，山西组和下石盒子组的三角洲分流河道、辫状河道砂体为储集层，储层平均孔隙度 11.9%，渗透率 1.2mD，二叠系上石盒子组和石千峰组的大套泥质岩为区域盖层；烃源层具有相同的埋藏史和热演化史，有机质热演化达到高—过成熟阶段。差异性主要表现在生烃强度和保存条件两方面，该区生烃强度大约为（10~15）×10^8m³/km²，源内致密地层—岩性成藏带大约为（10~30）×10^8m³/km²，生烃强度稍弱。同时，受北部泊尔江海子断裂的影响，断裂以南近断裂区域，大量天然气通过断裂向上逸散和向断裂以北地区侧向运移，导致该区含气饱和度大幅降低，只在局部构造高点天然气得以保存，含气饱和度较高。随着向南远离断裂区域，受致密储层流动阻力的影响，在物性相对较差的砂体又具备形成岩性气藏的条件。因此，该成藏区带远离断裂的南部地区可以发育岩性气藏，断裂以南近断裂区域又发育局部岩性—构造复合气藏。

4. 源侧低渗岩性—构造成藏带

源侧低渗岩性—构造成藏带包括位于伊盟隆起的什股壕区带和位于伊陕斜坡的阿镇区带。阿镇区带下石盒子组是东胜气田储层厚度最大、物性以及连通性最好的区带，加上构造较为平缓、河道方向与构造等值线呈近平行关系，天然气沿着厚层砂体向北东向运移、散失，仅在局部构造高部位形成构造气藏。

与之相比，什股壕区带发育多个与河道方向垂直的、南西—北东向展布的低幅隆起带，为岩性—构造气藏的形成提供了有利条件。什股壕区带已在上古生界盒3段、盒2段、盒1段、山西组发现5套气层，其中下部地层盒1段和山西组主要发育背斜构造气藏，上部地层盒2段和盒3段主要发育岩性—构造复合气藏（齐荣等，2018）。

什股壕区带烃源岩不发育，天然气主要来自断裂以南地区。由于泊尔江海子断裂在晚侏罗世以前处于挤压状态，断裂相对封闭，什股壕区带天然气成藏应发生在晚侏罗世以后，这时断裂带以南地区烃源岩也已开始大量进入生排烃期。在泊尔江海子断裂带岩性并置关系较好、封堵性较差的区域，天然气沿断裂面向上通过溢出点首先充注到下部山西组，天然气继续沿不整合面、山西组大面积分布砂体和断裂作侧向以及垂向运移，当油气垂向运移到盒1段，盒1段大面积分布的砂体也成为向北、北东侧向运移通道。运移过程若在山西组和盒1段遇到有效圈闭，就形成背斜构造气藏，遇到无效圈闭，则油气继续向北、北东侧向运移。当天然气沿裂缝和断裂垂向运移时，在盒3段和盒2段有效圈闭处形成岩性—构造复合气藏。

综上所述，西部的源内致密岩性成藏带圈闭类型以岩性圈闭为主，烃源岩厚度大，成熟度高，储层为致密砂岩，烃源岩与储集层的配置关系控制天然气成藏，储层物性是控制天然气富集的主控因素，勘探方向以寻找辫状河有利沉积相带为主；中部的源内致密地层—岩性成藏带圈闭类型以岩性、地层圈闭为主，储层物性和上倾方向地层尖灭封堵控制富集，勘探目标以辫状河心滩及侧向封堵条件有利区为主；源内致密—低渗岩性～岩性—构造成藏带烃源岩厚度大但成熟度低，储层非均质性弱，圈闭类型以岩性圈闭、岩性—构造圈闭为主，储层物性和构造条件控制天然气富集，勘探目标为二叠系下石盒子组辫状河道与构造叠合有利区；东北部的源侧低渗岩性—构造成藏带，烃源岩不发育，砂体厚度大，非均质性弱，圈闭类型以构造圈闭、岩性—构造复合圈闭为主，构造条件为控藏的主要因素，其次为储层物性条件，勘探工作的重点是对局部构造的精细刻画。

第二节 成藏动力学机制

与常规油气藏运聚动力不同，致密气藏形成主要受控于充注动力及毛细管阻力差值，即净动力（源储压差）。充注动力的形成及大小主要受烃源岩生烃增压影响；而毛细管阻力主要受致密砂岩储层成岩演化过程影响。因此，致密砂岩储层物性演化及成藏关键时刻净动力大小对致密气藏的富集十分关键，本节基于东胜气田测井、岩心、分析化验和地震资料，以致密气藏地质统计分析为基础，以储层致密化与天然气充注时序分析和源—储压力精细刻画为核心，结合主要目的层天然气运聚模拟分析和输导体系特征，总结盆缘过渡区致密气运聚成藏动力学机制。勘探实践表明，下石盒子组盒1段是东胜气田砂体厚度、储层厚度和资源规模最大的含气层段，本节以盒1段为例阐明致密气运聚成藏动力学机制。

一、天然气成藏关键期

明确储层致密化时间与天然气充注的时序关系，特别是成藏关键时刻不同区带储层致密化程度判别，对于后续天然气充注阻力厘定有着重要意义。

东胜气田天然气的成藏关键期研究主要利用烃源岩生烃史法和流体包裹体均一温度法确定。

1.烃源岩生烃史法

应用PetroMod盆地数值模拟软件，动态恢复了东胜气田不同区带41口代表性单井烃源岩的热成熟史与生烃史，分区确定天然气充注时间。

新召区带位于三眼井断裂南部，煤系源岩分布广，埋深大，自源供烃能力强。以新召区带南部钻井进行分析，其煤系源岩相对发育，煤层厚度14m，模拟结果显示（图3-2-1），太原—山西组煤系源岩约在距今240Ma开始进入生烃门限（R_o=0.5%），在晚侏罗世出现一个小的生烃高峰，尔后伴随侏罗纪末期的抬升剥蚀作用，地层降温，生烃作用减缓，生烃速率降低；自早白垩世开始再次沉降埋藏，地温、成熟度持续增长，生烃速率也不断增加，并在早白垩世末期（120～100Ma）达到最高古地温170℃，成熟度达到1.72%，烃源岩生烃速率在115Ma时达到最大值11.88mgHC/gTOC/Ma；至100Ma时地层开始遭受抬升，地温降低，生烃速率降低，但成熟度略有增加，现今成熟度约1.75%（图3-2-2）。综上所述，该区烃源岩在早白垩世末期（115～100Ma）达到生烃高峰。

独贵加汗区带处于泊尔江海子断裂和乌兰吉林庙断裂转换带，南北埋深差异大，煤层厚度变化明显，因而南北烃源岩的生烃作用具有一定的差异。以独贵加汗区带中部钻井进行分析，其煤系源岩相对不发育，煤层厚度6m，太原—山西组现今成熟度1.39%（图3-2-2），其烃源岩生烃速率在距今100Ma达到最大值3.48mgHC/gTOC/Ma，而地处

图 42 鄂尔多斯盆缘过渡带复杂类型气藏精细描述与开发

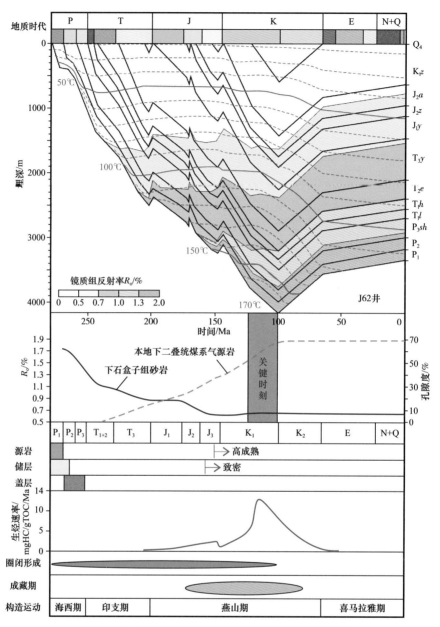

图 3-2-1 杭锦旗区块新召区带南部钻井成藏事件图

该区南部的个别井，太原—山西组煤系源岩现今成熟度则为 1.58%（图 3-2-2），其生烃速率在距今 115Ma 达到最大值 6.42mgHC/gTOC/Ma。该区太原—山西组煤系源岩多在 115～110Ma 期间达到生烃高峰。

十里加汗区带位于泊尔江海子断裂南部，煤系源岩广布，自源供烃能力强。以十里加汗区带中部钻井进行分析，其太原—山西组煤系源岩发育，煤层厚度 16m，太原—山西组现今成熟度为 1.23%（图 3-2-2），烃源岩生烃速率在距今 100Ma 达到最大值 1.47mgHC/gTOC/Ma；而地处该区更南部的个别井，太原—山西组煤系烃源岩则更为发

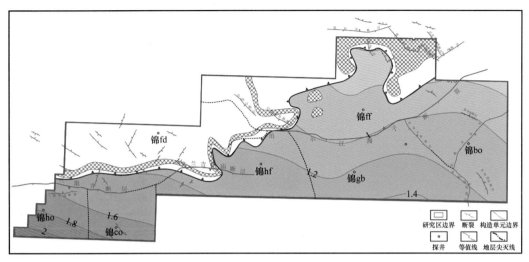

图 3-2-2　杭锦旗区块太原—山西组煤系烃源岩成熟度图

育，煤层厚度达 20m，生烃速率在 115Ma 左右达到生烃高峰 5.64mgHC/gTOC/Ma，现今成熟度 1.55%（图 3-2-2）。该区烃源岩在 115～100Ma 达到生烃高峰。

什股壕区带位于泊尔江海子断裂上升盘，煤系源岩分布局限，厚度小，埋深浅，导致成熟度低，自源供烃能力十分有限，以往研究认为该区气藏天然气来源于南部十里加汗区带，该区太原—山西组煤系烃源岩在距今 115Ma 达到生烃高峰。

综上所述，东胜气田太原—山西组煤系烃源岩大多在早白垩世末（115～100Ma）达到生烃高峰，代表本区油气充注成藏的开始时期。

2. 流体包裹体均一温度法

流体包裹体是矿物结晶生长时，被包裹在矿物晶格缺陷的成矿流体，是油气运移聚集过程中的原始记录。利用储层包裹体均一温度测温联合激光拉曼光谱测试，可对流体包裹体中气相成分进行定性—半定量分析，最终确定储层烃类充注时间。

样品选择主要依据录井含气显示情况和测井解释气水层，选取主要目的层的砂岩样，优选气层段或含气层段（气水同层，含水气层为主）的样品开展储层流体包裹体系统分析测试。考虑到地质历史时期存着在气水运移调整过程，目前为水层的目的层也会少量设计样品，观测气是否有烃类包裹体捕获。研究基于 23 口单井 38 块盒 1 段储层样品的流体包裹体显微观察、均一温度测试和激光拉曼光谱分析，确定了东胜气田盒 1 段储层的天然气充注时间。

1）流体包裹体类型、产状及激光拉曼特征

东胜气田盒 1 段砂岩储层流体包裹体主要分布于石英颗粒间和石英愈合裂隙内，发育纯气相包裹体和气液两相包裹体。纯气相包裹体在透射光下为纯黑色，荧光下无显示，一般呈条带状展布在石英愈合裂隙内，偶见石英颗粒内单个块状纯气相包裹体；气液两相包裹体包括气液两相烃包裹体和气液两相盐水包裹体，主要分布在石英颗粒内，一般相伴生发育，透射光下显示为黑边包裹着透明气泡，气液烃包裹体在荧光照射下发蓝绿

色或黄绿色荧光。

激光拉曼光谱测试结果表明（图 3-2-3），本次样品观察与测试中，少见含甲烷气的流体包裹体，仅在独贵加汗区带北部钻井等少数样品中检测出 CO_2 和 CH_4 的混相包裹体。

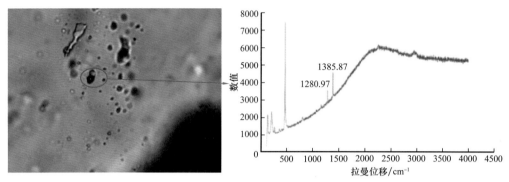

(a) 锦 ke 井，3203.7m，石英颗粒内气液两相包裹体，特征峰 1280.97cm^{-1}和 1385.87cm^{-1}，
表明该包裹体中气体成分主要为 CO_2

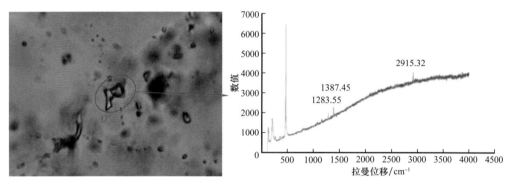

(b) 锦 aao 井，3022.5m，石英颗粒内气液两相包裹体，特征峰 1283.55cm^{-1}、1387.45cm^{-1}和 2915.32cm^{-1}，
表明该包裹体中气体为 CO_2 和 CH_4 混合气

图 3-2-3 东胜气田盒 1 段储层流体包裹体及其激光拉曼光谱特征

2）流体包裹体均一温度及天然气充注时间

选取贵加汗区带北部盒 1 段含气性好、测试点多且激光拉曼光谱分析显示其气液两相包裹体中含 CH_4 的样品为代表，利用与 CH_4 气包裹体同期的盐水包裹体均一温度结合精细地层埋藏史恢复成果来确定东胜气田盒 1 段储层天然气的充注时间。

结果显示（图 3-2-4），独贵加汗区带北部盒 1 段储层盐水包裹体均一温度分布为90～165℃，并可区分为三个分布区间：95～100℃、115～120℃和150～155℃，指示本区存在三期流体充注。将均一温度投点于埋藏史图上，确定这三期流体充注对应的时间分别为距今 202Ma 的三叠纪末期、距今 161Ma 的中侏罗世和距今 110Ma 的早白垩世末期。激光拉曼光谱分析显示，前两期气液两相包裹体的气体成分全是 CO_2，只有在第三期气液两相包裹体中检测出 CO_2 和 CH_4 的混相包裹体，指示距今 110Ma 的早白垩世末为该区天然气充注的主要时期。

综合烃源岩生烃史法和流体包裹体均一温度法分析结果，确定东胜气田盒 1 段储层天然气主要充注于早白垩世末期，110Ma 是研究区天然气系统形成的关键时刻。

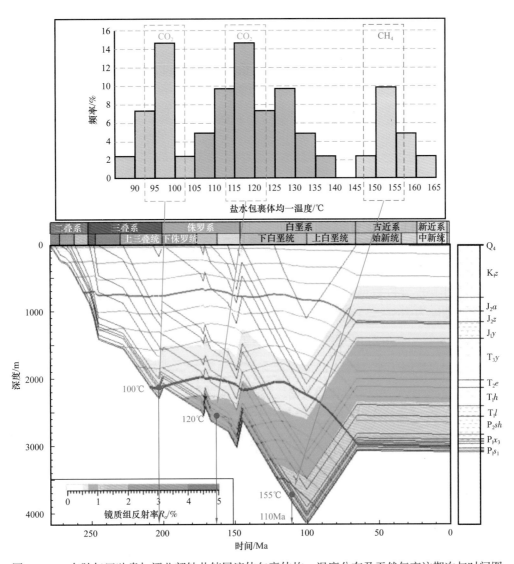

图 3-2-4　东胜气田独贵加汗北部钻井储层流体包裹体均一温度分布及天然气充注期次与时间图

二、储层致密化过程

本区储层致密化研究主要是基于孔隙演化分析，根据岩心样品观察、物性测试资料、普通和铸体显微薄片鉴定，明确了影响东胜气田盒 1 段砂岩储层致密化的成岩作用类型，确定储层的致密化时间与天然气充注的时序关系，为后续天然气充注动力与阻力分析奠定基础。

1. 孔隙演化分析

重建储层孔隙度演化史的方法有很多，比较常见的是将储层孔隙度演化划分为未固结砂岩、压实作用、胶结与交代、次生孔隙发育四个阶段，然后依次定量计算每个阶段的增孔与减孔量。该方法的关键在于原始孔隙度的恢复、面孔率与孔隙度的关系、孔隙度演化史。

1）原始孔隙度恢复

研究表明，砂岩的原始孔隙度与其分选系数相关，可以应用 Beard 和 Socherer 建立的砂岩原始孔隙与分选系数间的关系来恢复原始孔隙度：

$$\phi_0 = 20.91 + \left(\frac{22.9}{S_o}\right) \qquad (3-2-1)$$

$$S_0 = \sqrt{\frac{\phi_{25}}{\phi_{75}}} \qquad (3-2-2)$$

式中 ϕ_0——原始孔隙度，%；

S_0——Trask 分选系数；

ϕ_{25}，ϕ_{75}——分别为粒度累积曲线上 75% 和 25% 处的粒径值。

基于单井粒度分析数据恢复的原始孔隙度结果表明（表 3-2-1），东胜气田盒 1 段砂岩的原始孔隙度为 28%～35%。

表 3-2-1 东胜气田盒 1 段储层原始孔隙度统计表（部分）

井名	样品编号	取样深度 /m	层位	Trask 分选系数	原始孔隙度 /%
锦 aao	13	3019.14	盒 1¹	1.7	34.4
锦 aao	28	3024.85	盒 1¹	1.7	34.2
锦 aao	36	3027.63	盒 1¹	1.8	33.4
锦 aao	43	3030.09	盒 1¹	1.9	33.2
锦 aao	51	3032.8	盒 1¹	1.8	33.9
锦 aao	59	3035.35	盒 1¹	1.8	33.8
锦 fb	5	3456.62	盒 1¹	1.7	34.2
锦 fb	29	3462.13	盒 1¹	1.9	32.8
锦 fb	56	3468.88	盒 1¹	2.1	32.0
锦 do	20	2059.73	盒 1²	1.6	35.1
锦 do	33	2062.73	盒 1²	1.9	33.2
锦 do	43	2065.18	盒 1²	1.9	33.0
锦 do	48	2072.33	盒 1²	1.6	35.4
锦 do	53	2073.78	盒 1²	1.6	35.3
锦 do	56	2074.74	盒 1²	1.7	34.5
锦 gg	13	2689.84	盒 1¹	2.7	29.6

续表

井名	样品编号	取样深度 /m	层位	Trask 分选系数	原始孔隙度 /%
锦 gg	22	2692.57	盒 1¹	2.2	31.6
锦 gg	36	3696.86	盒 1¹	2.0	32.7
锦 gg	60	2703.7	盒 1¹	1.8	33.4
锦 gg	77	2709.79	盒 1¹	2.3	30.7
锦 gb	38	2951.81	盒 1¹	3.1	28.2
锦 gb	54	2957.05	盒 1¹	2.3	31.1

2）面孔率与孔隙度的关系

基于岩石薄片观察得到的是面孔率而不是准确的孔隙度，在储层孔隙演化史恢复中需要将面孔率换算为孔隙度。目前将面孔率转化为孔隙度的方法主要有理论推导法和数据统计法两类，其中理论推导法是假设孔隙皆为等大小的球形，适用于分选好、磨圆好的石英砂岩，而东胜气田盒 1 段砂岩储层的孔隙多为条形或扁形，显然该方法不适用于本区；数据统计法则通过寻找类型相同或相似的岩石，分别检测其孔隙度与面孔率，并将这些数据进行坐标投点，进而计算出回归方程。

通过统计东胜气田盒 1 段砂岩储层薄片的面孔率，结合岩心实测的孔隙度数据，拟合得到适合于本区盒 1 段砂岩的孔隙度与面孔率转换公式（图 3-2-5）：

$$\phi = 4.6502S^{0.5657} \tag{3-2-3}$$

式中　ϕ——孔隙度，%；

　　　S——面孔率，%。

3）孔隙度演化史

东胜气田盒 1 段砂岩孔隙度演化主要受压实作用、胶结作用和溶蚀作用的影响。其中，压实作用和胶结作用使岩石孔隙度降低，而溶蚀作用则相反，能有效提高孔隙度。基于岩石薄片鉴定成果，定量计算出岩石各期胶结作用产生的胶结物和溶蚀作用产生的溶蚀孔的面孔率，根据式（3-2-3）将面孔率转换为岩石孔隙度的增减量，再以现今的实测孔隙度和恢复的原始孔隙度，反推压实作用的减孔量，以此定量恢复储层孔隙度演化史。

不同区带钻井的盒 1 段砂岩储层孔隙度演化史恢复结果及对比分析表明（图 3-2-6），西南部新召区带盒 1 段储层的早期压实作用最为强烈，致密化时间也最早，在距今 168Ma 已经致密［图 3-2-6（a）］；中部独贵加汗区带次之，约在距今 161Ma 开始致密

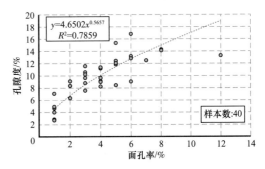

图 3-2-5　东胜气田盒 1 段砂岩面孔率与孔隙度拟合关系

［图 3-2-6（b）］；东南部十里加汗区带盒 1 段储层现今孔隙度为 10.6%，已经近乎致密［图 3-2-6（c）］；而东北部什股壕区带盒 1 段至今还未致密［图 3-2-6（d）］，属常规储层。

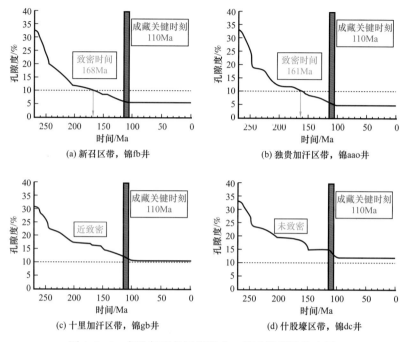

图 3-2-6　东胜气田各区带钻井—维孔隙度演化史图

2. 主要成岩作用

成岩作用在储层致密化过程中起到至关重要的作用。通过岩石普通薄片和铸体薄片镜下特征观察，揭示了影响东胜气田盒 1 段砂岩储层致密化的成岩作用主要包括压实作用、胶结作用和交代作用。

东胜气田盒 1 段砂岩孔隙度演化主要受压实作用、胶结作用和溶蚀作用的影响。其中，压实作用和胶结作用使岩石孔隙度降低，而溶蚀作用则相反，能有效提高孔隙度。

1）压实作用

压实作用在沉积物埋藏早期表现得最为明显。随着地层埋藏深度的增加，上覆地层的重力使得砂岩颗粒排列更为紧密，砂岩原生孔隙度降低。本区岩石薄片镜下显示，盒 1 段砂岩碎屑颗粒间的支撑方式为颗粒支撑，接触方式为线接触、点—线接触或线—点接触甚至凹凸接触，一些塑性岩屑被压实变形严重，呈"假杂基"状，而石英颗粒等刚性颗粒则被挤压破裂产生微裂缝。显示本区盒 1 段储层压实作用强烈，原生孔隙明显降低，难以保存（图 3-2-7）。

2）胶结作用

胶结作用可发生于成岩过程的各个阶段。早期成岩作用阶段的胶结作用可以使松散的岩石更加固结，在一定程度上可抵抗压实作用，保护原生粒间孔隙，但多数胶结作用产生的胶结物会填充在孔隙内，使岩石孔隙度减小，连通性变差，是成岩后期孔隙度减小的主要作用。东胜气田盒 1 段砂岩内的胶结物主要包括方解石、菱铁矿等碳酸盐岩矿物和高岭石等黏土矿物，除此之外还有少量石英次生加大边等硅质胶结物，其中，以方解石胶结物最为常见。胶结类型以孔隙式胶结为主，其次为薄膜—孔隙式胶结，少量孔隙—连晶式胶结（图 3-2-8）。

(a) 锦co井，3560.5m，碎屑颗粒紧密排列，呈线接触

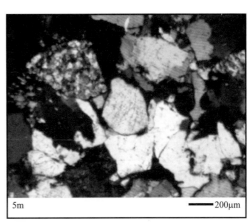
(b) 锦abh井，3145.65m，碎屑颗粒紧密排列，呈凹凸接触

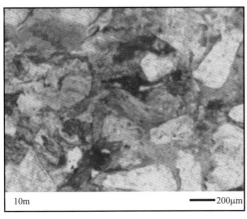
(c) 锦aoc井，3087.3井，云母假杂基化

(d) 锦fb井，3461m，碎屑颗粒紧密排列，石英颗粒被压实破裂

图 3-2-7 东胜气田盒 1 段砂岩压实作用镜下特征

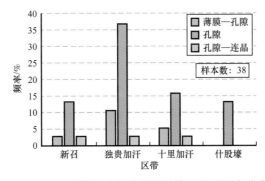

图 3-2-8 东胜气田盒 1 段砂岩胶结作用类型频率分布图

3）交代作用

交代作用是一种矿物代替另一种矿物的现象，新矿物的形成与旧矿物的消失同时进行。一般情况下，方解石化和钠长石化保持原矿物的形貌特征，对储层孔隙结构的影响不明显，但是黏土矿物化会使原矿物粒度细化，抗压性变弱，会对储层物性产生影响。东胜气田盒1段砂岩交代作用主要是方解石交代，但其对本区储层孔隙度的影响不大。

3. 时序关系

针对致密砂岩气藏，充注时间与储层致密时间先后顺序不同，决定了天然气充注动力的差异，从而影响了天然气成藏特征和富集规律（赵靖舟等，2017）。储层的致密化时间与天然气充注的时序关系主要表现为三种类型，分别是先致密后充注型、边致密边充注型、先充注后致密或未致密型（姜振学等，2006；赵靖舟等，2013；罗静兰等，2016；付金华等，2017），且后两者对于天然气充注成藏更为有利。

东胜气田盒1段储层天然气充注的关键时刻是距今约110Ma的早白垩世末期。将成藏关键时刻与储层孔隙演化史对比分析即可得出东胜气田盒1段储层致密化过程与天然气充注时序关系（图3-2-9和图3-2-10），西南部新召区带和中部独贵加汗区带盒1段储层在天然气充注前已经致密，属于"先致密后成藏"型，毛细管阻力会成为天然气能否充注成藏的关键因素；东南部十里加汗区带盒1段储层在天然气充注时近乎致密，毛细管阻力也不能忽视；而东北部的什股壕区带盒1段储层至今还未致密。

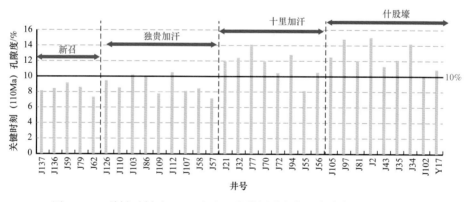

图3-2-9　关键时刻（110Ma）盒1段储层致密化程度直方图（主河道）

三、天然气成藏动力学机制

1. 充注动力

圈闭能否被油气充注成藏，充注阻力是一方面，但是更为关键的还是充注动力。只要充注动力足够大，高阻力区依然能充注成藏。对常规气藏而言，浮力是油气充注的主要动力，但对致密砂岩气藏而言，主要由源岩生烃增压导致的异常高剩余压力成为油气充注的动力。在前述41口单井热成熟史和生烃史模拟的基础上，重建了各单井的一维压力演化史，并模拟恢复了9条代表性剖面的二维压力演化史，进而刻画了盒1段储层在成藏关键时刻的压力场分布，实现盒1段储层成藏关键时刻的充注动力分析。

在全区不同区带41口单井和9条代表性剖面过剩压力演化史恢复的基础上，统计成藏关键时刻的剩余压力，再结合烃源岩展布、烃源岩热成熟史与烃源岩生烃史分析成果，刻画了东胜气田太原—山西组烃源岩在成藏关键时刻的过剩压力平面分布。由于烃源岩生烃增压产生的过剩压力是东胜气田致密砂岩气藏天然气充注的主要动力，因而该过剩压力可代表本区成藏关键时刻的天然气充注动力。

研究结果显示（图3-2-11），东胜气田成藏关键时刻过剩压力（充注动力）在平面分布上总体具有"西高东低、南高北低"的特征。基于过剩压力的分布状况并为了方便评价，本文定义剩余压力大于15MPa为高动力，剩余压力在10～15MPa为中动力，剩余压力小于10MPa为低动力。根据该标准，新召区带成藏关键时刻的充注动力19～29MPa，为高充注动力区；独贵加汗区带成藏关键时刻的充注动力13～24MPa，为中—高充注动

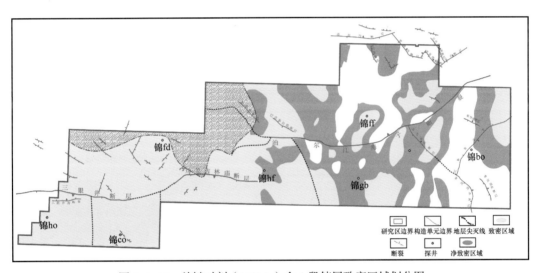

图3-2-10　关键时刻（110Ma）盒1段储层致密区域划分图

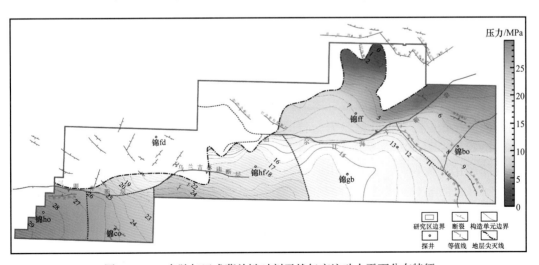

图3-2-11　东胜气田成藏关键时刻天然气充注动力平面分布特征

力区；十里加汗区成藏关键时刻的充注动力 11～15MPa，为中充注动力区；什股壕区带煤系源岩展布面积局限且厚度较小，其成藏关键时刻充注动力 4～11MPa，为低—中充注动力区，且 10～11MPa 的中充注动力区主要集中在南部断裂带附近。

2. 毛细管阻力

在成藏关键时刻（大约 110Ma），新召和独贵加汗区带盒 1 段储层已经致密，十里加汗区带也处于近致密状态（孔隙度 10%～12%），这些地区的致密砂岩气藏属于先致密后成藏型；只有什股壕区带储层至今还未致密，属于常规储层气藏。对新召、独贵加汗及十里加汗区带先致密后成藏型致密砂岩气藏而言，成藏关键时刻的天然气毛细管阻力大小对气藏的形成与分布具有重要的影响作用。

1）成藏关键时刻孔隙度分布

盒 1 段储层的现今孔隙度基本继承了其在成藏关键时刻早白垩世末期的分布特征，即东胜气田盒 1 段储层的现今孔隙度基本代表了其在成藏关键时刻的孔隙度。

基于 70 余口单井盒 1 段岩心测试与测井孔隙度的统计分析，结合河道砂体差异性展布的地质背景分析，刻画了东胜气田下石盒子组储层现今孔隙度分布，也即成藏关键时刻的孔隙度分布特征（图 3-2-12）。

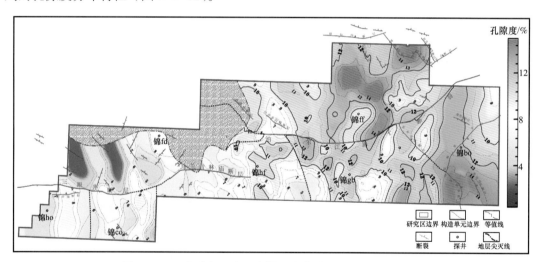

图 3-2-12　东胜气田盒 1 段储层成藏关键时刻孔隙度分布

东胜气田盒 1 段储层孔隙度总体上具有从西南到东北逐渐增加的趋势，但同时也呈现出横向变化快、高孔低孔区频繁交替的特点。一方面受本区盒 1 段埋深格局呈西南深东北浅的控制，另一方面受盒 1 段砂体主要呈南北向展布、东西向相变快特点所制约。前述孔隙演化分析表明，东胜气田成藏关键时刻孔隙度与现今孔隙相比，变化不大。横向上，新召区带盒 1 段储层关键时刻的孔隙度为 5%～8%，属于致密储层；独贵加汗区带孔隙度为 6%～11%，主体属于致密储层，且平面变化快，非均质性强；十里加汗区带盒 1 段储层孔隙度为 8%～12%，属于致密—近致密储层；什股壕区带盒 1 段储层孔隙度为 9%～14%，主体属于常规储层，但主河道之间、砂体较薄的局部区域存在致密储层。

东胜气田盒 2 段、盒 3 段储层孔隙度整体较盒 1 段大，且同样具有从西南到东北逐渐增加的趋势。横向上，新召区带盒 2 段、盒 3 段储层成藏关键时刻的孔隙度为 6%～12%，基本属于致密—近致密储层；独贵加汗区带盒 2 段、盒 3 段储层孔隙度为 6%～14%，主体属于致密—近致密储层，且平面变化快，非均质性强；十里加汗区带盒 2 段、盒 3 段储层孔隙度为 8%～16%，主体属于近致密—常规储层；什股壕区带盒 2 段、盒 3 段储层孔隙度为 9%～22%，基本都属于常规储层。

2）成藏关键时刻毛细管阻力

烃源岩生成的油气充注进入储层时遇到的主要阻力来自储层孔隙介质对油气的毛细管力。储层压汞实验是测试储层毛细管力的重要手段，排替压力可以看作流体进入储层的门槛压力，而中值压力则可以作为储层油气富集的门槛压力。基于 28 口单井总计 107 块储层样品压汞实验资料的统计分析，并参考陈义才等（2010）在研究苏里格气田充注阻力时提出的校正方案对实测排替压力进行校正，分区带拟合了盒 1 段储层孔隙度与排驱压力及中值压力的关系，进而定量刻画了盒 1 段储层在成藏关键时刻充注阻力的平面分布。

（1）排替压力。

通过压汞资料的统计，分区拟合得到储层孔隙度与排替压力（油气充注门槛压力）之间的关系。结果显示（图 3-2-13），东胜气田盒 1 段储层在成藏关键时刻的充注门槛压力主体分布为 0.5～1.8MPa，并具有"东西分带，南北分块"的特点。一方面，在总体具有西高东低的趋势下，又有局部高低值区交替出现；另一方面，以泊尔江海子断裂为界，南北分块明显，断裂北侧什股壕区带盒 1 段储层的排替压力比断裂南侧十里加汗区带大。

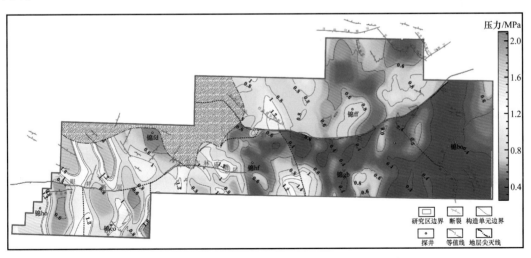

图 3-2-13　东胜气田盒 1 段成藏关键时刻排替压力分布图

（2）中值压力。

排替压力只是油气开始充注进入储层时的阻力，若要形成油气富集（含气饱和度 50%）则需要克服压汞测试中的中值压力，即中值压力可以看作是油气富集的门槛压力。

通过压汞资料的统计，分区拟合得出东胜气田盒 1 段储层孔隙度与中值压力之间的关系。结果显示（图 3-2-14），东胜气田盒 1 段储层在成藏关键时刻的油气富集门槛压力主体分布在 6～30MPa，并总体具有"西高东低、北高南低"的特点。

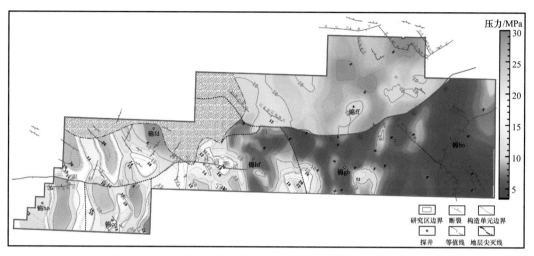

图 3-2-14　东胜气田盒 1 段储层成藏关键时刻中值压力分布图

3. 成藏动力学机制

就东胜气田天然气运聚的动力学条件而言，以三眼井断裂—泊尔江海子断裂为界，断裂南北分属两种不同的运聚动力学背景，受控于圈闭类型及储层物性，断裂以北上古生界储层物性较好，主体为常规—低渗透储层，圈闭类型主要为构造圈闭，岩性圈闭次要类型。因此，该区天然气运聚动力以浮力为主控，而在储层物性较好的背景下其排替压力较低，天然气在浮力驱动下易于克服排替压力而持续注入储层；同时，考虑到断裂以北山西—太原组煤层分布范围有限且厚度较薄，且埋藏浅成熟度低，生烃强度十分有限，主要的气源来自南侧"广覆式"的高熟煤层生成的煤型气，受浮力控制沿泊尔江海子断裂纵向调整至北侧上古生界输导层中，最终持续侧向汇聚至构造圈闭的高点中成藏。

相较而言，断裂以南上古生界储层物性较差，主体为致密—低渗透储层，圈闭类型主要为岩性圈闭，构造—岩性圈闭为次要类型。在此背景下，成藏关键时刻的上古生界储层的充注动力——毛细管阻力差（净动力）则成为关键的动力学因素，驱动源内高熟煤型气近源充注至源岩相邻岩性圈闭中成藏。由于杭锦旗区块上古生界不同时期砂体展布模式差异较大，储层物性受控于原生沉积与后生成岩作用的双重影响，其空间上孔渗分布非均质性较强，砂体叠置方式差异及物性空间分布非均质性导致充注阻力在无论是横向不同区域输导层内还是纵向不同层系间皆差异显著，此类致密—低渗透背景下的岩性圈闭多数情况下会形成气水分异不甚明显，气水类型复杂多变的致密岩性气藏。

本次在前述充注动力及毛细管阻力的耦合计算基础上，考虑河道及河道间不同类型输导层流体渗流性，基于主要储层盒 1 段顶面构造图，储层含砂率图及孔隙度平面分布，区域大型断裂体系横向输导性能等多种控制因素,完成了成藏关键时刻盒1段储层顶面油气运聚特征的定量表征(图3-2-15),初步明确泊尔江海子断裂南北天然气运聚规律以及横向含气性差异的控制因素(图3-2-16)。燕山后期—喜马拉雅期构造运动造成了天然气向北东方向调整运移。成藏关键时刻油气优势运移方向有两个,一是杭锦旗区块中西部由西南向北东汇聚,二是杭锦旗区块东部由南向北汇聚。油气分布主要受优势运移路径控制,运移路径主要受控于储层物性差异所导致的毛细管阻力差异、输导格架展布及上倾方向封闭条件,盒1段大面积分布的辫状河道是油气向低势区侧向运移的主要通道,受上倾方向河漫滩沉积带遮挡,中部独贵加汗与东部十里加汗分属不同运聚体系;独贵加汗区带储层含气性西差东好,含气性好坏主要与天然气汇聚路径上断裂侧向封堵性、成藏动力学条件及上倾方向岩相封闭有关。

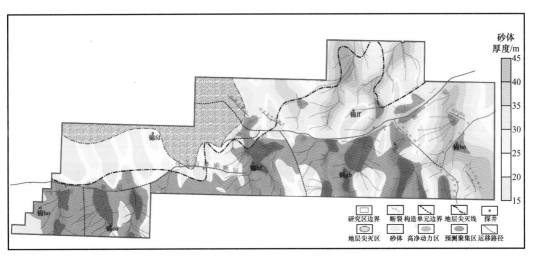

图3-2-15　东胜气田盒1段顶面运移路径图

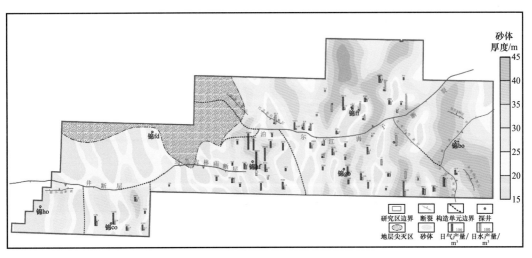

图3-2-16　东胜气田盒1段储层分布与天然气产能综合图

第三节　不同类型气藏成藏模式

从烃源岩、储层、输导要素、构造特征的空间关系出发，梳理源—储—输—构结构关系、气藏类型及其主控因素，形成了东胜气田"源储输构差异配置，多类型气藏有序聚集，常规—非常规天然气有序共生"的成藏认识，建立了源内充注准连续成藏、源内充注调整成藏、源侧断—砂输导非连续成藏三种成藏模式，丰富和完善了鄂尔多斯盆地成藏理论，指导东胜气田常规与非常规天然气一体化勘探实践，支撑了中国石化在鄂尔多斯盆地北部建成千亿立方米气田，对盆地南部构造过渡带及国内同类盆地构造单元结合带的勘探有借鉴意义。

一、气藏类型及分布规律

受控于源—储—输—构差异配置，东胜气田多种气藏类型共存。在盆地内部的斜坡区，石炭—二叠系大面积源—储紧邻分布背景下，天然气为准连续充注成藏，形成了大面积岩性气藏；在盆地北部隆起区，源—储条件由紧邻配置过渡为侧接配置，天然气由充注成藏过渡为运移调整成藏，形成了构造、岩性—构造、地层—岩性复合等多类型气藏。

纵向上，从下到上岩性的控制作用逐渐增加，圈闭类型由构造圈闭为主过渡为岩性圈闭为主，气藏类型由构造气藏为主过渡为岩性气藏为主。在源内致密地层—岩性成藏带，太原组、山西组气藏以岩性—构造复合气藏为主，下石盒子组盒2+盒3段、盒1段气藏以岩性气藏为主（图3-3-1）。

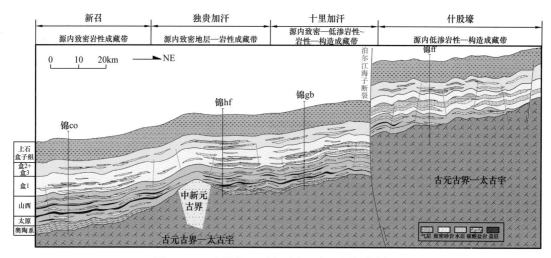

图 3-3-1　东胜气田近东西向上古生界气藏剖面

平面上，同一含气层系从西向东，构造的控制作用逐渐增强，由岩性圈闭为主过渡为构造圈闭为主，气藏类型也随之变化。就东胜气田盒1段而言（图3-3-2），总体表现为砂体大面积叠置发育，大面积含气，天然气富集程度差异明显，其中源内致密岩性成藏带为致密岩性气藏区，源内致密地层—岩性成藏带主要发育低渗地层—岩性气藏，源内致密—低渗岩性～岩性—构造成藏带为致密岩性气藏和低渗岩性—构造气藏发育区，源侧低渗构造成藏带为低渗构造、岩性—构造气藏发育区；盒2段、盒3段河道规模小，相变快，以岩性气藏为主，其中源内致密岩性成藏带主要发育致密岩性气藏，源内致密地层—岩性成藏带主要发育低渗地层—岩性气藏，源内致密—低渗岩性～岩性—构造成藏带主要发育低渗岩性气藏，源侧低渗构造成藏带主要发育常规构造和岩性—构造复合气藏（齐荣，2016）。

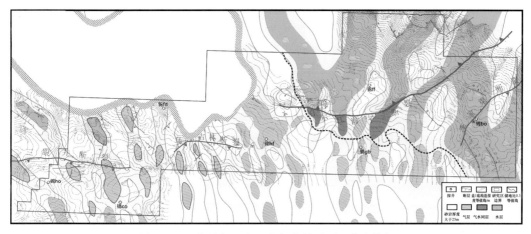

图3-3-2　东胜气田盒1段气水关系平面分布特征

二、成藏模式

赵靖舟等（2013）根据国内外致密油气聚集成藏特征的分析，提出致密大油气田存在三种成藏模式，即连续型（深盆气型）、准连续型和不连续型（常规圈闭型）。其研究认为，以深盆气或盆地中心气为代表的连续型油气藏与典型的不连续型常规圈闭油气藏，分别代表了复杂地质环境中致密油气藏形成序列中的两个端元类型，二者之间存在准连续油气藏这样一种过渡型的致密油气藏聚集。事实上，典型的连续型油气聚集应是那些形成于烃源岩内的油气聚集（如页岩气和煤层气），而像盆地中心气或深盆气那样的连续型聚集较为少见，准连续型聚集则较为多见；典型的不连续型油气聚集则是那些形成于烃源岩外的常规储层中、受常规圈闭严格控制的并且有边底水的油气聚集。在连续型（深盆气型）、准连续型和不连续型成藏理论指导下，东胜气田建立了源内充注准连续成藏、源内充注调整成藏、源侧断—砂输导非连续成藏三种成藏模式。

1.中西部源内致密储层准连续聚集充注成藏

东胜气田断裂带以南致密砂岩区符合准连续聚集成藏的机理，包括源内致密岩性成藏带和源内致密地层—岩性成藏带，该模式强调储集层与烃源岩相邻（纵向紧邻），近源油气聚集。烃源岩形成烃类往往发生过初次或者短距离二次运移，天然气赋存状态呈现游离态，水的赋存状态呈现束缚态，这类气藏更多地强调储集层物性条件。该模式概括为"近源整体充注，河道相带控藏，物性控制富集"（图3-3-3）。近源整体充注是指，在早白垩世，太原组—山西组煤系烃源岩生气高峰期，生烃产生的异常压力将天然气充注至同层位已经致密化的储层中，由于烃源岩大面积分布，这种天然气充注过程也是大面积同时进行的。河道相带控藏是指，河道砂体普遍被天然气充注，没有明显的含气边界。物性控制富集是指，从连片复合砂体含气角度看气藏类型是岩性气藏，但由于储层物性变化大，物性好的储集体单元含气饱和度高，物性差的储层束缚水含量较高。富集区优选的主要依据是源储纵向优—优配置，即高熟烃源岩匹配主河道；气层主要发育在相对优质储集体，即主要发育在主河道区心滩微相的厚砂体。以源内致密地层—岩性成藏带盒1段为例，该区太原—山西组煤层厚度为8～14m，镜质体反射率（R_o）为1.2%～1.4%，烃源岩条件较为优越，为高充注动力背景。盒1段储层埋深为2800～3100m，处于中成岩阶段A—B期，孔隙度为6%～11%，整体属于致密砂岩储层，且在早白垩世末油气充注前，该区储层已经致密，属于"先致密后成藏"型致密砂岩气藏，为中—低充注阻力背景。平面上，盒1段气层主要集中在主河道砂体上，以纯气层为主，连片发育，连续性好，发育以地层尖灭和岩性尖灭共同控制的地层—岩性气藏为主；地层水化学特征显示该区水体环境封闭，保存条件好，为高净动力地层—岩性气藏。

2. 北东部源侧低渗储层断—砂输导运移成藏

非连续型（常规圈闭型）油气藏的特点是：油气藏呈孤立分散（不连续）分布，油气藏边界明确，一般有边底水发育；油气藏分布严格受圈闭控制，圈闭类型为构造、岩性—构造复合圈闭。该类气藏位于鼻隆发育、埋深不大的什股壕区带。储集层物性普遍较好，渗透率可以达到1mD，往往与烃源岩无直接接触，气源外聚集，经过断裂和厚砂体的二次运移调整，以气水驱替浮力成藏为特征，形成以圈闭为单元的常规油藏，具有常规油气藏"从源到圈闭"的所有成藏要素。

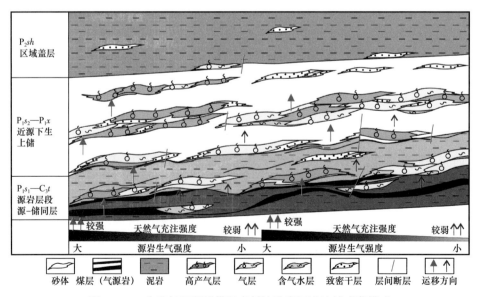

图3-3-3 东胜气田断裂带以南斜坡致密区准连续成藏模式

　　东胜气田的什股壕区带是鄂尔多斯盆地上古生界最早发现天然气的地区之一，其成藏特征如下：（1）下石盒子组由下向上，河道砂体规模减小，岩性封堵能力增加。下部盒1段厚砂体主要发育背斜构造气藏，上部盒2段和盒3段主要发育岩性—构造复合气藏。（2）该区高成熟烃源岩不发育，自早白垩世以来一直处于区域构造高部位，天然气主要来源于断裂带以南地区的高熟烃源岩。（3）南北向贯通的盒1段厚砂体、古生界—太古宇不整合面和层间断裂构成立体输导体系，天然气在向北运移过程主要在紧邻上石盒子组区域盖层之下的下石盒子组圈闭中成藏。（4）层间断裂分布不均，断距不大、倾角70°左右，断穿层位一般是太原组—下石盒子组，在上石盒子组中不发育。层间断裂是天然气由盒1段向上运移至盒2段、盒3段的主要通道。（5）本区储层内产生气、水分异的条件是：孔隙度大于10%，砂体倾角为2°，砂岩厚度大于10m，连续水平长度大于400m。（6）盒1段地层厚度为60m，连续砂岩厚度平均40m，砂地比达到67%，孔隙度为12%～15%、渗透率为1.5～3.0mD，砂体横向连片、连通性好，是什股壕区带天然气向北运移散失的主要输导层，只在有局部构造发育的地方才能形成"气帽子"。（7）盒2段、盒3段"窄河道"砂体与构造等值线的配置关系呈现多样性，形成几何形态不同的复合圈闭，造成气、水分异的位置复杂化。

　　综上所述，建立了东胜气田北东部成藏模式，即"优势输导供气，有效圈闭富集"模式（图3-3-4），在这里的"有效圈闭"就是常规意义上的圈闭，与断裂带以南致密区下石盒子组"相带控藏、物性富集"的聚集方式有本质的区别。

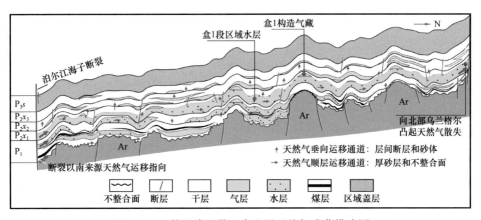

图3-3-4　什股壕区带上古生界天然气成藏模式图

3. 中部源内致密—低渗储层充注调整成藏

　　上述两种聚集成藏方式并非截然分离，而是之间存在一个过渡带，在过渡带中砂体物性由致密向低渗透过渡、砂体非均质性由强转弱、岩性和物性封堵条件由好变差、封堵因素由岩性转变为构造因素。

　　在源内致密—低渗透复合成藏带，从南西向北东，随着源储配置变化（高熟源岩到低熟源岩、致密到低渗透储层、区域构造低部位到高部位），天然气差异充注后，部分区域天然气发生调整，因此气藏类型从致密岩性类变为复合气藏、构造气藏（图3-3-1）。

（1）成藏带南西部，高成熟源岩与非均质性强的致密储层叠置，生烃动力强、岩性封堵能力强，以充注（一次运移）成藏为主，发育普遍含气的岩性气藏群；（2）成藏带北东部，低成熟源岩与非均质性弱的低渗透储层叠置，岩性封堵条件变差，砂体侧向和断裂垂向输导强，不利于形成岩性气藏多为复合气藏、构造气藏。

综合上述，东胜气田气藏类型复杂多样，涵盖了常规、非常规多种类型，其成藏模式决定了气藏的纵横向分布受源储输构时空配置关系的控制，呈现空间的有序分布。东胜气田气藏多类型气藏有序共生模式，是全油气系统概念的一个实例佐证，从烃源岩全过程生排烃，经历不同程度压实作用的致密—低渗透储集层、常规—非常规全类型天然气共生共存，东胜气田碎屑岩含气系统是"源储输构差异配置、多类型气藏有序聚集"的全系统研究，是"源内勘探"和"源外勘探"齐头并进的成功案例。

第四章 复杂类型气藏精细描述及评价

与苏里格、榆林、长北、大牛地、须家河等国内外致密砂岩气田相比，东胜气田构造更复杂，二、三级断裂更发育；主要目的层古地貌变化大，沉积类型多样，发育冲积扇、辫状河、三角洲沉积；储层非均质性强、厚度薄、丰度低，含气性差异大，主要发育地层—岩性、岩性—构造、构造—岩性等气藏。针对不同类型气藏，深化气藏分布规律认识，充分应用三维地震资料，开展地质物探一体化协同攻关研究，实现储层精细预测、构造断裂精细描述与气水定量刻画，精确评价气藏甜点。

第一节 地层—岩性气藏精细描述

一、近物源陡坡带冲积扇—辫状河沉积模式

1. 古地貌特征

古地貌是构造变形、沉积充填、差异压实、风化剥蚀等综合作用下的原始地貌形态。恢复盆地某一发育期的地貌形态，有助于揭示物源、沉积体系的发育特征与空间配置关系，对油气勘探开发具有重要的指导意义。恢复方法有压实法、地球物理法、回剥法、印模法、层序地层学法等。

回剥法是利用现今沉积物厚度，逐层恢复到地表，并进行压实、古水深和海平面变化的校正，从而获得各期的原始沉积厚度及盆地的原始形状；印模法的技术原理是假设各地层单元的原始厚度不变，利用上覆地层与古地貌之间存在的"镜像"关系，通过上覆地层的厚度恢复古地貌的形态；层序地层学法是以基准面旋回变化和可容纳空间变化原理为基础，揭示基准面旋回与沉积动力学和地层响应过程的关系。

通过统计石炭系的地层厚度，用印模法绘制出研究区早石炭世古地貌（图4-1-1），古地貌最大高差达340m。

根据古地貌起伏特征及石炭纪早期沉积厚度，将研究区古地貌划分为凸起、沟谷、斜坡3种单元。凸起（公卡汉凸起）是近缘陡坡带地形相对较高部位，为盆地碎屑岩储层的物源区，下石炭系地层厚度小于50m。沟谷位于近缘陡坡带南部，是陡坡带古地貌最低部位，呈条带状分布，地层厚度大于280m。斜坡是凸起与沟谷之间具有一定坡度的地带，地层厚度在100~200m。

2. 沉积相类型

气田位于近缘陡坡带，物源充足，以冲积扇—辫状河沉积体系为主，下石盒子组盒1

段岩性主要为棕褐色、灰色泥岩与浅灰色中、粗砂岩（图 4-1-2），山西组和太原组地层向公卡汉凸起超覆缺失。主要目的层盒 1 段天然气来源于太原组和山西组的煤层及暗色碳质泥岩，储集层主要为中—粗粒含砾岩屑砂岩，上石盒子组大套厚层泥岩形成区域盖层，为天然气成藏提供了遮挡条件。

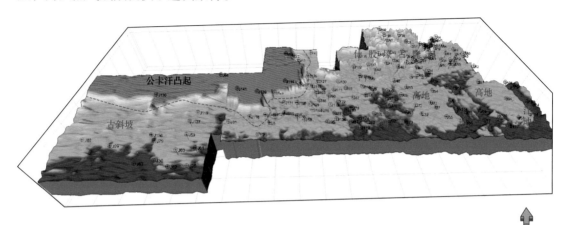

图 4-1-1　杭锦旗区块太原—山西沉积期古地貌图

1）沉积物粒度分析

陡坡带沉积物粒度 C-M 图（图 4-1-3 和图 4-1-4）具有明显牵引流沉积特征。分析表明，北部冲积扇与南部辫状河沉积作用以及沉积物结构相同，各沉积相带粒度特征差异不明显。

北部冲积扇和中间过渡带粒度概率累积曲线呈典型的三段式，代表滚动、跳跃和悬浮三种沉积搬运类型，但悬浮组分含量明显更高，反映出强水动力与部分重力流特点。南部辫状河距物源远，坡度缓，颗粒细，分选好，概率累积曲线呈典型两段式，缺少滚动组分（图 4-1-5）。

2）岩相特征

通过岩心观察，研究区由北向南砾石含量逐渐降低，沉积物粒度逐渐变细，颗粒分选磨圆逐渐变好，结构成熟度及成分成熟度逐渐升高，沉积构造类型由块状层理逐渐演变为槽状交错层理和平行层理。

根据不同相带岩心特征，归纳出 9 种岩相类型（表 4-1-1），其中块状层理砂岩相和含砾粗砂岩相最为常见。块状层理砂岩相岩性为灰白色中粗砂岩，反映强水动力沉积环境；含砾粗砂岩相为块状中粗粒含砾砂岩，常见冲刷面，砾石成分复杂，可见定向排列，为多期强水动力沉积。

近物源陡坡带冲积扇—辫状河沉积环境常见四种微相（表 4-1-2）：

（1）碎屑水道：常见浅灰色中粗砾岩，整体分选和磨圆较差，多以颗粒支撑为主，可见杂基支撑，磨圆中等，呈叠瓦状排列。主要发育块状层理，垂向序列为 Gm—Sm，具泥沙俱下的沉积特点，常见于冲积扇扇根。

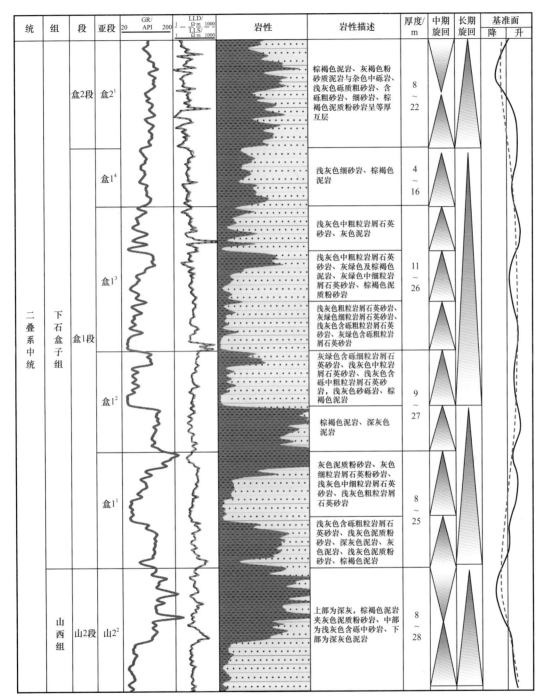

图 4-1-2 近物源陡坡带地层划分表

（2）心滩：灰白色中粗砂岩或砂砾岩，呈反粒序，常见块状层理或板状交错层理，砂质纯，物性好；砂砾岩中，砾石呈悬浮状砂质支撑，砾石分选较好，垂向序列为 Sp—Sg。在北部冲积扇扇中辫状河、中部过渡带以及南部冲积平原辫状河环境中心滩微相均有发育，但向南厚度逐渐减薄，粒度逐渐变细。

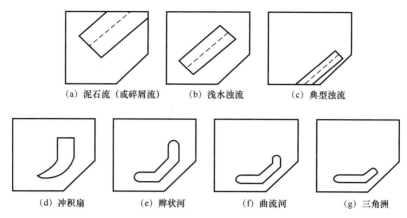

图 4-1-3 各沉积环境 C-M 图版（郑浚茂）

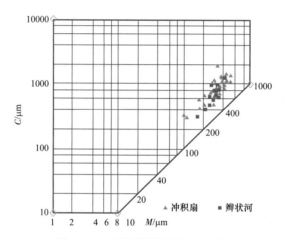

图 4-1-4 不同沉积相带 C-M 图

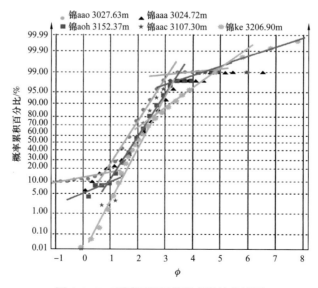

图 4-1-5 不同沉积相带概率累计曲线图

（3）辫流水道：北部冲积扇辫流水道滞留沉积物中砾石含量较高，砾石定向排列，单期河道沉积厚度较大，垂向序列为 Sg—St。南部冲积平原辫流水道中沉积物以灰色、浅灰色中细砂岩 为主，砂质较纯，底部滞留沉积砾石含量较北部少，发育槽状或板状交错层理，顶部可见小型流水沙纹层理。

（4）河漫沉积：深灰色或灰绿色泥岩，发育水平层理，反映水动力较弱的静水环境。

表 4-1-1　盆缘陡坡带盒 1 段岩相特征表

代码	沉积构造	岩石相名称	特征描述	成因解释	常见形成环境
Sg		含砾粗砂岩相	块状中粗粒砂岩，见冲刷面，砾石成分复杂，呈杂乱或弱的定向排列	多形成于近源水道中，水体高能，搬运能力强，且冲刷作用强烈	北部冲积扇—中部过渡带—南部辫状河均有发育，常见于河床底部滞留沉积中
St		槽状交错层理砂岩相	中细砂岩，砂质较纯，偶见漂浮的细砾，底部常见冲刷面	常发育在强水动力水道中，砂体迁移频繁，冲刷作用较为强烈	中部过渡带及南部辫状河辫流水道亚相中均有发育
Sp		板状交错层理砂岩相	中细砂岩，板状交错层理纹层相互平行或者向下收敛，可呈多组叠置出现	形成于具有顺流加积或者侧向加积的砂体中，水体能量较高，但冲刷作用不明显	中部过渡带及南部辫状河辫流水道亚相中均有发育
Sh		平行层理砂岩相	细砂岩一极细砂岩，纹层之间互相平行，纹层等间距或呈韵律状	形成于水体能量稳定，沉积空间充足，水体较浅但流速较快，为单项水流高流态的产物	中部过渡带及南部辫状河辫流水道亚相中均有发育
Sd		小型沙纹层理砂岩相	中细砂，砂岩层理通常不发育，泥质条带呈起伏或披覆状	水体能量不稳定，水动力较弱，变化频繁，常形成于河道边部落淤处或进入水体的扇端处	发育于南部辫状河河道边部
Sm		块状层理砂岩相	中细砂岩，灰色或灰白色，质纯，无明显层理	由悬浮且较纯的中细砂非常快速地沉积而形成，如常见的洪水沉积	北部冲积扇—中部过渡带—南部辫状河均有发育，常见于心滩和辫流水道微相中
Gm		块状砾岩相	块状砾岩，排列杂乱无序，无明显层理，砾石分选磨圆均较差，颗粒支撑	多形成于坡度较陡，物源充足且有突发性洪水，主要发育在冲积扇扇根	常见于北部冲积扇扇根，冲积扇扇中部位也有发育

代码	沉积构造	岩石相名称	特征描述	成因解释	常见形成环境
Gh	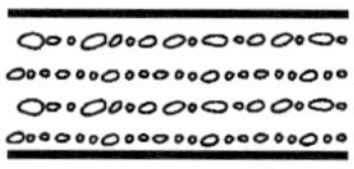	平行层理砾岩相	砾石粒度较小，以极细砾和细砾为主，颗粒或砂质支撑，可见砾石定向排列	具有明显牵引流沉积特征，为辫状河道底部的滞留沉积，常与下伏砂岩之间形成冲刷面	北部冲积扇—中部过渡带—南部辫状河均有发育，常见于河床底部滞留沉积中
Mm	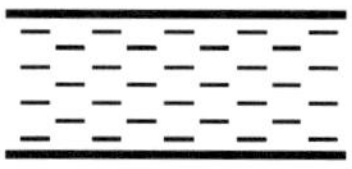	块状层理泥岩相	泥岩，灰色或深灰色，块状，质纯，无沉积构造，无明显层理	形成的水体稳定的静水环境一般展布范围局限，常见于分流间湾和泛滥平原	发育于中部过渡带及南部辫状河环境中的河漫沉积

表 4-1-2　典型沉积微相及其岩相组合

沉积环境	岩相代码	岩相组合	岩心照片	沉积环境	岩相代码	岩相组合	岩心照片
碎屑水道	Sm Gm	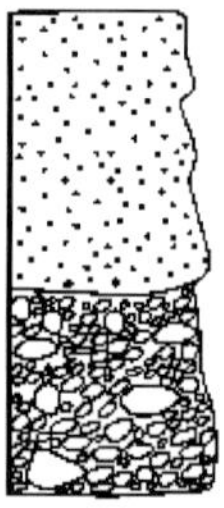		北部冲积扇辫流水道	St Sg St Sg		
心滩	Sg Sp	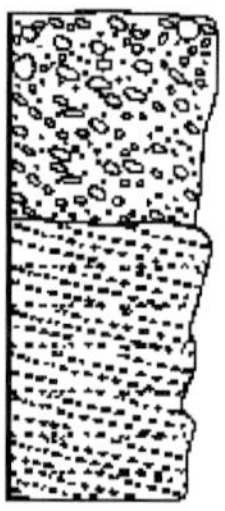		南部冲积平原辫流水道	Sd St Sg	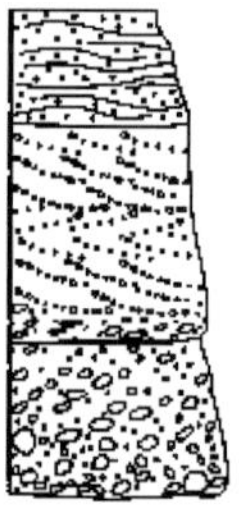	

3）测井相特征

依据测井曲线形态、上下接触关系以及组合类型，总结了典型测井相特征（图4-1-6）。辫流水道伽马曲线主要呈钟形，与下部河漫沉积泥岩突变接触。心滩伽马曲线呈漏斗形，具有反旋回特征，表明水体能量较强，且物源区碎屑物质丰富，沉积物持续进积。当物源区碎屑物质持续供给时，多期心滩叠置，在垂向上表现为大套厚层的砂砾岩体，测井曲线则表现为箱形。河漫沉积以泥岩为主，岩性较纯且厚度较大，测井曲线形态表现为线形。在辫状河道边部，垂向上岩性呈现砂泥岩交互叠置发育的特征，测井曲线表现为指形。纵向上发育4种测井相组合类型，其中箱形与漏斗形组合反映心滩＋辫流水道＋

河漫沉积，在全区均有发育，钟形与漏斗形或箱形与指形组合反映辫流水道 + 河漫沉积，主要发育在研究区中部和南部（图 4-1-7）。

曲线类型	曲线形态 GR/0 API 220	描述	代表微相	沉积环境
钟形		底部为突变接触，顶部渐变接触，具有正粒序结构，反映了水动力逐渐减弱的	辫流水道	北部冲积扇中部过渡带南部冲积平原
漏斗形	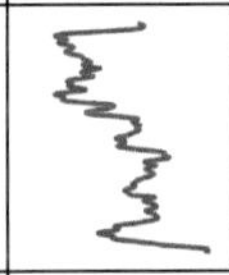	顶部突变接触，底部渐变趋势，上部的幅度高，下部低幅度，有时候出现锯齿状	心滩	北部冲积扇
箱形	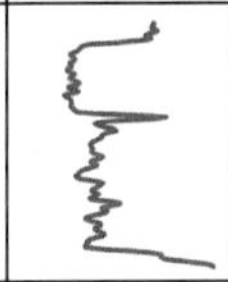	顶部均为突变接触，通常由多个向上逐渐变细的正粒序组成，反映了水动力条件频繁交替的沉积特征	心滩	北部冲积扇中部过渡带南部冲积平原
线形	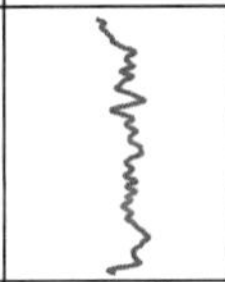	锯齿或者光滑平直形	河漫沉积	中部过渡带南部冲积平原
指形	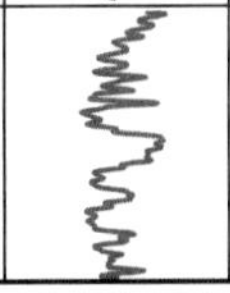	砂岩与上下泥岩均呈突变接触，厚度薄	辫流水道	南部冲积平原

图 4-1-6 基础测井相特征

曲线类型	曲线形态 GR/0 API 220	描述	代表微相	沉积环境
钟形 + 箱形	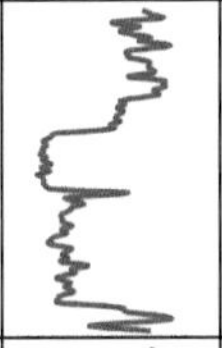	上部为钟形，下部为箱形，也有齿化状现象，反映水动力条件逐渐减弱，有齿化的时候表明水体的变化频繁	辫流水道 + 心滩	北部冲积扇中部过渡带南部冲积平原
钟形 + 漏斗形		上部为钟形，下部为漏斗型，表明水体向上逐渐增强后又逐渐减弱	辫流水道 + 河漫沉积	北部冲积扇中部过渡带南部冲积平原
箱形 + 漏斗形		上部为箱形，下部为漏斗形，锯齿现象中等，表明水体能量向上逐渐增强	心滩 + 辫流水道 + 河漫沉积	北部冲积扇中部过渡带南部冲积平原
箱形 + 指形		上部为指形，下部为箱形，反映水动力条件逐渐减弱，物源供给逐渐减少；反之亦然	辫流水道 + 河漫沉积	中部过渡带南部冲积平原

图 4-1-7 组合测井相特征

3. 沉积模式

在目的层岩心精细描述基础上，建立了单井垂向沉积序列（图 4-1-8）。其中，冲积扇扇根发育大套厚层块状砾岩相，砾石含量高，分选较差，可见颗粒支撑的混杂堆积和砂质支撑的砾石定向排列，测井曲线特征为厚层齿化箱形。

冲积扇扇根与扇中的过渡位置，岩性以含砾粗砂为主，可见砾石叠瓦状排列，分选较好，杂基含量低。沉积构造常见块状层理，呈现底部高幅箱形、顶部钟形的测井曲线特征。

扇端与冲积平原过渡带呈现辫状河沉积特征，岩性以中粗砂岩为主，垂向序列底部常见冲刷构造，细砾级砾石定向排列，整体发育槽状交错层理和板状交错层理。沉积微相主要为心滩和辫流水道，偶见河漫泥岩沉积，测井曲线特征为钟形和箱形。

南部冲积平原远离物源、坡度减缓，水动力条件减弱，受季节性洪水控制，河道迁移快，非均质程度高。岩性逐渐变细，杂基含量增加，单期河道砂体厚度减薄，心滩规模小，砂体呈现宽而薄的特征，测井曲线为箱形与钟形不等厚互层。

在古地貌与沉积特征研究基础上，建立了近物源陡坡带冲积扇—辫状河沉积模式（图 4-1-9）。扇根到扇端距离物源由近及远，地形坡度逐渐变缓，搬运方式由碎屑流向牵引流逐渐过渡。扇根到扇端旋回厚度逐渐变小，粒度逐渐变细，岩性由砾岩—砂砾岩—含砾粗砂—中粗砂—细砂逐渐变化。

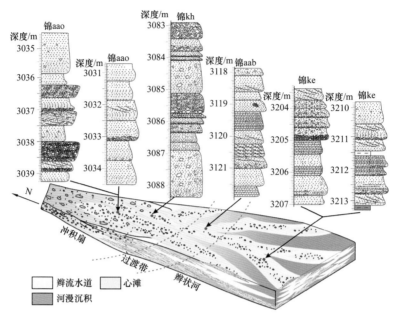

图 4-1-8　近物源陡坡带不同相带垂向沉积序列

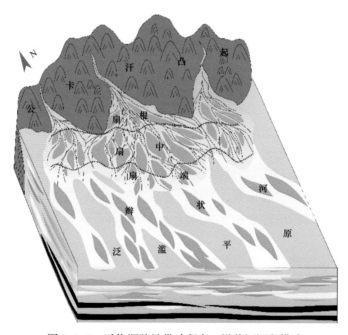

图 4-1-9　近物源陡坡带冲积扇—辫状河沉积模式

典型井岩心综合柱状图表明北部以扇中辫状河道为主，南部以冲积平原辫状河沉积为主，两者在碎屑粒度、沉积构造、砾石结构特征及砂地比、旋回厚度方面区别显著（表 4-1-3）。

表 4-1-3 冲积扇—辫状河体系不同沉积相带沉积特征表

沉积相带	北部冲积扇	中部过渡带	南部辫状河
粒度	粒度粗，砾石含量高	粒度较细，泥质含量高	粒度细，少见砾石
沉积构造	块状层理为主	块状层理为主，可见槽状交错层理	常见平行层理和槽状交错层理
砾石结构特征	大小混杂，排列杂乱	分选较好，定向排列	砾石悬浮状，砂质支撑
旋回厚度	厚度较大	厚度中等	厚度较薄，常见冲刷面

4. 沉积展布特征

下石盒子组沉积时期锦 eh 井区北部发育冲积扇，中部和南部发育 4～5 条辫状河道，河道较宽，砂体厚度大，均在 10m 以上，局部地区达 16m。盒 1-1、盒 1-2 时期沉积具有继承性，横向上略有改变，盒 1-3 时期辫状河道规模略有减小，整体仍然具有由北至南的相带发育特征，盒 1-4 时期辫状河道规模明显减小，主要为泛滥平原沉积，砂体厚度普遍小于 6m（图 4-1-10）。

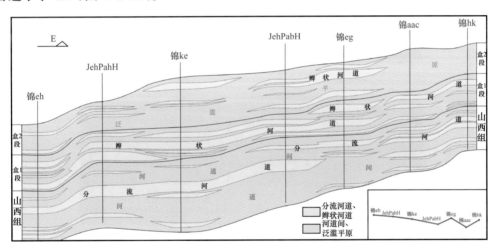

图 4-1-10 下石盒子东西向剖面图

二、心滩砂体定量刻画

1. 心滩规模

心滩又称河道砂坝，心滩沉积物厚度近似河床深度，其宽度取决于河流大小。心滩沉积物以成分成熟度和结构成熟度较低的岩屑砂岩和岩屑石英砂岩为主。岩石类型一般由分选不好的含砾粗砂岩、粗砂岩、中砂岩、细砂岩组成，有时含少量细砾岩，粒度主要由跳跃总体和牵引总体组成。层理发育，主要以大、中型板状交错层理和楔状交错层理为主，在较细的沉积物中会出现小型交错层理。通过野外露头测量、经验公式法等，对不同地区的心滩规模进行统计，根据文献调研及水平井实钻资料，心滩长度在 500～1100m，长宽比 3∶1（表 4-1-4 和图 4-1-11）。

表 4-1-4　辫状河心滩微相规模统计

心滩宽度 /m	辫流水道宽度 /m	心滩、辫流水道宽度比	心滩长度 /m	心滩长宽比 /m
50	15.7	3.2	175.6	3.5
100	31.7	3.2	341.0	3.4
150	47.8	3.1	502.7	3.4
200	64.0	3.1	662.1	3.3
250	80.2	3.1	819.8	3.3
300	96.5	3.1	976.2	3.3
350	112.8	3.1	1131.4	3.2
400	129.1	3.1	1285.7	3.2
450	145.4	3.1	1439.2	3.2
500	161.8	3.1	1591.9	3.2

图 4-1-11　野外心滩规模及构型单元划分（吴官屯辫状河）

2.心滩分形识别

在油气藏储层精细描述方面，分形理论已广泛应用于孔隙结构描述、裂缝识别等研究领域。R/S（Rescaled Analsisy）分形是目前应用最广泛、最成熟的一维统计方法，通过分形建立双对数关系，充分放大测井曲线响应强度，弥补常规测井曲线精度低的问题，更直观地表现储层垂向砂体变化，可运用此方法开展精细的心滩期次划分。如 Jeh-a 井盒 1 段自然伽马曲线随深度变化出现 2 次回返，只能识别出一期河道［图 4-1-12（a）］；通过 R/S 分形敏感性分析，分形曲线随深度变化出现 8 处特征点，可划分出 4 期心滩［图 4-1-12（b）］。再如 JehPaH 井采用常规测井曲线仅识别出 2 期心滩，通过 R/S 分形敏感性分析可识别出 4 期心滩。

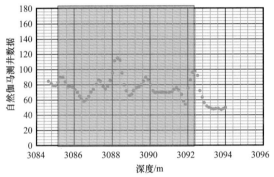 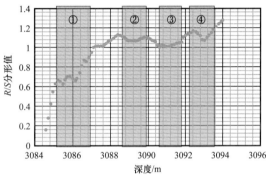

(a) Jeh-a井盒1段自然伽马曲线随深度变化，
曲线出现2次回返，前期认为一期复合河道

(b) Jeh-a井盒1段自然伽马分形曲线随深度变化，
出现8处特征点，划分出4期心滩

图 4-1-12　Jeh-a 井盒 1 段测井曲线分形前后心滩识别对比图

R/S 分形敏感性分析方法为：对于一维过程 $Z(i)$，R/S 分析过程如下：

$$R(n) = \max\left[\sum_{i=1}^{u} Z(i) - \frac{u}{n}\sum_{j=1}^{u} Z(j)\right] - \min\left[\sum_{i=1}^{u} Z(i) - \frac{u}{n}\sum_{j=1}^{u} Z(j)\right] \tag{4-1-1}$$

$$S(n) = \sqrt{\sum_{i=1}^{n} Z^2(i) - \left[\frac{1}{n}\sum_{j=1}^{n} Z(j)\right]^2} \tag{4-1-2}$$

式中　$R(n)$——过程序列全层段极差，代表采样点间的复杂程度；

$S(n)$——过程序列全层段标准差，代表采样点的平均趋势；

n——逐点分析层段的测井采样点数；

Z——随 $0{\sim}n$ 变化的测井数据；

u——由端点开始在 $0{\sim}n$ 之间依次增加的采样点数；

i, j——采样点个数的变量。

本书首次将分形理论应用到东胜气田锦 eh 井区心滩划分中，较钻井岩心和测井曲线，能够更精确地进行心滩期次划分。依据 R/S 分形敏感性分析，分别选取自然伽马、自然电位、补偿中子、深侧向、深感应等曲线进行 $R(n)/S(n)$ 变尺度分形重构，计算后得到一系列 $R(n)/S(n)$ 与 n 对应数据点。以 n 值为 x 轴，$R(n)/S(n)$ 值为 y 轴，在双对数坐标轴中，建立锦 eh 井区盒 1 段测井曲线的分形重构曲线图版。

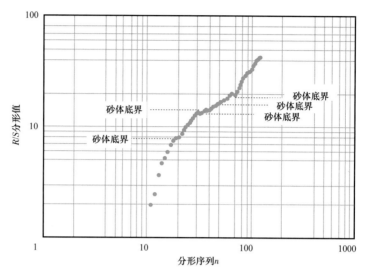

图 4-1-13　Jeh-a 井自然伽马（GR）分形曲线识别心滩界面

分形重构曲线上呈现跳点的响应即为特征点，将锦 eh 井区盒 1 段分形重构的曲线拾取的特征点与对应岩心心滩的界面数据相比，选取符合度最高的分形重构曲线为心滩识别分形曲线（图 4-1-13 和图 4-1-14）。

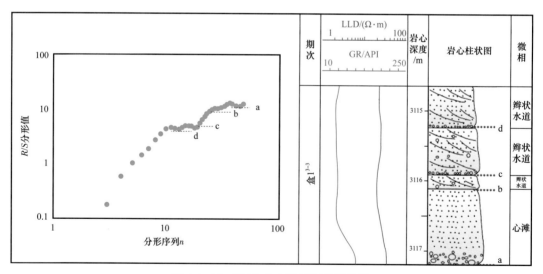

图 4-1-14　锦 hk 井心滩识别分形曲线

选取锦 eh 井区 23 口取心井，心滩界面数据与自然伽马分形识别的心滩界面数据相关性分析，通过 R/S 分形敏感性分析，心滩界面划分吻合率达到 70%（图 4-1-15），优选自然伽马曲线为反映岩性变化的最佳曲线。

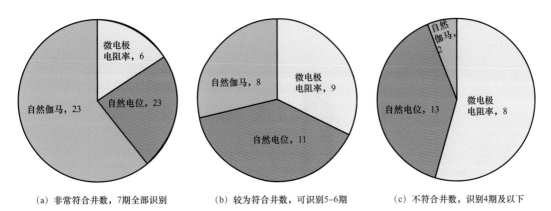

（a）非常符合井数，7期全部识别　　（b）较为符合井数，可识别5-6期　　（c）不符合井数，识别4期及以下

图 4-1-15　锦 eh 井区敏感性分析与符合率分布

该方法充分放大了测井数据对岩性变化的响应强度，弥补了常规测井曲线识别心滩精度低的缺陷，对心滩的识别更加简便，刻画更加精细（图 4-1-16 至图 4-1-18）。

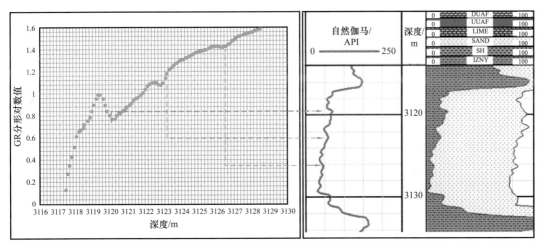

图 4-1-16　锦 eh 井区自然伽马分形识别单期心滩

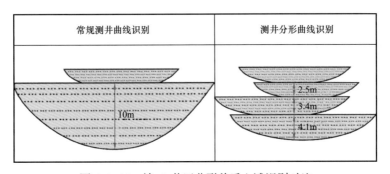

图 4-1-17　锦 eh 井区分形前后心滩识别对比

河道中心的水动力最强，自然伽马测井形态呈箱形，采用"串珠法"将箱形串联可判断河道古水流方向；河道中心部位砂体沉积厚度大，将较厚的砂体中心连线可呈现水流方向，结合水平井测井曲线确定目标区心滩宽度、砂体厚度、单期砂体辫流水

道宽度，最终形成目标区内每口井的分期心滩识别图及目标区各期次心滩平面展布图（图 4-1-19）。

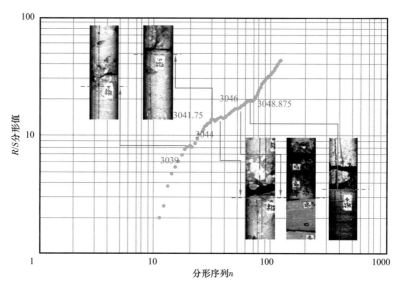

图 4-1-18　锦 eh 井区自然伽马分形曲线识别心滩界面曲线

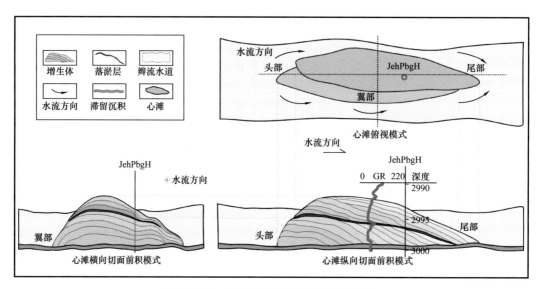

图 4-1-19　锦 eh 井区单期心滩精细刻画

3. 心滩定量参数确定

1）心滩垂向识别划分

心滩主要分为两种类型：（1）洪泛性辫状河道心滩，代表辫状河道发育的初期，主要发育近源的洪水泥石流沉积，泥质及砂泥混合支撑，颗粒分选磨圆差，后期随着洪水密度下降，逐渐转化为牵引流，形成砂质支撑的砾岩，可见交错层理；（2）牵引流型辫状河道心滩，心滩底部为块状砂砾岩相，分选磨圆较好，砂质支撑，可见交错层理，底部可见冲刷面构造，代表高速水流下的砂泥岩沉积。主要发育块状层理（含砾）砂岩相、平行层理砂岩相和板状交错层理砂岩相，可以根据心滩岩相类型进行心滩的识别和划分（图 4-1-20）。

图 4-1-20　单期心滩垂向沉积序列

2）辫状河主河道流向及位置确定

古水流方向的辨别方法主要有三种：（1）古地貌相对低洼部位为古河道发育区；（2）河道中心水动力较强，GR 测井形态呈箱形，采用"串珠法"将箱形串联判识河道中心；（3）河道中心部位砂体厚度大，砂体厚度中心连线为河道中心线。

东胜气田前石炭世具有北高南低的古地貌特征，锦 eh 井区下石盒子组沉积期古河道的物源来自于北部。河道中心位置水动力强，砂体沉积物粒度粗、厚度大，自然伽马曲线呈现光滑箱形特征；河道边部水动力弱，沉积物粒度细且泥质夹层多，自然伽马曲线齿化明显，具齿化箱形或钟形特征。依据主河道和河道边部的测井形态特征，对锦 eh 井区所有单井开展自然伽马曲线形态（光滑箱形、齿化箱形、钟形等）的划分和统计，并将各单井自然伽马特征投点到平面图上［图 4-1-21（a）］。再按由北向南的物源方向，采用"串珠法"将自然伽马曲线形态为光滑箱形的钻井连线，即为该时期主河道中心线位置。以东胜气田锦 eh 井区盒 1^{3-2} 小层为例，该时期发育三条主水流线，分别为 JPH-cad—JPH-cdo 线、JPH-dbe—JPH-chd—JPH-chc 线 以 及 JPH-dbd—JPH-che 线［图 4-1-21（b）］。

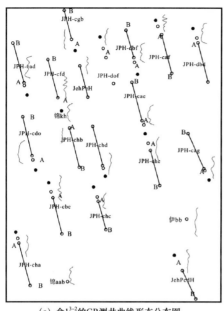

(a) 盒1$^{3-2}$的GR测井曲线形态分布图

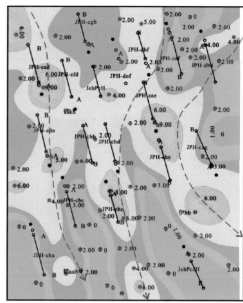

(b) 盒1$^{3-2}$砂厚度图

图 4-1-21　河道展布方向图

3）定性—定量约束河道心滩边界

本书充分应用研究区钻井、地震资料，采用定性—定量的方法进行河道心滩边界约束。在有井区利用测井曲线计算齿化率约束，无井区根据地震属性特征约束（图4-1-22）。

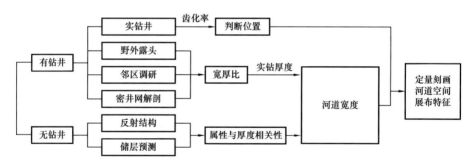

图 4-1-22　锦 eh 井区河道心滩半定量刻画流程图

（1）测井曲线齿化率半定量确定河道边界。

齿化率的意义在于反映水动力条件和沉积物粒度的变化程度，其大小可以通过代表测井曲线齿化程度的幅度、密度和频率三个参数来定量计算，进而根据齿化率数值半定量刻画河道心滩边界（张广权等，2018）。

幅度：$E_{tooth} = (Gr_{tooth} - Gr_{min})/Gr_{tooth}$，指示沉积水动力的强度；

密度：$D_{tooth} = H_{tooth}/H$，指示沉积物供给的强度；

频率：$F_{tooth} = N_{tooth}/H$，反映水动力的变化强度。

在对东胜气田锦 eh 井区盒 1 段测井曲线幅度、密度、频率三个参数识别的基础上，运用数学方法赋予每个参数权重，得出齿化率指数公式（$G_{tooth} = X_1 E_{tooth} + X_2 D_{tooth} + X_3 F_{tooth}$）。

对锦 eh 井区内 32 口探井和开发井的测井曲线幅度、密度和频率进行了统计，并计算了不同井盒 1 段测井曲线的齿化率（表 4-1-5）。

表 4-1-5　齿化率三参数及计算表

序号	井名	幅度	密度	频率	齿化率
1	锦 eg	0.41	0.37	0.38	0.39
2	锦 eh	0.21	0.26	0.17	0.22
3	锦 gh	0.18	0.41	0.42	0.32
4	锦 he	0.52	0.43	0.4	0.46
5	锦 hf	0.51	0.24	0.17	0.33
6	锦 hg	0.3	0.26	0.17	0.25
7	锦 hh	0.21	0.25	0.35	0.26
8	锦 hk	0.47	0.35	0.16	0.35
9	锦 ke	0.37	0.41	0.33	0.37
10	锦 kf	0.48	0.23	0.12	0.3
11	锦 kh	0	0	0	0
12	锦 kk	0	0	0	0
13	锦 aoa	0.39	0.31	0.2	0.32
14	锦 aoc	0.26	0.25	0.23	0.25
15	锦 aoh	0.41	0.31	0.33	0.36
16	锦 aok	0.35	0.18	0.25	0.26
17	锦 aao	0.35	0.18	0.3	0.28
18	锦 aaa	0.38	0.36	0.3	0.35
19	锦 aab	0.34	0.47	0.33	0.38
20	锦 aac	0.27	0.15	0.14	0.19
21	锦 aae	0.22	0.48	0.47	0.37
22	锦 abd	0	0	0	0
23	锦 abe	0.18	0.06	0.09	0.12
24	锦 abf	0.42	0.48	0.19	0.39
25	锦 abh	0.7	0.14	0.14	0.37
26	JehPaH	0	0	0	0
27	JehPbH	0.37	0.24	0.35	0.32

续表

序号	井名	幅度	密度	频率	齿化率
28	JehPcH	0.45	0.32	0.25	0.35
29	JehPdH	0.42	0.23	0.12	0.28
30	JehPeH	0.4	0.27	0.17	0.3
31	JehPfH	0.28	0.38	0.23	0.3
32	JehPhH	0.25	0.19	0.18	0.21

　　将锦 eh 井区单井测井曲线形态与测井曲线齿化率指数进行对比分析（图 4-1-23），如 JPH-ccb 导眼井 3168～3185m 井段自然伽马曲线为光滑箱形，代表了主河道中心位置，其计算齿化率为 0.28（图 4-1-23）；锦 aoh 井 3160～3178m 井段自然伽马曲线为齿化箱形，代表了主河道的边部位置，齿化率为 0.36。

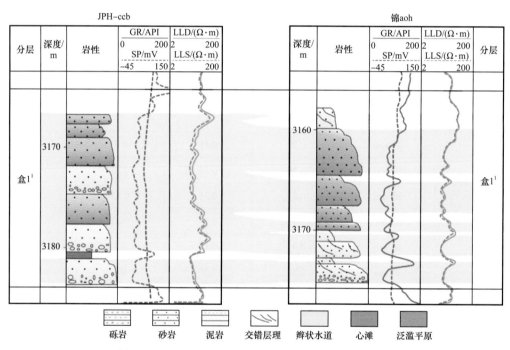

图 4-1-23　过 JPH-ccb 导眼—锦 aoh 井的砂体对比图

　　根据对比统计结果，建立东胜气田锦 eh 井区河道不同位置（河道主体、河道边部、河道间）齿化率划分标准（表 4-1-6）。主河道主体位置齿化率小于 0.3，主河道边部齿化率分布在 0.3～0.4，主河道间齿化率大于 0.4。

表 4-1-6　东胜气田河道位置齿化率划分标准

河道部位	主河道主体	主河道边部	主河道间
齿化率值	<0.3	0.3～0.4	>0.4

依据不同河道位置测井曲线齿化率划分标准，对锦 eh 井区盒 1 段各小层河道边界进行了半定量刻画。如确定锦 eh 井区盒 1¹ 小层河道边界位置，首先依据区内所有钻井自然伽马曲线形态进行主河道位置标定，再根据各钻井齿化率值确定河道边界（图 4-1-24）。

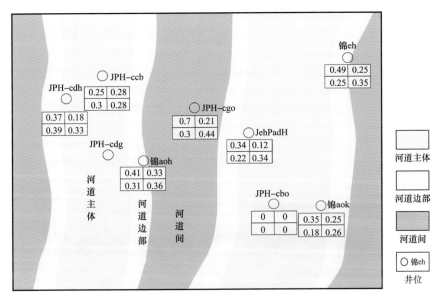

图 4-1-24　锦 eh 井区盒 1¹ 小层齿化率与河道边界关系

（2）地震属性约束确定心滩规模。

通过统计分析，明确了锦 eh 井区盒 1 段不同沉积微相岩性、物性、电性特征及其有效值域（表 4-1-7 和图 4-1-25）。在此基础上，建立了辫状河不同岩性、微相测井响应与三维地震波形对比模式，明确了地震相与沉积微相之间的关系，进而结合三维地震波形聚类分析、有利反射结构及叠后属性优化等多种技术，精细刻画了辫状河道空间展布特征及河道边界。

表 4-1-7　沉积微相及有效值域

沉积微相	v_p/v_s	砂厚 /m
河漫沉积	>1.72	<4
辫流水道	1.66～1.74	3～9
单心滩	1.58～1.68	5～13
叠置心滩	1.46～1.60	11～20

不同河道沉积的砂体具有不同的地震波反射特征。锦 eh 井区盒 1 段叠置心滩发育区，地震波主要表现为宽缓强波谷反射特征；辫流水道发育区，则表现为复合波反射或中弱波谷反射；河漫滩或泛滥平原泥岩沉积发育区，地震波形相对杂乱，表现为明显的弱波谷或强复合波反射特征。锦 eh 井区盒 3 段心滩发育区往往表现为较强的短轴强波谷反射特征（图 4-1-26 和图 4-1-27）。通过振幅、分频属性切片、v_p/v_s 等属性可以实现对心滩、辫流水道的精细刻画。

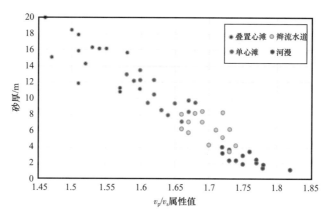

图 4-1-25　砂厚及弹性参数交汇图

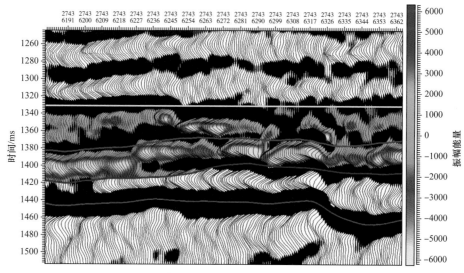

图 4-1-26　锦 eh 井区盒 3 段三维地震约束河道边界

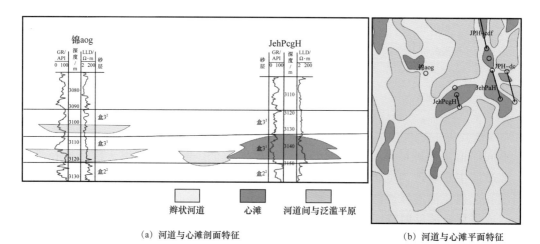

（a）河道与心滩剖面特征　　　　　　（b）河道与心滩平面特征

图 4-1-27　辫状河道与心滩分布特征

4）定量计算河道心滩规模

（1）辫状河现代沉积规模测量。

在研究区辫状河沉积特征分析的基础上，调研了沉积环境与发育特征类似的现代辫状河的单一心滩和叠置心滩的长度、宽度及长宽比等参数，从而指导东胜气田锦 eh 井区盒 1 段辫状河沉积储层构型研究（图 4-1-28）。

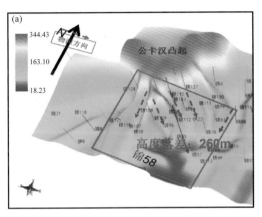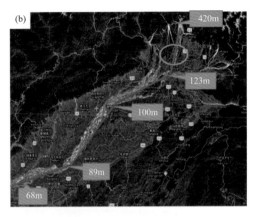

图 4-1-28　锦 eh 井区古地貌与现代沉积模式对比图

根据卫星图像对孟加拉贾木纳河的单一心滩和叠置心滩的长度、宽度及其形态做了统计分析：单一心滩原始长度为 500～1200m，宽度为 150～350m，长宽比在 2.3～3.4，形态上呈"梭状"（图 4-1-29）；多期叠置心滩长度为 500～1200m，心滩宽度 150～400m，长宽比在 2.3～3.0，形状多样，包括近三角形状、不规则长条状等（图 4-1-30）。

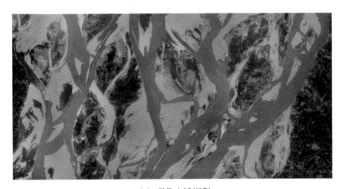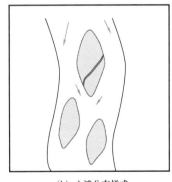

（a）现代心滩沉积　　　　　　　　　　　　　　（b）心滩分布样式

图 4-1-29　原始单一心滩模式图

河道不同位置心滩发育规模和形态也存在差异，河流上游心滩长度为 450～1200m，宽度为 150～350m，长宽比多为 3～3.5；河流下游心滩长度为 1000～2500m，宽度为 400～1000m，长宽比多为 2.5～3（图 4-1-31）。

通过现代辫状河心滩统计分析，表明叠置心滩在平面上表现为砂体大面积连片发育（图 4-1-32 和图 4-1-33）。

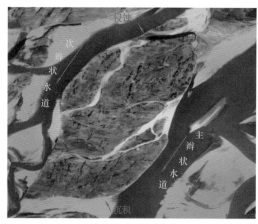

（a）现代心滩改造沉积

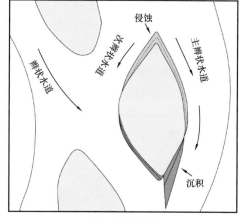

（b）心滩改造模式

图 4-1-30　经改造的叠置心滩模式图

（a）孟加拉贾木纳河卫星图

（b）上游心滩

（c）下游心滩

图 4-1-31　河流心滩图

（2）定量计算心滩规模。

① 心滩规模分析。

根据现代河流宽度统计分析，河道的宽度多为 200～500m，通常小于 1000m。因此，在识别锦 eh 井区盒 1 段辫状河道时，可以利用现代沉积的河道宽度数据进行约束（金振奎等，2010）。根据 JPH-cha 井水平段的心滩综合解释，研究区心滩宽度在 150～350m，心滩砂体厚 4～7m，宽厚比约 50，辫流水道宽度在 30～60m（图 4-1-34）。

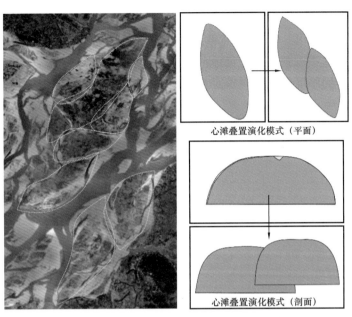

图 4-1-32 现代沉积心滩叠置与砂体叠置演化

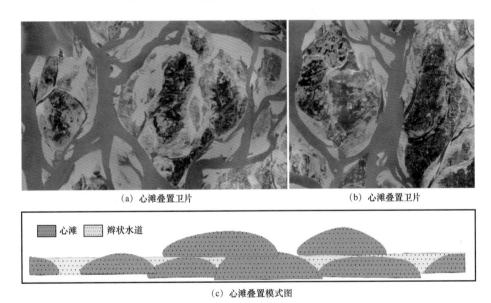

图 4-1-33 多期心滩砂体叠置模式

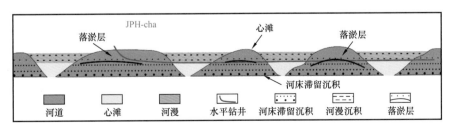

图 4-1-34 JPH-cha 井水平段钻遇剖面图

② 心滩规模定量计算。

心滩规模主要用厚度、长度、宽度、宽厚比、长宽比等参数来表征。在单砂体识别基础上，结合野外露头观察、现代河流测量、目标区实钻心滩规模统计（图4-1-35），建立了不同坡度、不同厚度的心滩规模定量计算公式。

$$w = 6.8h^{1.54} \quad\quad\quad (4-1-3)$$

$$h = 1.45H \quad\quad\quad (4-1-4)$$

$$K = 0.0775H_d + 2.3878 \quad\quad\quad (4-1-5)$$

$$Y = wK = 6.8h^{1.54} \times (0.0775H_d + 2.3878) \quad\quad\quad (4-1-6)$$

式中　Y——心滩长度，m；

　　　w——心滩宽度，m；

　　　H——心滩厚度，m；

　　　H_d——坡降，m/km；

　　　K——心滩长宽比。

 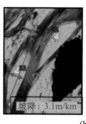  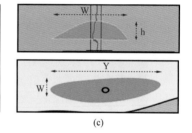

(a)   (b)   (c)

图4-1-35　心滩定量参数示意图

锦 eh 井区北部盒 1 期地形坡降较大（1.3～1.8m/100m），主要发育冲积扇沉积体系，冲积扇上单期心滩砂体厚度 2～9m，计算单期心滩宽度约 53～352m，随着坡降的增大，心滩规模也逐渐增大；研究区南部盒 1 期地形坡降较小（0.8～1.0m/100m），主要发育冲积平原辫状河沉积体系，单期心滩砂体厚度 4～7m，计算单期心滩宽度 102～247m（表 4-1-8）。

表 4-1-8　锦 eh 井区心滩规模叠合对比表

研究区	坡降/ m/100m	单期心滩				
		长度/m	宽度/m	厚度/m	长宽比	宽厚比
冲积扇	1.8	721～1285	203～352	6～9	3.8	32～39
	1.5	518～1107	151～302	5～8	3.6	29～37
	1.3	118～489	53～158	2～5	3.4	18～29
辫状河	1.0	324～763	112～247	4～7	3.2	25～34
	0.8	295～624	102～198	4～6	3.0	25～32

三、辫状河储层地震表征

独贵加汗区带、新召区带三维地震资料受沙漠地表及目的层埋深影响，主要目的层段地震资料主频低（20~22Hz）、频带窄（5~35Hz），致密砂岩储层预测难度较大。常规储层预测技术可以解决复合河道、泛滥平原储层预测问题，但针对辫状河复合河道内非均质性强、岩性变化快的特点，地震振幅能量无法直接有效识别单个心滩砂体。"十三五"期间，通过地震资料处理解释持续攻关，形成了基于空间相对分辨率理论的辫状河储层地震表征技术。

1. 基于时频空间域振幅补偿的保持反射特征处理技术

为消除沙漠地表对地震反射能量、频率和波形的影响，真实地反映储层的变化特征，应用时频空间域球面扩散补偿技术对时间域、频率域和空间域三个域内地震信号进行补偿，改善了地震资料的一致性。

1）技术原理

根据地震波振幅随不同的频率成分有不同的吸收衰减特点，将吸收因子分解为地表一致性吸收项和大地吸收项。然后利用小波分解的特性将地震记录分解成不同的频道（尺度），设置模型炮，拟合出各个频道随时间和炮检距变化的低频吸收能量曲线，对相应的频道进行补偿，再将各个频道重构为经过补偿后的地震记录，以消除大地吸收项对振幅的影响。而地表一致性吸收项留待后续处理去解决，如两步法统计反褶积、地表一致性反褶积等。具体处理步骤如下。

时间域到时频域变换：

$$x_{ij}(t) \sim X_{ij}(t,f) \tag{4-1-7}$$

式中 $x_{ij}(t)$ ——输入数据；

$X_{ij}(t,f)$ ——分频数据。

统计炮集球面发散与吸收曲线：

$$\varepsilon = \sum_{t \in \Omega} \left\{ \ln A \left[X_{ij}(t,f) \right] - a_{ij}(t,f) \right\}^2 \tag{4-1-8}$$

$$a_{ij}(t,f) = a_0^{ij}(f) + a_1^{ij}(f) + \cdots + a_n^{ij}(f) \tag{4-1-9}$$

式中 ε ——各频段输入炮集数据的吸收衰减拟合函数；

$A[*]$ ——振幅；

$a_n^{ij}(f)$ ——拟合系数；

n ——拟合阶数。

时频域空间差异补偿：

$$x_{ij}(t) e^{aij(t,f)} \rightarrow X'_{ij}(t,f) \tag{4-1-10}$$

式中 $x_{ij}(t)$ ——输入数据；

$X'_{ij}(t, f)$——各频段补偿后数据。

时频域到时间域：

$$X'_{ij}(t,f) \sim x'_{ij}(t,f) \qquad\qquad (4-1-11)$$

式中　$X'_{ij}(t, f)$——各频段补偿后数据；

　　　　$x'_{ij}(t, f)$——补偿后数据。

时频域球面发散与吸收补偿方法的主要作用有以下几个方面：

（1）补偿地震波传播过程的球面发散；

（2）补偿地震波传播过程的大地吸收衰减；

（3）补偿低降速层速度、厚度空变、耦合差异引起激发差异带来的影响。

2）应用效果

（1）激发能量分析。

图 4-1-36 为 4 个原始炮集数据与经过"时频空间域球面发散与吸收衰减补偿"处理后的纯波显示结果。对比分析可以看出，经过补偿处理后，接收因素及近地表条件变化引起的炮间的激发能量的空间差异被明显地改善，同时，随传播距离（时间）增加，能量的吸收衰减也得到了很好的补偿。此外，原始炮集数据上的面波能量也得到很好的压制，时间和空间方向的能量一致性明显改善，数据的信噪比得到一定提高。

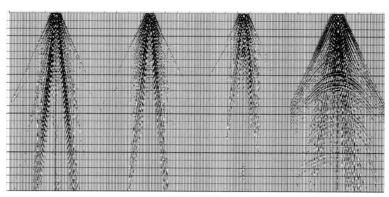

(a) 补偿前

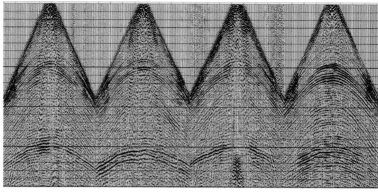

(b) 补偿后

图 4-1-36　控制点补偿前后炮集纯波显示

图 4-1-37 为杭锦旗区块三维地震数据经过"时频空间域球面发散与吸收衰减补偿"前后的三维激发能量平面图，对比分析可以看出，由于受激发接收因素及近地表条件变化的影响，原始数据的空间激发能量变化较大，激发能量在 0.0002～0.17 之间变化，差异较大，能量分布范围比较分散。而经过时频空间域补偿处理后，整个三维数据体的激发能量数值在 0.14～0.17，分布范围集中在 0.15～0.16，差异减小，有效消除了激发接收因素和近地表条件变化引起的空间激发能量差异。

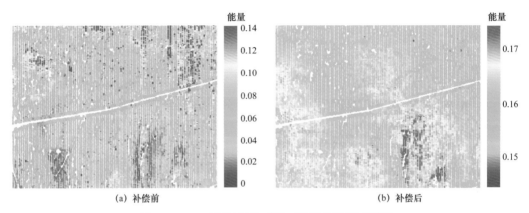

图 4-1-37 时频补偿前后的三维激发能量平面图

（2）频率分析。

图 4-1-38 为图 4-1-36 中的四炮数据补偿前后分别在浅层时窗 1.3～1.7s 和深层时窗 1.7～2.4s 内的频谱分析图。从图中可以看出，经过时频补偿处理后（TF 控制炮），炮集间的激发能量差异减小到 3dB 以内，同时随频率变化的大地吸收衰减也得到了很好的补偿，地震波有效频带明显展宽，同时高频段的曲线衰减趋势也证明资料的信噪比得到了提高。综上所述，该方法在补偿大地吸收衰减的同时，还有效地消除了炮间振幅和频率的空间差异，提高了地震数据的空间一致性。

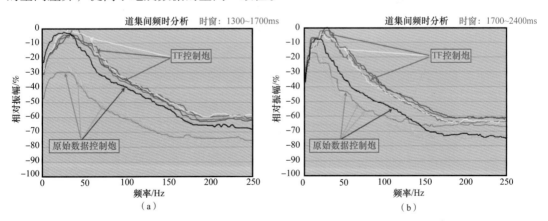

图 4-1-38 补偿前后浅、深层时窗内的统计频谱分析图

（3）子波分析。

补偿后的炮线记录的统计自相关一致性有了很大改善（图 4-1-39），激发子波的空间

差异明显减小，子波主瓣能量基本一致，主瓣、负瓣稳定，子波的主频明显提高。时频空间域球面发散与吸收衰减补偿可以有效补偿大地吸收衰减的影响，使信号的能量、频率达到一致，较好地解决了由于近地表变化引起的激发子波的空间差异问题。

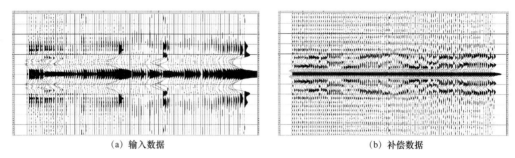

(a) 输入数据　　　　　　　　　　　　(b) 补偿数据

图 4-1-39　原始数据和时频补偿数据炮线统计自相关对比图

（4）叠加成像效果分析。

图 4-1-40 显示了时频补偿处理前后的叠加剖面对比结果。图 4-1-40（a）输入叠加剖面的整体能量差异较大，受地层吸收影响，存在明显的随传播时间能量及频率吸收衰减现象，能够造成地震子波的时变，进而影响反褶积参数的确定和反褶积处理的效果。图 4-1-40（b）经过时频补偿处理后，时间和空间方向的能量变化均得到了较好的补偿，尤其是频率随传播时间的吸收衰减和空间差异方面，同时解决了地震子波的时变问题，数据中深层的成像分辨率得到明显的提高。

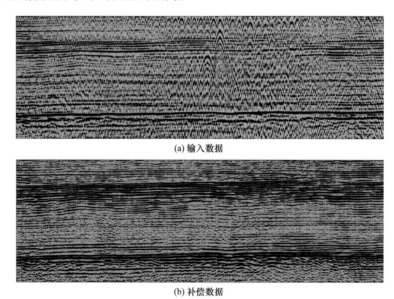

(a) 输入数据

(b) 补偿数据

图 4-1-40　时频补偿处理前后叠加剖面对比

时频空间域球面扩散补偿技术可以较好地补偿近地表和大地吸收衰减引起的时间、频率及空间的变化。研究区应用效果表明，补偿后数据提取的振幅属性与井资料能够较好的吻合，这表明时频空间域球面扩散补偿技术可有效保持储层的地震反射特征。

2. 基于空间相对分辨率理论的河道预测技术

1）空间相对分辨率理论

影响地震分辨率的因素主要有：地震数据主频、地震子波相位、地震数据频宽、地震子波旁瓣、成像速度误差、速度空间变化率、时间和空间采样、地层倾角、地震观测方式、叠前与叠后偏移等。这些影响因素使地震分辨率的有效评估变得十分困难。凌云（2007）认为只有紧密结合地震理论和地质理论才可能有效地评估地震勘探的分辨能力，提出了基于地质概念的空间相对分辨率地震预测方法。通过对等时地质切片内地质体引起的地震属性空间相对变化和垂向等时地质切片间地质体引起的地震属性垂向连续变化的地质解释，最终达到认识地质体的空间展布能力称为空间相对分辨率。

基于空间相对分辨率的地质解释强调的是沿等时地质切片之间地震属性的连续变化来认识地质体的空间展布，常规地震分辨率强调的是从剖面和空间上直接分辨地质体。因此，常规地震分辨率概念必然存在1/4波长的地震分辨率极限，而基于空间相对分辨率的地质解释则不受1/4波长的限制。

基于地质概念的空间相对分辨率地震勘探的主要技术有：宽方位角地震采集，相对保持储层振幅、频率、相位和波形的提高分辨率处理，基于参考标准层的井与地震数据相对标定，基于参考标准层的地震属性提取，基于参考标准层的等时切片地震属性空间相对变化解释与垂向等时切片间地震属性的连续变化解释以及地震地层学与层序地层学解释等技术。基于空间相对分辨率的河道预测技术的关键是基于参考标准层的相对井标定与储层沉积演化解释技术。

储层沉积演化分析的主要步骤是：（1）参考地震标准层、地质标志层，选取近等时地质界面，层序界面由一级到三级逐级约束、细化层位解释成果；（2）选定近等时以后，在两个界面之间运用线性内插函数建立地层时间模型，所有的界面都是亚平行的，在参考界面之上的切片所代表的相对地质时间都比其下的要新；（3）沿地层时间模型中的每个地层层位，从原始地震数据体或地震属性体提取地震属性形成了一个地震属性切片数据体，并依据近等时切片上的地震属性空间相对变化解释和垂向等时切片间地震属性的连续化解释，最终获得薄储层的空间展布信息。

图4-1-41展示了两期河道的地质模型三维立体图与复合河道砂体累加厚度平面。地质模型中设计两条复合河道（1号河道、2号河道），其河道宽度为0.8～4km、砂体厚度2～20m。2号河道分两期，即底部的2-1号河道、顶部的2-2号河道，中间夹持5～15m的泥岩隔层。从各个横切河道的地震剖面上可以明显看出，河道发育的部位在地震上为亮点反射，基于常规地震分辨率概念的解释方法可通过时窗的振幅属性快速地分辨出河道与泛滥平原沉积的区域。针对进一步将复合河道剥离的问题，基于常规地震分辨率概念的解释方法无法有效解决，但是基于空间相对分辨率的地质解释利用地质体空间差异分布特征引起的地震属性横向与垂向微弱的变化信号，从地震属性的空间相对变化进一步挖掘河道发育信息。

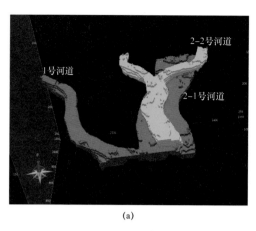 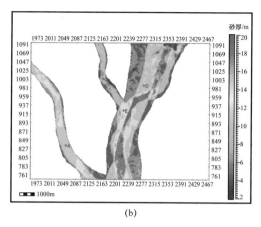

(a)   (b)

图 4-1-41　河道地质模型与河道厚度平面图

图 4-1-43 展示了一系列图 4-1-42 中地质模型正演地震数据体近等时的地震属性切片，沿近等时地质界面提取的地震属性空间相对变化信息十分清晰地揭示了河道空间展布特征。A 井钻遇 1 号河道，底部砂体发育，强振幅位于 7-9 号切片；B 井钻遇 2-2 号河道，顶部砂体发育，强振幅位于 5-6 号切片；F 井钻遇 2 号河道，砂体整体发育，强振幅位于 6-8 号切片。河道组合模式的差异在地震数据体或地震属性上均会引起或大或小的响应差异，基于空间相对分辨率的河道预测技术可通过地层切片、基于其垂向与横向微弱的差异，充分结合地质认识，可进一步提高河道预测精度。

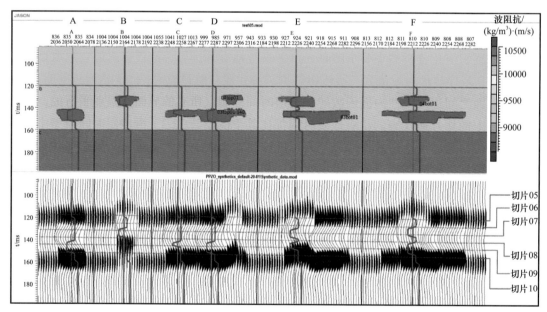

图 4-1-42　过井波阻抗与地震正演剖面

2）应用效果

以杭锦旗区块主要目的层盒 1 段为例，地震剖面上盒 1 段整体位于 T9d 波上波谷中，波形结构差异微弱，储层分布难以判识。盒 1 段底部为一套较为稳定的浅灰色含砾粗砂岩沉积，为上古生界海陆过渡相—陆相沉积层序分界面，所形成的反射波为连续稳定的中强反射特征，是鄂尔多斯盆地主要标志波之一，以此作为相对等时面开展基于空间相对分辨率的沿层切片沉积演化分析。

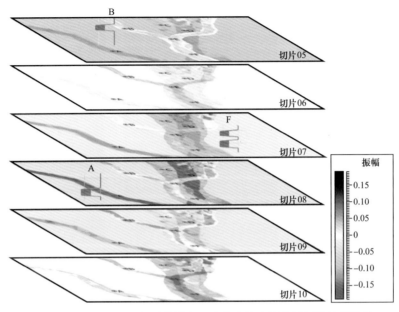

图 4-1-43　基于空间相对分辨率理论提取的连续地层切片地震属性

图 4-1-44 给出了盒 1 下亚段相对等时面早中晚期的瞬时频率切片。从图 4-1-44（g）可以看出，研究区存在紫色、蓝色的部分（瞬时频率为 20Hz）和绿色的部分（瞬时频率为 40Hz）。中部发育条带状高频区，预测为窄河道发育区，物源来自北部。随时间的推移，锦 151 河道物源供给量逐渐减小，河道逐渐消亡。锦 aea 井盒 1 下亚段底部发育 8m 粗、中砂岩，中部、上部发育 22m 泥岩、粉砂岩。其井钻遇效果与瞬时频率切片属性揭示河道演化信息一致。高频区域为河道沉积，沉积颗粒较粗；低频区域为泛滥平原沉积，沉积颗粒较细。

Jco-ab 井盒 1 下亚段地层厚度 40m，粗、中砂岩厚度 30m，中夹 4 层细砂岩及泥岩。从图 4-1-44（d）至图 4-1-44（f）可以看出，三个时期的瞬时频率切片存在北北西到南南东方向的高频条带，Jco-ab 井位于条带的中央部位。不同时间切片的瞬时频率差异不大，表明盒 1 下亚段沉积期 Jco-ab 井河道沉积稳定。锦 aeb 井区北部高频区呈现条带状，南部为片状，反映由北向南多条河道逐步交汇。随时间推移，高频区逐渐由中部向东西两侧迁移，锦 aeb 井红色高频部分逐渐变为绿色、蓝色低频，反映河道沉积逐渐演变为泛滥平原沉积。

从上述瞬时频率属性切片的沉积相解释可以看出，从早期到晚期河道迁移、消亡的沉积环境变化，其地震属性在空间上存在相应的变化，并且能较清晰地刻画出不同时期河道的沉积位置和演化过程。

基于沉积演化过程与地震相分析，划分出心滩相、水道充填相、泛滥平原相。新召东区带盒 1 下亚段平面模式共划分三种：条带状、片状、两者的过渡区，如图 4-1-45 所示。

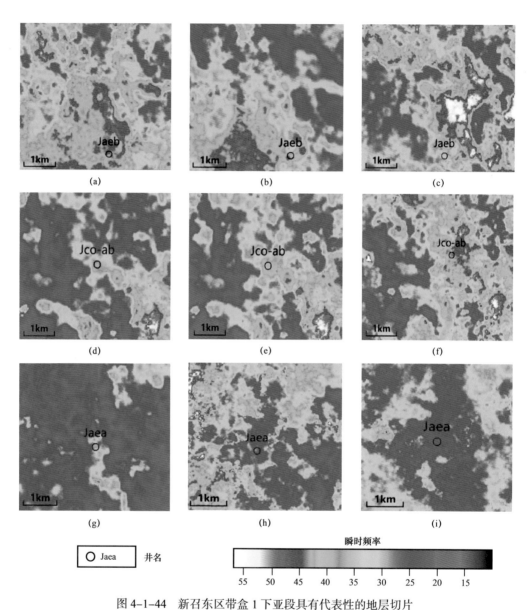

图 4-1-44　新召东区带盒 1 下亚段具有代表性的地层切片
（a）（d）（g）为早期沉积期地层切片；（b）（e）（h）为中期沉积期地层切片；（c）（f）（i）为晚期沉积期地层切片

条带状（宽度<2km）复合河道沉积期古坡度较大（3.2~5.9m/km），地势较陡，高限低辫，主流线稳定，纵向多期心滩叠置为主，储砂比高（0.4~0.9），以一类心滩为主；片状（宽度≥2km）复合河道沉积期故坡度较小（0.7~1.4m/km），地势平缓，低限高辫，主流线不稳定，横向复合连片，纵向叠置心滩与水道充填互层，以二类心滩为主储砂比（0.2~0.9）分布范围广、非均质性更强。过渡区以一类心滩为主。

基于沉积演化过程分析的辫状河复合河道预测技术，实现了河道平面特征类型划分与一个复合相位内叠置河道 2 期剥离，常规解释技术向地震地质一体化河道预测技术的转变、提升。

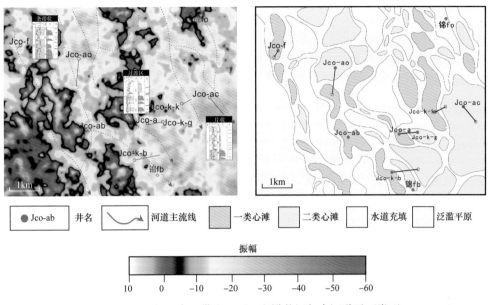

图 4-1-45 新召东区带盒 1 下亚段辫状河复合河道平面类型

第二节 岩性—构造气藏精细描述

东胜气田什股壕区带处于泊尔江海子断层北部、伊盟隆起的杭锦旗断阶上，南接伊陕斜坡，总体呈北东高南西低的单斜特征。该区长期处于古地貌高部位，基底起伏变化大，且构造活动较强，发育北东—南西向的小型鼻状构造，幅度 5～25m，面积 0.5～1km²。从宽方位三维地震数据噪声压制和 Q 补偿提高地震分辨率入手，通过低幅度构造描述、窄河道砂体预测及气水界面定量识别，实现了岩性—构造气藏的定量描述。

一、低幅度构造描述

地震资料速度、旅行时差随方位角和倾角的变化而变化，远偏移距强面波、中远偏移距非线性干扰波难以消除；同时受低降速带对高频成分的吸收影响，原始资料目的层段主频低、有效频带窄，难以满足精细研究的需要。通过宽方位高分辨率处理，有效压制了噪声，保护了低频，拓展了频宽，提高了成像精度；在此基础上，开展层位精细解释，创新形成了基于相对等时界面的层位识别方法和趋势面法低幅构造识别技术，实现了低幅构造精细刻画。

1. 宽方位三维地震数据噪声压制

1）基于面波的近地表刻画研究与噪声压制方法（Swami）

从地震反射数据中选取浅表层发育的面波信息，建立瑞利面波频散曲线，利用遗传算法反演表层结构，进而重构面波，并通过重构的面波与实际数据进行自适应减法，达到面波噪声压制的目的。

（1）技术原理。

利用常用 FK 频谱法提取面波频散曲线，即利用傅里叶变换将其从距离—时间域变换到频率—波数域。定义反射地震时间域信号为 $h(x, t)$，$H(k, f)$ 为信号 $h(x, t)$ 的二维频谱，给定采样间隔，离散傅里叶变换公式为：

$$H(k,f)=\frac{1}{MN}\sum_{x=1}^{M}\sum_{t=1}^{N}h(x,t)\mathrm{e}^{\left[i2\pi\left(\frac{xk}{M}+\frac{tf}{N}\right)\right]} \qquad (4-2-1)$$

其中 $x=1, 2, \cdots, M$（M 为地震数据记录的道数），$t=1, 2, \cdots, N$（N 为地震数据每道时窗的点数），$k=1, 2, \cdots, K$（K 为地震数据每道波数的点数），$f=1, 2, \cdots, F$（F 为地震数据每道频率的点数）。在复杂地形条件下，利用单炮记录很难获得高质量的 FK 频谱。而长排列采集的深反射地震数据中蕴含了丰富的面波信号，在共检波点域采用面波信号 FK 频谱叠加的方法，不仅使得面波能量被增强，而且反射波因其非线性特征被抵消，进而获取高信噪比的面波 FK 频谱。设某一特定检波点，计算其来自不同偏移距地震单炮的 FK 频谱 $H(k, f)$［式（4-2-1）］，再利用归一化叠加方式［式（4-2-2）］对 FK 频谱进行叠加，得到归一化的 FK 频谱 $G(k, f)$：

$$G_{kfg}=\frac{\sum_{j=1}^{N}H_{kjg}}{N_{kfg}} \qquad (4-2-2)$$

其中 f 为频率，g 代表共检波点，j 代表共检波点域不同偏移距单炮的序数，N_{kfg} 为叠加宽度（叠加次数），代表共检波点域不同偏移距单炮的总个数。然后根据相速度 v_r 与频率 f 和波数 k 之间的关系，将频率—波数变换为频率—相速度，在 FK 频谱上拾取经二维傅里叶变换得到的频率—波数中能量极大值点，计算后构成了面波频率—相速度频散曲线［式（4-2-3）］。

$$v_r = 2\pi f / k \qquad (4-2-3)$$

通过高信噪比 FK 谱来获取频散曲线，利用阻尼最小二乘反演得到近地表横波速度。在面波重建的过程中，一次只能操作一个模式。如果 FK 谱中存在多种模式的面波，用一个级联流程。首先对 1 阶模式能量进行重建和去除操作，然后再对剩余的结果数据进行面波分析。

同时，为减少三维资料空间假频，采用十字交叉排列抽取三维地震数据，构成新的道集，形成一个正交子集，即十字交叉排列道集（图 4-2-1），相当于对三维目标体的单次覆盖采集结果。

面波分析的目的是要产生一个高分辨率的 FK 谱，它要包括大部分的面波能量。因此，要对参与 FK 计算的道集数据进行选择，只将有面波能量的道集数据所计算的谱叠加到最终的叠加谱中，而去除无面波能量的道集数据。因为初至波和导波的能量都比面波大，在高频处会和面波能量混叠，在频波谱中会影响面波能量的分辨率，需要进行切除。切除之后，谱的基阶模式在高频处显示更加明显，如图 4-2-2 所示。

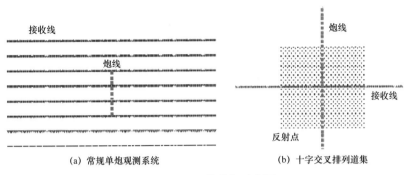

(a) 常规单炮观测系统 (b) 十字交叉排列道集

图 4-2-1 两种道集示意图

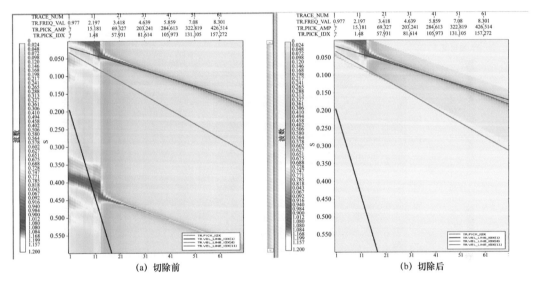

(a) 切除前 (b) 切除后

图 4-2-2 切除初至波和导波前后面波频散曲线图

炮检距对面波能量的影响较大，随着炮检距增加，能量会逐渐衰减，面波的低频成分传播距离较远，高频成分传播距离较近。同时，面波分析时，因方位角各向异性的影响，面波能量必须来自同一个方向；当能量来自纵测线时，相邻道之间的炮检距差异小，需要避免横测线数据而尽量使用来自于纵测线的数据。地震原始数据不是规则的，为保证纵向分析时数据分析点的数据不出现缺口，还需要保证横向的成分，一般横向取 3~5 根接收线的距离。如图 4-2-3 所示，限定数据的范围不需要方位角，只需要对横测线的数据分别偏移距限制即可。

每个谱分析中心点是一个面波频谱分析的基本单元（图 4-2-4），即一个叠加谱是由一个检波器组的道集数据计算并且叠加起来的，因此炮集与炮集之间每组检波器定义必须保持不变。每一个叠加谱都在一个固定的空间位置进行估算，这个位置被认为是一个检波器组中心检波器的位置。一组检波器形成谱的叠加过程如图 4-2-5 所示，先计算出一个检波器组接收的各炮地震数据所产生的 FK 谱，这个检波器组接收的数据在每个炮集中都处于不同的位置，将它们叠加起来就得到了这个检波器组所对应的叠加谱，这个叠加谱就会用于以后谱的拾取等操作。

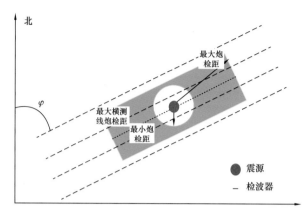

图 4-2-3　根据炮检距来选择道的示意图

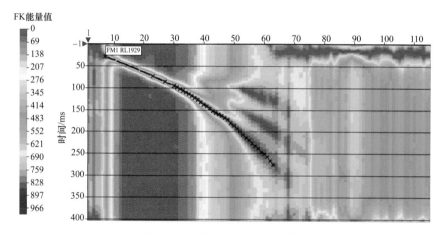

图 4-2-4　能量极值拾取示意图

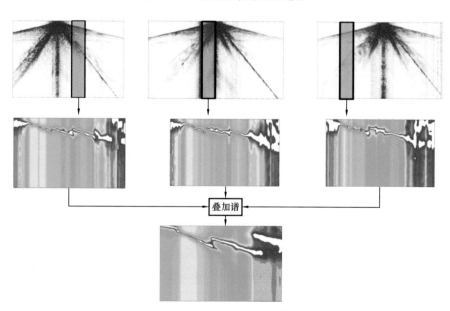

图 4-2-5　同一个检波器组叠加谱形成过程

（2）应用效果。

基于面波的近地表刻画研究与噪声压制方法，噪声压制效果显著，图4-2-6给出了中偏移距的炮集数据及经过"基于面波的近地表刻画研究与噪声压制方法"处理后的记录对比和差值记录。对比分析，经过本方法处理后，"瓶顶"面波得到很好的压制，中偏移的炮集记录，有效波与面波得到了很好的分离，压制的差值记录并没有发现有效波成分。图4-2-7经过噪声压制前后的对比剖面，信噪比较高，成像效果突出，为构造精细化解释奠定了基础。

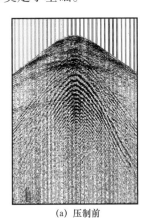 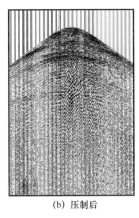 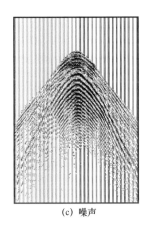

（a）压制前　　　　　　　　　（b）压制后　　　　　　　　　（c）噪声

图4-2-6　压制面波前后的记录对比——中排列

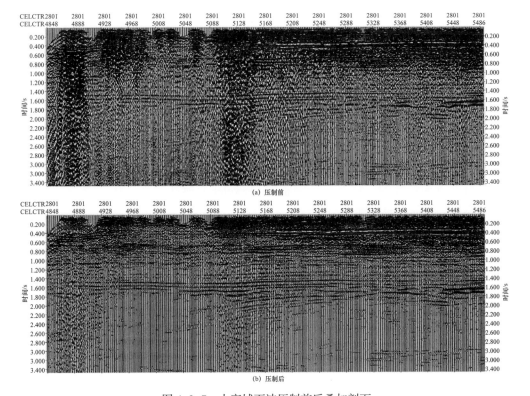

图4-2-7　十字域面波压制前后叠加剖面

2）曲波变换相干噪声压制方法

针对不同噪声类型，提出曲波（Curvelet）变换压制噪声，该方法综合了傅里叶变换和小波分析的优点，在处理信号的边缘特性和深层弱信号同相轴识别方面有着独特的优势。

对于地震记录中的相干噪声，地震处理中一般通过数字滤波去除。数字滤波分为频率和视速度滤波，利用噪声与有效波的频率差异和视速度差异来压制噪声。其中，由于频率滤波只针对于单道记录进行运算，也被称为一维频率滤波；而视速度滤波则需要同时对多道记录进行处理，这样也被称为二维视速度滤波。一维和二维滤波都需要把地震信号做傅里叶变换，变换到频率域，利用噪声和有效信号的成分存在的明显差别达到滤波的目的。然而傅里叶变换无法准确描述时变信号，而小波则很好地解决了这一问题，它直接把傅里叶变换的基（无限长的三角函数基）换成了有限长的会衰减的小波基。这样不仅能够获取频率，还可以定位到时间，通过平移、伸缩而形成一系列的小波，构成一系列的（信号）子空间，然后将需分析的信号投影到各个大小不同的子空间中，以研究其相应的特性。小波变换不同尺度上分解得到的小波系数代表了原始信号不同分辨率上的信息。当有效信号和噪声在不同尺度上分解时，会有不同的传递特征，而这种特征也成为了信号去噪处理中非常重要的依据。

（1）技术原理。

曲波变换最早由 Candes 和 Donoho 在 1999 年提出，是基于小波变换的多尺度变换。由于它在包括了尺度与位置参数的同时，还加入了方位参数，使曲波变换具有很强的方向性，即各向异性特征，聚焦到图像的细微变化，在处理二维图像边缘特性时就会比传统的傅里叶变换和小波变换更加高效。Candes 等在 2002 年，提出了第二代 Curvelet 变换，随后提出了 USFFT 和 WRAPPING 两种快速实现离散 Curvelet 变换的算法。由于 Curvelet 变换是由傅里叶变换计算的，因此频率域的 Curvelet 变换可表示为：

$$c(j,l,k)=\frac{1}{(2\pi)^2}\int \hat{f}(\omega)\overline{\hat{\varphi}_{j,l,k}(\omega)}\mathrm{d}\omega=\frac{1}{(2\pi)^2}\int f(\omega)U_j(R_{\theta_l}\omega)e^{j(x_k^{l,j},\omega)}\mathrm{d}\omega \quad (4-2-4)$$

$\varphi(j,l,k)$ 表示 Curvelet 函数，j，l，k 是分辨代表尺度、方向、位置参量。

Curvelet 变换的尺度和小波变换一样，也是有粗细之分的。粗尺度下的 Curvelet 变换其实是不具有方向特性的，那么一个完整的 Curvelet 变换其实是包括了精细尺度下的方向元素和粗尺度下的各向同性的小波。

如图 4-2-8 所示，为 Curvelet 变换空间频率域区域分块图。对于时间域不同频率范围的倾角，在空间频率域有不同的尺度范围和方向与之对应。空间频率域划分了 4 个尺度，尺度 1 的分解个数为 1，尺度 2 的分解个数 8，尺度 3 和尺度 4 的分解个数为 16，不同的尺度范围内代表着不同频率和不同的倾角。因此根据 FK 域的对应关系，可以有针对性地对不同频率范围的相干噪声进行去除。

（2）应用效果。

曲波变换通过精细的尺度划分和角度控制，可以较好地将噪声与有效波分离开，解决了噪声与有效波的速度和频率差异较小的问题。

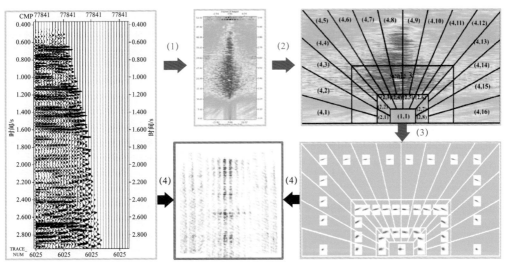

图 4-2-8　曲波变换空间频率域区域分块图

图 4-2-9 为曲波变换方法进行相干噪声压制前后的单炮和噪声。可以看到原始单炮上相干噪声非常发育，浅层有效波及中深层的弱信号受到了很大影响。通过曲波变换对相干噪声的压制，单炮上的线性干扰被去除得非常干净，尤其是中深层，有效同向轴得到了很好的显现。对比噪声单炮，可以看到曲波变换并未伤害到有效波，同时对近偏移距反向的相干噪声也有着很好的压制作用。噪声有效的压制，提高目的层的信噪比与成像精度，消除假的同相轴对构造识别的影响，降低地震解释的多解性。

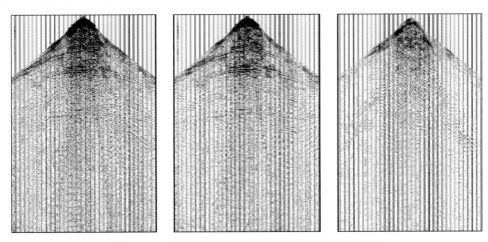

图 4-2-9　曲波变换相干噪声压制前后的单炮与噪声

2. 近地表吸收补偿

近地表对地震波特别是对地震波高频成分的剧烈衰减作用，是地震资料振幅降低或者能量减少、地震波的波形畸变、频宽及分辨率降低的重要因素。地震波传播过程中的吸收衰减程度通常用地层品质因子 Q 值来度量，它表示弹性波在一个周期内全部能量与所损耗能量之比，Q 值的大小与地层对地震波的衰减量呈反比关系。

常用的地表一致性振幅补偿、反褶积技术等提高分辨率技术，是统计性算法，对振幅相对关系造成一定伤害。Q 吸收补偿技术相比反褶积技术的优点体现在以下两个方面：（1）对地震子波和反射系数不做任何假设；（2）Q 吸收补偿因子受地震数据噪声的干扰相对较小。

1）技术原理

利用谱比法进行 Q 的高精度求取。假设两个到达时间分别为 t_1 和 t_2 的地震波，振幅谱分别为 $A_1(f)$ 和 $A_2(f)$。如果在 t_1 和 t_2 之间介质的品质因数为 Q，则有

$$A_2(f) = A_1(f)\exp\left[-\pi f Q^{-1}(t_2 - t_1)\right] \qquad (4-2-5)$$

通过两端取自然对数可以得出

$$\ln\left[\frac{A_2(f)}{A_1(f)}\right] = Cf + B \qquad (4-2-6)$$

其中

$$C = \frac{\pi(t_2 - t_1)}{Q}$$

从式（4-2-6）可知，振幅对数的变化和 f 之间是一种线性关系，通过线性回归可求取 C，最终得到 Q 值。

在实际地震资料炮集数据上选取合适长度的时窗拾取能量，对拾取的能量进行分析得到反映近地表吸收空间变化的系数 R，并对每一个检波点得出的 R 值进行规则化处理，根据已经求得的近地表层旅行时 t，计算数据体的相对 Q 值，相对振幅系数则通过迭代分解得出的某一频率的相对能量衰减比值：

$$R^*_{\text{scale}} = \frac{A(f)}{A_0(f)} = \mathrm{e}^{-\frac{\pi f t}{Q_r}} \qquad (4-2-7)$$

式中 Q_r 为相对 Q 值，利用绝对 Q 值与相对 Q 值联合求解符合本地区特点的近地表 Q 模型，并最终对地震数据进行近地表 Q 补偿。

2）应用效果

近地表 Q 补偿的关键在于近地表 Q 场的建立。由于本区为井炮激发，虽然其激发岩性为砂岩，但接收检波器在地表，存在一个刚性的岩石层到低速层的振幅和频率的衰减，所以近地表 Q 的影响主要体现在检波点的频率和振幅响应上，由检波点的相对振幅和表层旅行时，求得近地表 Q 值。

通过近地表 Q 补偿后（图 4-2-10），由地表类型引起的近地表地吸收衰减系数不同造成叠加上的频率、振幅差异得到一致性补偿，分辨率更高，层间信息更加丰富、真实，对低幅构造识别、窄河道精细刻画提供了更加保幅、真实基础数据（图 4-2-11）。

3. 低幅度构造识别

根据目的层构造、沉积特征，选取相对等时界面，应用层位解释质控技术等手段，

开展层位精细解释，建立井震融合空变速度场，进行高精度时深转换；同时，结合钻井地质分层进行约束校正，采用趋势面方法，实现低幅构造精准识别。

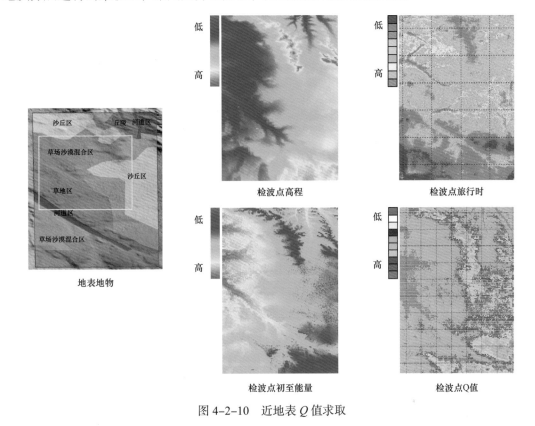

图 4-2-10　近地表 Q 值求取

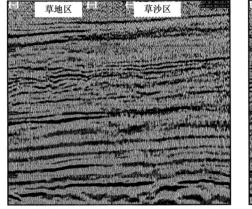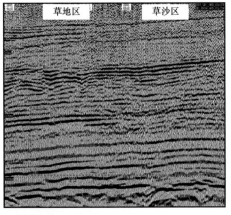

图 4-2-11　近地表 Q 补偿前后叠加效果

1）相对等时界面选取

东胜气田主要目的层为二叠系下石盒子组和山西组，为考虑构造演化解释、沉积演化解释的连续性及储层反演模型、地质模型的完整性，选取刘家沟组底（T8 反射层）作为研究的顶面，山西组底（T9b 反射层）作为底面，如图 4-2-12 所示。

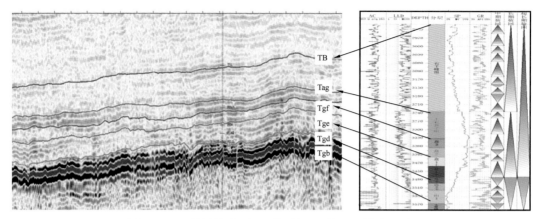

图 4-2-12 储层构造、沉积等时界面（解释层位）选取

2）层位解释质控技术

层位解释质控分为两种：（1）层拉平解释，常用于构造古地貌恢复、古构造演化、平行地层切片分析等，在地震层位解释中可起到两方面作用，一是对已经解释完成的层位进行检查，二是拉平后作为参考层对其上下临近的反射特征不明显的地层，按照等厚或者遵循一定变化规律的原则辅助进行解释。（2）色标对比层位解释，该质控方法的原理是基于某一固定对比色标，如"蓝→青→绿→黄→红"以插值渐变的方式排列形成固定色标序列，其相对比例不随着值域的大小而变化，蓝色为整个层位时间域值最大值，红色为整个层位时间域值最小值，简称"全色标对比"，直观反映构造变化以及构造解释的异常。

3）低幅构造识别

关键步骤 1：时深转换。速度是地震解释中的重要参数，低幅度构造研究中尤为重要。在层位精细解释的基础上，综合应用地震速度与井速度优势建立高精度的速度场，进行时深转换。

速度模型：首先，应用测井资料所确定的速度对地震速度场进行时深标定和校正，确保速度场的变化趋势及精度符合实际地质情况；其次用地质分层、地震拾取的层位、井的标定结果来约束该模型，使速度模型在井点处更逼近地层真实情况，空间上更为合理；最后，两者融合，形成符合构造趋势和井点精度的三维平均速度模型，进行时深转换，提高低井控区的构造精度，如图 4-2-13 所示。

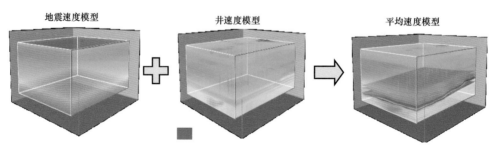

图 4-2-13 平均速度模型的原理示意图

关键步骤 2：趋势面识别微幅构造。一是趋势化预处理（平滑因子）：对构造层位数据预处理，选择合适的平滑参数，有效控制构造趋势面（图 4-2-14）；二是构造起伏拐点搜索：构造起伏拐点对应于低幅构造的圈闭溢出点，可根据构造的幅度自适应调整搜索拐点半径，寻找局部极值点；三是构造低频背景勾勒：针对构造起伏拐点，利用反距离加权法插值得到低频背景；四是去低频化构造成图：将构造解释与低频背景叠合，提取低幅构造数据，形成低幅度构造平面图。

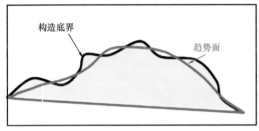

(a) 趋势面法示意图

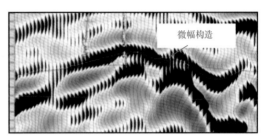

(b) 地震层位平滑

图 4-2-14　趋势面法刻画示意图

关键步骤 3："四小法"构造精细成图。首先由线到面的逐线、逐道解释，层位解释精度由 8×8 → 4×4 → 2×2，为低幅度构造识别提供基础数据。其次应用小网格半径（50m×50m）、小滤波参数（200m）、小等值线间距（10m → 2m）成图，大大提高了微幅构造圈闭的刻画精度。

4）应用效果

采用趋势面法成图，突显了低幅构造的细节特征及空间展布，可识别出 5m 以上的低幅度构造。同时与河道储层进行匹配，明确有利圈闭空间展布（图 4-2-15 和图 4-2-16），落实有效圈闭 128 个，总面积 113.8km²。其中闭合面积大于 0.5km²、闭合高度大于 10m 构造圈闭 49 个，面积 90km²。

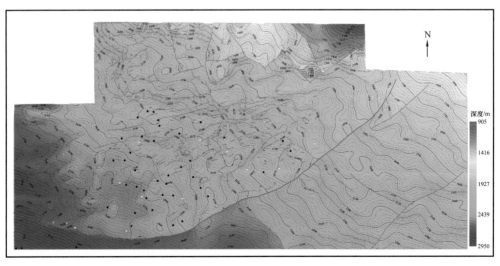

图 4-2-15　什股壕盒 2 段底部构造平面图

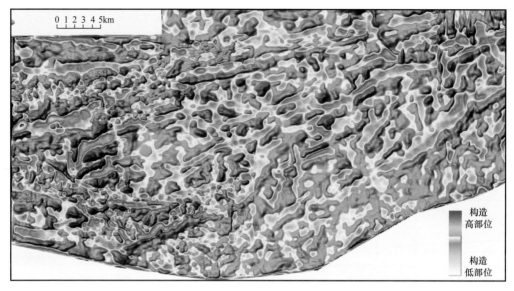

图 4-2-16　趋势面法低幅度构造识别图

二、窄河道预测

1. 窄河道沉积特征

晚石炭世太原组至早二叠世下石盒子组沉积期，研究区经历了由海到陆的演化过程，发育 3 套沉积体系，太原组扇三角洲沉积体系、山西组三角洲平原沉积体系、下石盒子组辫状河沉积体系。

1）单井沉积相

选取测井、取心及分析化验等资料丰富的锦 ff、锦 fh、锦 ha、锦 hb、锦 hd、锦 kg、锦 aob、锦 ade 等井开展单井沉积微相划分。

锦 ff 井发育典型辫状河沉积，砂体厚度大，测井曲线为高幅箱形。盒 1^1 小层为 2 期心滩叠加，底部发育滞留沉积，单期心滩砂体厚度 3.7～4m，岩性为砂砾岩、含砾粗砂岩、粗砂岩、中砂岩和细砂岩，可见冲刷面构造、平行层理。盒 2^1 小层取心段为 3 期心滩垂向叠加，单期心滩砂体厚度 1～2.2m，较盒 1^1 小层砂体厚度小，岩性以含砾粗砂岩和粗砂岩为主（图 4-2-17）。

锦 fh 井的盒 2^2、盒 3^1 小层发育辫状河沉积体系，多期河道叠加，主要发育河道滞留沉积、辫状河道、心滩和泛滥平原微相。河道滞留沉积主要为砂砾岩，底部可见冲刷面构造。辫状河道为砂质河道充填和泥质河道充填，盒 2^2 小层的辫状河道为砂质河道充填，底部发育河道滞留沉积，顶部发育中砂岩，见平行层理，充填厚度约 3m；盒 3^1 小层的辫状河道为泥质河道充填，底部发育河道滞留沉积，向上发育泥岩和细砂岩，见平行层理和板状交错层理，充填厚度约 2m。心滩微相岩性主要为含砾粗砂岩、含砾中砂岩、中砂岩、细砂岩，可见平行层理和板状交错层理，单期心滩厚度 0.8～3.5m。泛滥平原岩性主要为棕褐色、紫褐色和灰色泥岩（图 4-2-18）。

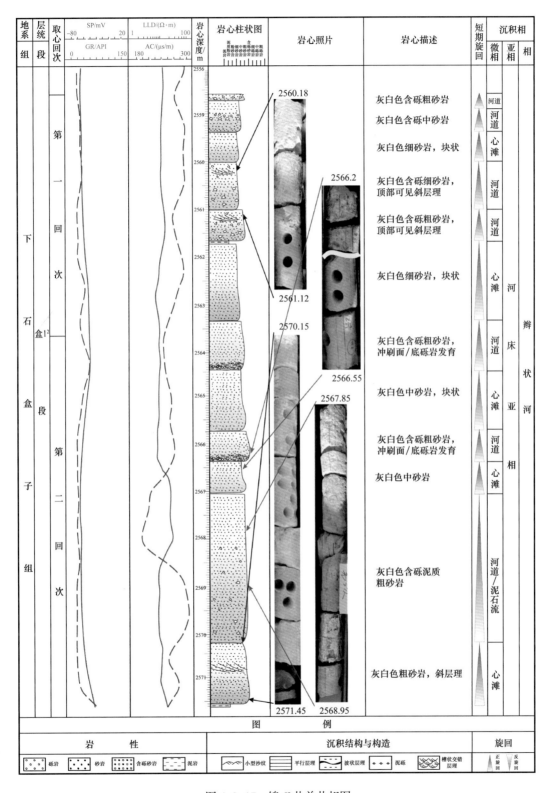

图 4-2-17　锦 ff 井单井相图

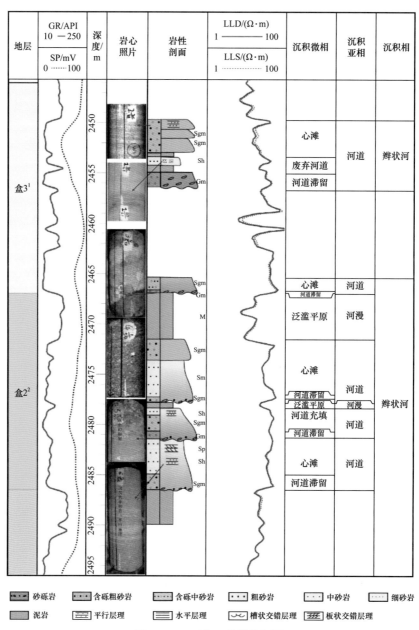

图 4-2-18　锦 fh 井单井相图

锦 hb 井盒 3^2 小层取心段钻遇河道滞留沉积和心滩，整体粒度粗，心滩岩性为含砾粗砂岩，底部滞留沉积发育块状砂砾岩（图 4-2-19）。

锦 hd 井盒 3^2 小层取心段钻遇河道亚相和河漫亚相。底部发育一期砂质河道充填，岩性为粗砂岩，可见槽状交错层理，测井曲线为钟形；向上发育河漫沉积，主要为发育泥质粉砂岩的溢岸沉积，可见水平层理和沙纹层理，以及发育泥岩的泛滥平原。其上发育心滩，底部可见冲刷面，心滩岩性为含砾粗砂岩；向上过渡为另一期心滩，底部可见砂砾岩定向排列，心滩主体为含砾粗砂岩（图 4-2-20）。

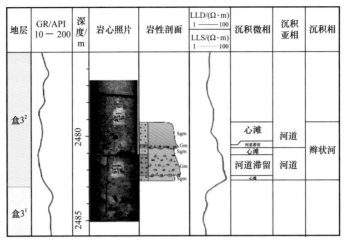

图 4-2-19 锦 hb 井单井相图

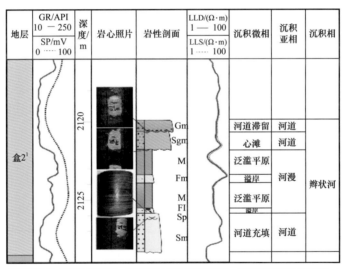

图 4-2-20 锦 hd 井单井相图

锦 aob 井盒 2 段钻遇典型辫状河沉积砂体，测井曲线呈箱形，3 期心滩叠加，砂体厚度大。单期心滩底部发育砂砾岩滞留沉积，心滩主体发育含砾粗砂岩、粗砂岩、中砂岩和细砂岩，单期心滩整体呈向上变细的正韵律，可见平行层理，单期心滩厚度 1~4m（图 4-2-21）。

锦 ade 井盒 2¹ 小层和盒 3¹ 小层钻遇典型辫状河沉积，测井曲线呈箱形，3 期心滩叠加，砂体厚度大，岩性为含砾粗砂岩、粗砂岩、中砂岩和细砂岩，单期心滩整体呈向上变细的正韵律，可见平行层理，单期心滩厚度 1~4m（图 4-2-22）。

2）沉积演化特征

通过研究区盒 2 段—盒 3 段由东向西垂直于河道的 4 条沉积相剖面分析垂向沉积

图 42 鄂尔多斯盆缘过渡带复杂类型气藏精细描述与开发

特征。由盒 2 段到盒 3 段总体上呈现基准面上升，可容纳空间减小，物源供给减小，单河道砂体规模减小，由"砂包泥"变为"泥包砂"的特点。其中研究区盒 2^1 小层测井曲线以光滑箱形、齿化箱形为主，反映该时期水动力较强；纵向上多期辫流水道和心滩沉积叠置，砂岩厚度大，单砂体平均厚度 9.8m，泥岩较薄，具典型的"砂包泥"特点（图 4-2-23）。

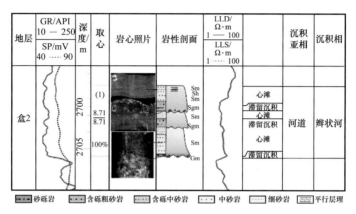

图 4-2-21　锦 aob 井单井相图

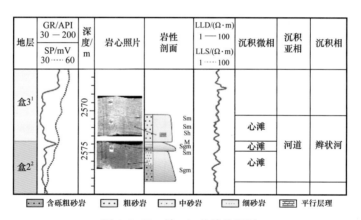

图 4-2-22　锦 ade 井单井相图

研究区盒 2^2 小层沉积期基准面上升，水动力较盒 2^1 小层沉积期减弱，测井曲线以箱形、钟形和指形为主，纵向上以单期辫流水道和心滩沉积为主，单砂体平均厚度 7.6m，河漫沉积较盒 2^1 小层沉积期更发育，总体表现为砂质沉积为主、泥质沉积增多的特征（图 4-2-24）。

研究区盒 3^1 小层沉积期基准面继续上升，水动力较盒 2^2 小层沉积期明显减弱，测井曲线以指形、钟形和低幅箱形为主，单河道砂体孤立式分布，单砂体平均厚度 6.7m，河漫沉积发育，呈"泥包砂"的特征（图 4-2-25）。

研究区盒 3^2 小层沉积期基准面继续上升，水动力条件弱，测井曲线以指形为主，薄层单河道砂体孤立式分布，单砂体平均厚度 5.5m，河漫沉积发育，呈"泥包砂"的特征（图 4-2-26）。

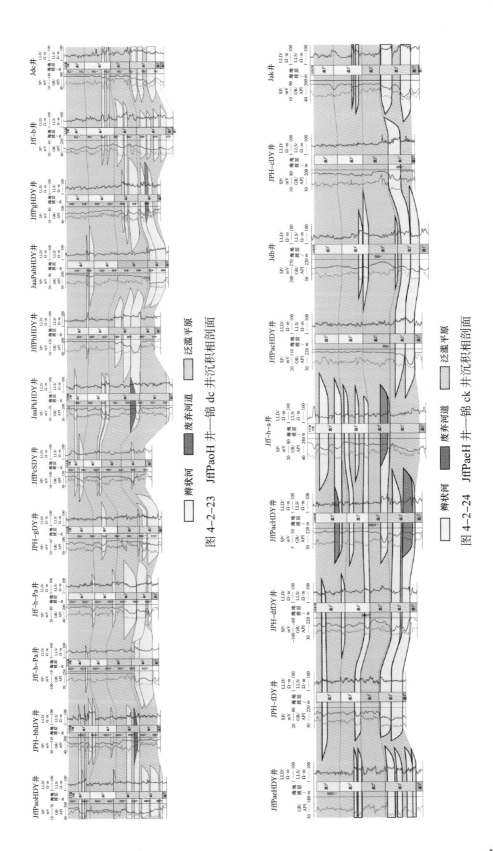

图 4-2-23　JflPaoH 井—锦 dc 井沉积相剖面

图 4-2-24　JflPaeH 井—锦 ck 井沉积相剖面

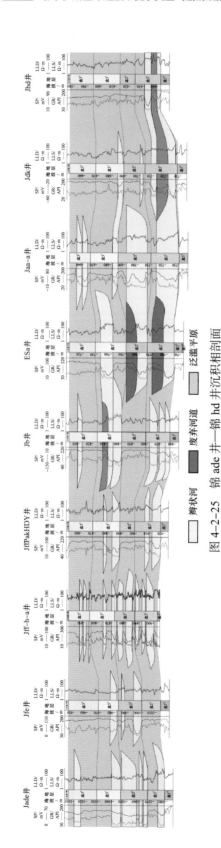

图 4-2-25 锦 ade 井—锦 hd 井沉积相剖面

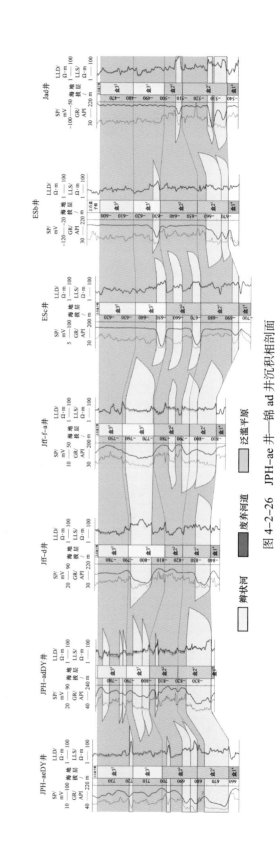

图 4-2-26 JPH-ae 井—锦 ad 井沉积相剖面

3）河道砂体叠加模式

复合河道内部包含了若干单一河道，沉积微相图中的河道大多就是复合河道级别；在测井曲线上，复合河道心滩经常表现为复合钟形、复合箱形和钟形—箱形。垂向河道心滩的切叠模式主要分为3种。

（1）深切式复合河道心滩叠加模式。

单河道砂体之间相互切割严重，中间没有泥岩隔夹层，通常以河道冲刷面为界，连通性较好，表现为河道多、水体能量大、改道频繁的特点。测井曲线呈复合箱形或复合钟形（图4-2-27）。

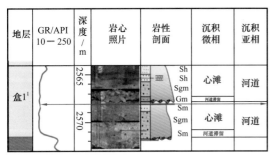

（a）锦ff井单井相剖面　　　　　　（b）延安宝塔山侏罗统延安组辫状河露头

图4-2-27　深切式复合河道心滩叠加模式

（2）浅切式复合河道心滩叠加模式。

单河道砂体之间切割程度中等，中间有泥岩隔夹层（图4-2-28）。

（a）锦fh井单井相剖面　　　　　　（b）山西大同吴官屯中侏罗统云冈组辫状河露头

图4-2-28　浅切式复合河道心滩叠加模式

（3）孤立式复合河道心滩叠加模式。

单河道砂体之间切割程度中等，中间有泥岩隔夹层（图4-2-29）。

4）心滩的边界识别划分

河道中心滩的平面边界划分依据主要取决于心滩高程、规模差异等。

（1）心滩高程差异。

受古地形差异、河道形成、改道、废弃时间差异以及沉积能量差异的影响，不同河道心滩砂体顶底存在高程差（图4-2-30）。

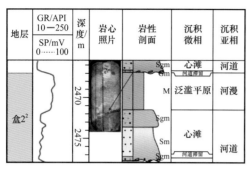
(a) 锦fh井单井相剖面

(b) 山西大同晋华宫铁路中侏罗统云冈组露头

图 4-2-29 孤立式复合河道心滩叠加模式

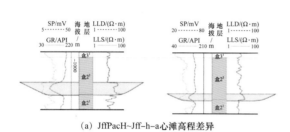
(a) JffPacH~Jff-h-a心滩高程差异 （b) 山西柳林二叠系辫状河露头

图 4-2-30 心滩高程差异标志

（2）心滩规模差异。

受沉积能量等影响，不同心滩砂体的沉积厚度有所不同。如果沉积剖面上的砂体侧向上呈薄—厚—薄的特征，则可能代表一个完整的单一心滩，也可能是两个单一心滩侧向拼接叠置而成（图 4-2-31）。

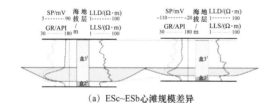
(a) ESc~ESb心滩规模差异

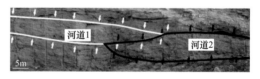
(b) 大同盆地侏罗系砂质辫状河露头

图 4-2-31 心滩规模差异标志

（3）水平井解剖心滩。

根据电性差异进行心滩、辫流水道、冲沟、废弃河道、泛滥平原等的识别。从 JPH-g—JffPaS 两口水平井，纵向上钻遇 1 个单一辫流带，横向上钻遇 2 个辫流水道，1 个复合心滩及 1 个冲沟。心滩与辫流水道侧向共生，冲沟位于心滩坝顶。心滩宽度 1930m，辫流水道宽度 450m，冲沟宽度 90m，心滩坝宽度约为水道宽度的 4.3 倍，总体呈"宽坝窄河道"的特征（图 4-2-32）。

（4）经验公式法。

Bridge 基于大量实测数据建立了单一辫状河道砂体宽度与平均满岸深度关系式：

$$W_{min} = 59.9h_m^{1.8}, \quad W_{max} = 192h_m^{1.37}, \quad h_m = 0.57h$$

式中　$W_{\min}$——最小单一辫状河道宽度，m；

　　　$W_{\max}$——最大单一辫状河道宽度，m；

　　　h_m——平均单河道深度，m；

　　　h——单河道最大满岸深度，m。

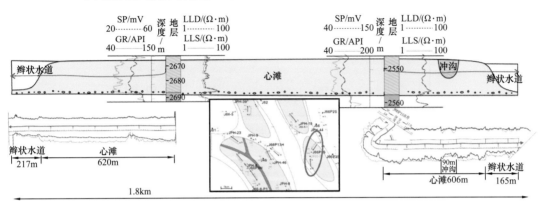

图 4-2-32　JPH-g 剖面构型解剖

根据单期心滩剖面对比结果的统计，得出每一层砂体的平均厚度，经过压实校正得到单期心滩厚度，求取平均单期心滩厚度，进而计算得到研究区每个心滩宽度范围（表 4-2-1）。计算得到的单河道规模可以指导井间心滩解剖。

表 4-2-1　锦 ff 井区心滩规模量化表

层位	砂体平均厚度 /m	压实校正后单期心滩厚度 /m	平均单期心滩厚度 /m	单期心滩最小宽度 /m	单一心滩最大宽度 /m
盒 2¹	9.8	10.9	6.4	1681	2430
盒 2²	7.6	8.4	4.9	1052	1700
盒 3¹	6.7	7.4	4.3	837	1429
盒 3²	5.5	6.1	3.6	591	1097

5）沉积相展布

锦 ff 井区北部物源区受构造运动影响，物质丰富，沉积物粒度大，下石盒子组沉积期主要为辫状河沉积，发育砂砾岩、含砾粗砂岩、粗砂岩、中砂岩等不同粒度沉积，垂向上由多套厚层砂体叠置组成。盒 2 期物源方向主要为北西向，自西向东发育 10 条辫状河道，宽度 800～1500m（图 4-2-33 和图 4-2-34），心滩普遍发育。盒 3 期辫状河道展布范围与盒 2 期特征类似（图 4-2-35）。

2. 窄河道刻画

盒 2 段、盒 3 段河道砂体孤立性强，宽度较窄，分叉、汇聚性较强，宽度在 200～1200m。在当前三维地震资料品质下（主频在 25Hz 左右），10m 以下储层在地震上难以识别。以地震资料的保幅性好及井震准确标定为基础，基于地震空间相对分辨率理论，应用地层切片技术，刻画不同期次河道空间分布。关键步骤如下。

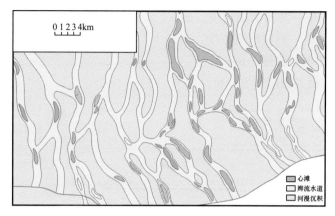

图 4-2-33 东胜气田锦 ff 井区盒 2^1 段沉积微相图

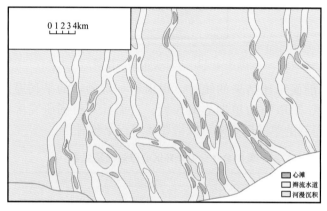

图 4-2-34 东胜气田锦 ff 井区盒 2^2 段沉积微相图

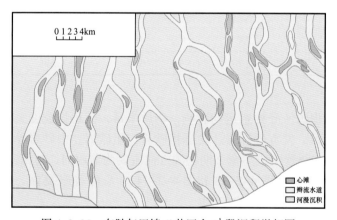

图 4-2-35 东胜气田锦 ff 井区盒 3^1 段沉积微相图

1）地震—地质特征分析

依据地质认识和合成记录标定（图 4-2-36），盒 2 段、盒 3 段砂体主要位于 T9e 之上强波谷，呈多套砂泥岩综合响应特征，地震绝对分辨率低，不能准确刻画多期河道发育特征（图 4-2-37）。

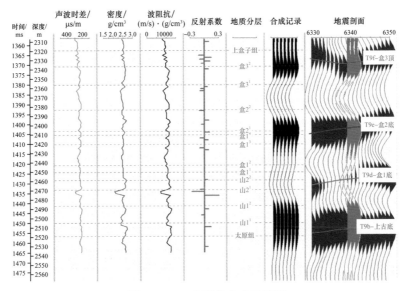

图 4-2-36　典型井合成记录图

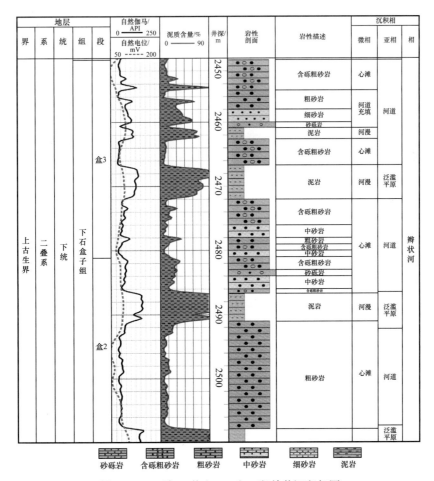

图 4-2-37　锦 fh 井盒 2+ 盒 3 段单井沉积相图

根据不同砂体叠置关系与地震反射特征响应对比分析（图4-2-38），盒2+盒3段砂体发育程度与T9f和T9e之间的强振幅反射相关性较好。河道砂体在地震剖面上为透镜状反射，砂体连续性好且厚度大，T9e之上强波谷特征明显。通过多井分析，T9e之上波谷亮点强反射为本区盒2段、盒3段有利反射模式，并建立了不同砂体组合对应的地震响应模式。

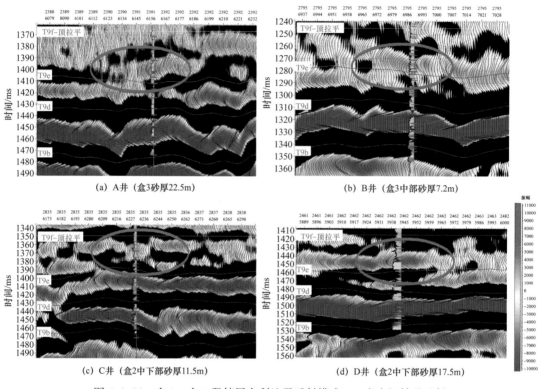

图4-2-38　盒2+盒3段储层有利地震反射模式——亮点短轴强反射

2）地震沉积学特征

研究区下石盒子组顶底界面形成的地震波组T9f、T9d为强波峰特征，分布较广，横向可连续解释，通常作为研究区地震相对等时面。而反映盒2段、盒3段储层特征的地震波组T9e全区不稳定、不连续（图4-2-39），难以准确反映盒2+盒3段内部不同期次、不同规模的河道分布情况。因此，从地震沉积学理论出发，发挥三维地震横向分辨率优势，依据相对等时面，建立等时地层格架，进行河道空间展布特征刻画。

3）地层切片技术应用

地震切片技术在沉积分析中得到广泛应用，其以地震属性为基础，从不同视角观察地震数据体在空间变化特征，赋予一定的地质含义，达到对目的层段纵、横向展布特征进行地质解释的目的。地震切片分为以下三种（图4-2-40）。

（1）时间切片：沿某一固定地震旅行时对地震数据体进行切片显示，切片方向沿垂直于时间轴的方向，如图4-2-40（a）所示。

（2）沿层切片：沿某一个没有极性变化的反射界面，即沿着或平行于追踪地震同相轴所得的层位进行切片，如图4-2-40（b）所示。

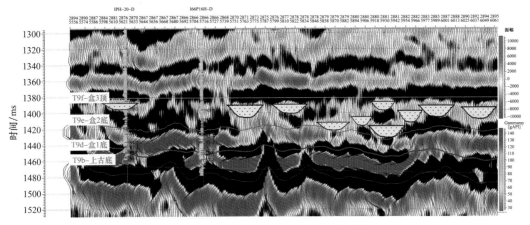

图4-2-39　盒2+盒3河道地震剖面结构特征

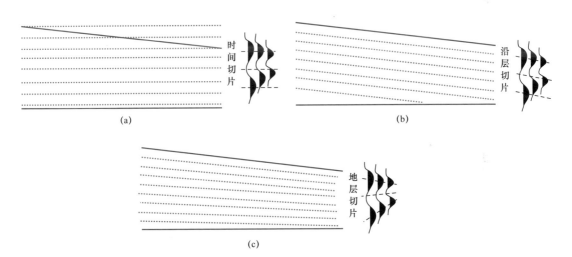

图4-2-40　地震切片示意图

（3）地层切片：以解释的2个等时沉积界面为顶底，在地层的顶底界面间按照厚度等比例内插出一系列的层面，沿这些内插出的层面逐一生成切片，图4-2-40（c）所示。

研究区采用地层切片，以下石盒子组地层为格架，以2ms间隔做时间地层切片。

4）应用效果分析

应用属性地层切片横向分辨率弥补了纵向分辨率的不足，可识别厚度较薄、物性较差的砂体以及隐蔽型窄河道。如锦cd井盒3段底部发育一套4.9m砂体（图4-2-41），通过切片属性能够在平面识别出来。同时，结合实钻井和沉积演化分析，落实了不同期次、不同规模河道空间展布特征，实现了300~800m窄河道、5~10m薄储层精细刻画，支撑了目标评价及开发建产，已推广应用于其他井区。

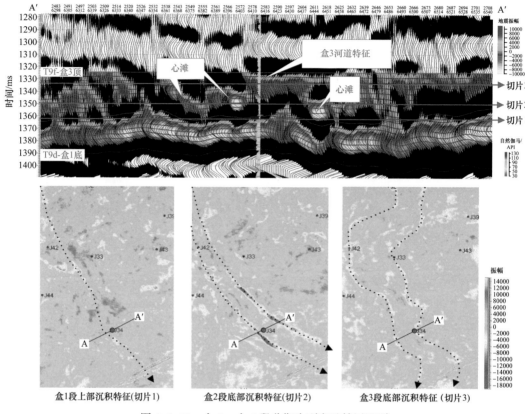

图 4-2-41　盒 2+ 盒 3 段分期次剥离及储层识别

三、气水界面定量刻画

1. 气水分布特征

通过测井电阻率与钻井全烃值的变化，明确研究区气藏存在气水分异的特点。结合经过 J 函数处理的气藏条件下的毛细管力曲线和相渗曲线分析，求取含气饱和度为 50% 时的气水过渡带高度，经过实钻资料验证，确定气水界面。如 JPH-f、JPH-bc 两口井的过渡带高度分别计算为 25m、24m，与测井曲线分析判断的结果基本一致。结合薄砂体和窄河道预测结果，应用毛细管压力曲线与相渗曲线分析方法开展了目的层气水分布定量刻画（图 4-2-42 至图 4-2-44）。

锦 ff 井区盒 2 段、盒 3 段气层多期叠置，上倾方向多被致密层遮挡，下倾方向与水层接触，形成边底水气藏，无统一气水界面。依据地层水的空间展布特征，结合河道精细刻画与微幅构造精细描述成果，定量描述岩性—构造气藏气水界面（图 4-2-45）。

2. 定量计算

1）J 函数计算

岩性—构造气藏的下倾方向气柱产生的的浮力不足以克服毛细管压力而完全排替地

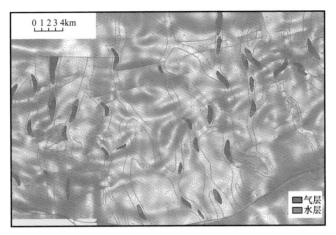

图 4-2-42 锦 ff 井区盒 3^1 段气水分布图

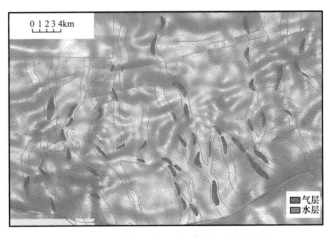

图 4-2-43 锦 ff 井区盒 2^2 段气水分布图

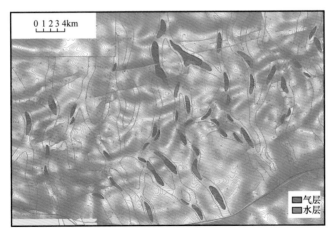

图 4-2-44 锦 ff 井区盒 2^1 段气水分布图

层中的水，含水饱和度向上逐渐降低。结合相对渗透率曲线，从构造底部到构造顶部分为四个区，分别为产水区、气水同产区、产气区（含可动水）、纯气区。产水区气相相对渗透率为0，残余气饱和度在毛细管压力曲线上对应的区域；气水同产区是气水两相渗流区，即临界含水饱和度和残余气饱和度之间在毛细管压力曲线上对应的区域；产气区为水相相对渗透率为0的区域，即毛细管压力曲线束缚水饱和度和临界含水饱和度之间的区域；纯气区是束缚水饱和度之上的区域，只产气不产水。其中产水区和气水同产区的层段为气水过渡带。气水过渡带的厚度受储层孔喉结构的影响，储层孔喉条件越差，毛细管压力越大，气水过渡带厚度越大，形成气藏所需的构造闭合高度越大。

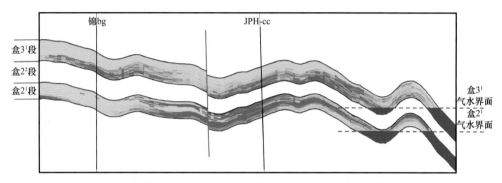

图 4-2-45　东胜气田锦 ff 井区锦 a 建模区含水气藏气水关系模型剖面图

毛细管压力与含水饱和度的关系（即毛细管压力曲线）可在实验室对岩样进行测定，通过［式（4-2-8）］得到气柱高度与含水饱和度的关系。不同物性特征的储层，毛细管压力曲线不同，利用 J 函数［式（4-2-9）］将储层实验分析的毛细管压力曲线转换成气藏平均物性特征的毛细管压力曲线。同时，依据经验公式确定气藏条件下的地层水和天然气的密度，以及气藏条件下气水界面张力和润湿角。通过［式（4-2-10）］将实验室条件下测定的毛细管压力关系换算成气藏条件下的毛细管压力关系。

$$h = \frac{p_{\mathrm{c}}}{\left(\rho_{\mathrm{w}} - \rho_{\mathrm{g}}\right)g} \qquad （4-2-8）$$

$$J\left(S_{\mathrm{w}}\right) = \frac{p_{\mathrm{c}}}{\sigma\cos\theta}\sqrt{K/\phi} \qquad （4-2-9）$$

$$p_{\mathrm{wg}} = p_{\mathrm{Hg}}\frac{\sigma_{\mathrm{wg}}\cos\theta_{\mathrm{wg}}}{\sigma_{\mathrm{Hg}}\cos\theta_{\mathrm{Hg}}} \qquad （4-2-10）$$

式中　$J\left(S_{\mathrm{w}}\right)$——J 函数；

p_{c}——毛细管压力，MPa；

σ——界面张力，mN/m；

θ——润湿角，（°）；

K——渗透率，D；

ϕ——孔隙度。

结合相渗曲线，确定气水过渡带的高度。不同物性下的气水过渡带高度与储层渗透率有关，储层渗透率越差气水分异所需的高度越大（图 4-2-48 和图 4-2-49）。

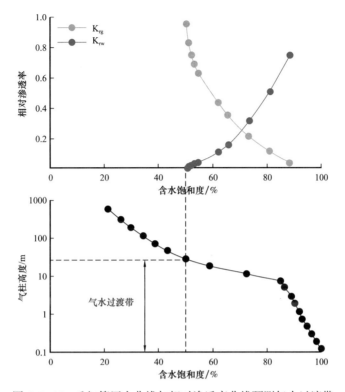

图 4-2-46　毛细管压力曲线与相对渗透率曲线预测气水过渡带

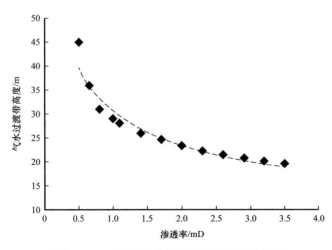

图 4-2-47　不同物性条件下气水过渡带高度

2）实钻验证

JPH-f 和 JffPkH 井位于同一岩性—构造圈闭中，圈闭高度 51m，JPH-f 位于构造低点，声波时差 293μm/s，测井电阻率 12.5Ω·m，试气期间日产气 2.5×10⁴m³，日产液 73m³，气井产水量大,无法正常投产。JffPkH 井位于构造高点,声波时差 300μm/s,测井电阻率 22.9Ω·m,日产气 2.0×10⁴m³,日产液 2.3m³,液气比 1.1m³/10⁴m³,气井生产稳定,截至 2021 年 4 月 21 日累计产气 2135×10⁴m³,表现出构造低部位气井产水,构造高部位气井产气的特征(图 4-2-50)。

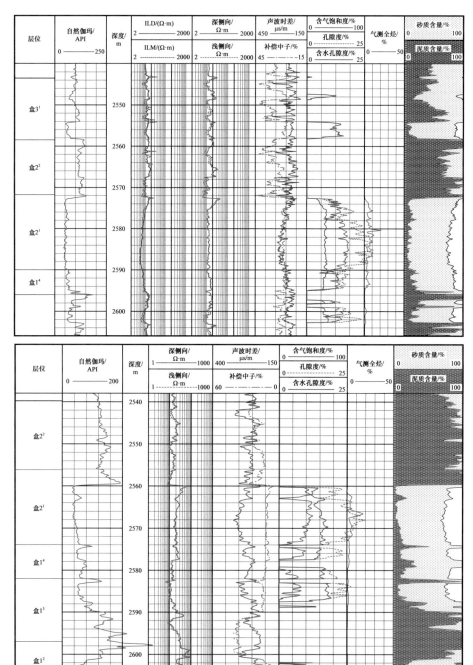

图 4-2-48 JPH-f-JffPkH 井测井综合图

结合气井钻遇状况及钻井轨迹的气测显示，确定其气水过渡带高度为24m，通过毛细管压力曲线及相渗曲线方法求取的气水过渡带高度为26m，符合率92%以上，验证了该方法的可靠性（图4-2-51）。

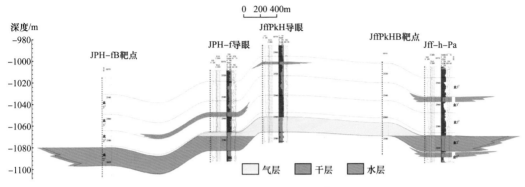

图4-2-49 JPH-f-JffPkH井气藏剖面图

第三节 构造—岩性气藏精细描述

构造—岩性气藏主要分布在十里加汗区带锦gb井区，该区纵向砂体厚度大，横向分布范围广，但单个砂体连通性差，有效砂体孤立分散于厚层砂体中；天然气差异富集，气水关系复杂，有利目标区分布不明确。通过气水赋存机理与分布规律研究，结合产能主控因素分析，强化储层及含气性预测，实现构造—岩性气藏的精细刻画。

一、气水赋存机理

1. 水的类型

通过对研究区35口井下石盒子组盒3段、盒2段、盒1段地层水资料分析（表4-3-1），地层水阳离子以Na^+和Ca^{2+}为主，阴离子中以Cl^-为主，地层水平均Cl^-含量为24203mg/L，平均矿化度41715mg/L，为$CaCl_2$水型，表明地层封闭性好。

表4-3-1 下石盒子组地层水样分析

$Na^+ + K^+$/mg/L	Ca^{2+}/mg/L	Mg^{2+}/mg/L	Cl^-/mg/L	HCO_3^-/mg/L	SO_4^{2-}/mg/L	矿化度/mg/L	密度/g/cm³	pH值	水型
7615.38	8301.89	277.9	24202.52	156.92	439.61	41714.96	1.04	6.82	氯化钙

2. 气水赋存状态

1）自由水

主要分布于大孔喉中，受局部构造、储层非均质性、充注程度控制，成藏过程中圈闭高部位被烃类气体填充形成气层，而圈闭低部位由于未受到大规模的烃类填充，基本保持原始饱和水状态，形成边底水。气井生产过程中，边底水未突破时，气井产气产液均正常，边底水一旦突破，气井产液量急剧上升，产气量快速下降。锦 gb 井区该类水主要分布于盒 2 段、盒 3 段气藏物性好的储层中，测井解释易于识别（图 4-3-1 和表 4-3-2）。

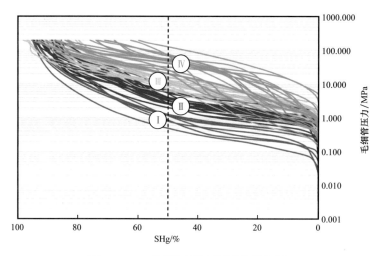

图 4-3-1　不同类型储层压汞曲线特征

表 4-3-2　不同类型储层特征参数对比

分类	渗透率/mD	岩心数量/块	岩心比例/%	超毛细孔喉占比/%	毛细孔喉占比/%	微毛细孔喉占比/%	纳米孔喉占比/%	孔隙度/%	平均最大进汞饱和度/%	中值半径/μm	排驱压力/MPa
I	1.0～5.0	7	10.1	18.3	43.0	18.0	20.7	11.0	93.2	0.80	0.17
II	0.5～1.0	20	29.0	12.1	36.8	22.8	28.3	9.5	89.5	0.20	0.63
III	0.1～0.5	23	33.3	6.0	32.7	30.4	36.9	8.1	84.5	0.10	1.10
IV	<0.1	19	27.5	2.1	18.3	26.9	52.8	5.8	80.0	0.02	1.54

2）束缚水

细分为两种类型，孔隙盲端水和结合水，主要受储层孔隙结构或矿物颗粒表面性质的影响，分布于小孔喉和孔隙盲端，"束缚"在孔隙盲端或孔隙壁面上不参与流动。孔隙盲端水是气藏形成阶段，烃类气体不断向储层内充注并置换出储层孔隙原始地层水，孔隙盲端虽然和其他孔隙空间连通，但由于机械捕集作用，无法参与流动，可以认为该类型地层水不产出。结合水是处于储层矿物颗粒表面水膜，不随孔隙中流体流动而变化，可以认为该类型地层水不产出。束缚水主要通过核磁共振法、离心法、相渗曲线分析法测定，储层渗透率在 0.5～1.0mD 时束缚水饱和度处于 50%～60%。

3）毛细管水

气藏形成阶段，由于气相为非润湿相，气优先沿着大孔道中部进入孔隙中，当气相达到微细孔喉时，受到微细孔喉处的润湿相地层水毛细管力的作用，气相进入压力不足以克服毛细管阻力，无法驱替孔喉处液相，孔隙内的地层水滞留而形成。其主控因素为毛细管力，呈孤立或连片状分布，宏观表现为随开发的进行梯级动用（图4-3-1和图4-3-2）。

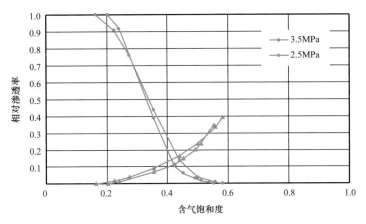

图4-3-2　不同驱替压力下的致密气藏相渗曲线

二、气水分布规律研究

1.气水层识别

目标区为典型的低孔低渗透气藏，含气饱和度低，总体呈现低电阻特征，气水识别难度大。针对锦gb井区气水复杂情况，在气测综合判识法、侵入分析与侧向联合解释法、分区图版法等方法分析基础上，采用声波时差与补偿中子进行曲线重构，应用气测、曲线重构分析法开展气水层的识别与评价。从目标区北部Jgb-c井重构法解释实例（图4-3-3），可以看出1号层物性差，含气性差，解释为干层，4号层物性好，但感应电阻率低，补偿中子与补偿密度重构解释为气水同层，通过补偿中子与声波时差重构，结合气测形态，综合解释为气层，测试初期日产气$4.0 \times 10^4 \mathrm{m}^3$，不产水，投产5个月，累产气$526 \times 10^4 \mathrm{m}^3$，与解释结果吻合。

2.气水空间分布特征

岩性较纯、物性较好的砂岩储层更容易被天然气充注形成气层或含气层；当岩性、物性较差时，储层微观孔喉小，毛细管压力大，则难以被天然气有效充注。受沉积、成岩作用等影响，砂岩储层内部非均质性强，部分空间被天然气充注，更多空间形成毛细管水，气水分布存在非均质性。辫状河沉积砂体岩性不纯，纵横向变化快，心滩和辫流水道储层非均质性强，纵向上可以形成气层—气水层—水层—干层的组合模式，平面上多呈现致密层封隔的孤立水体或者边底水等（图4-3-4和图4-3-5）。

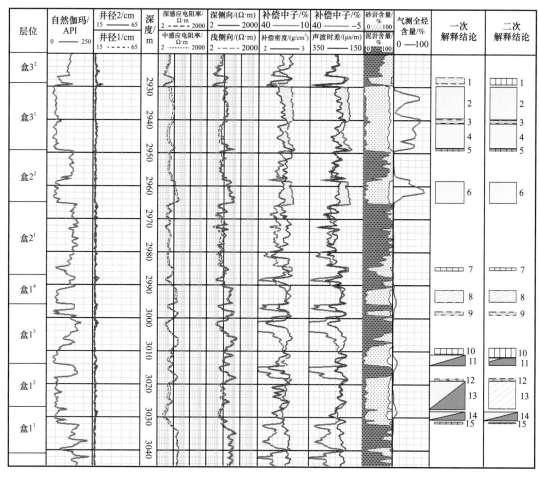

图 4-3-3　Jgb-c 井声波与中子重叠法评价气水层

在气水层有效识别以及成藏模拟基础上，结合生产井气水产出特征分析，明确锦 gb 井区下石盒子组气藏气水分布状态主要有四种类型：（1）多个物性好的心滩叠合，心滩之间有非渗透隔层，心滩砂体连续而不连通；以自由水为主，发育多个底水气藏，气水界面不统一；（2）多个物性好的心滩切叠程度高，心滩砂体连续并连通；以自由水为主，呈现上气下水的特征，具有明显的气水界面；（3）多个心滩砂体不连续；以自由水、束缚水为主，水层呈现孤立分布；（4）多个物性差的心滩叠置，砂体连通；以毛细管水、束缚水为主，气水共存，即气水同层为主（图 4-3-6）。

基于气水组合模式的分析，西部锦 hh– 锦 hg 河道主要发育气水同层、水层、干层；中部锦 ka 井从下往上盒 1 段主要发育水层、气水同层，水体呈孤立状分布，盒 2 段主要发育气层；JgbPafH 河道盒 1 段主要发育气层，东部锦 go–JgbPaeH 井主要表现为上气下水，即边底水气藏，在 JgbPaeH 井呈现上部高电阻、下部低电阻特征（图 4-3-7）。从北往南，北部构造高部位发育气层，部分边底水气藏；中部主要为致密层，束缚水饱和度高，基本不含气；南部多套气层叠合发育，以束缚水为主，为锦 gb 井区盒 1 岩性气藏主要发育区（图 4-3-7 和图 4-3-8）。

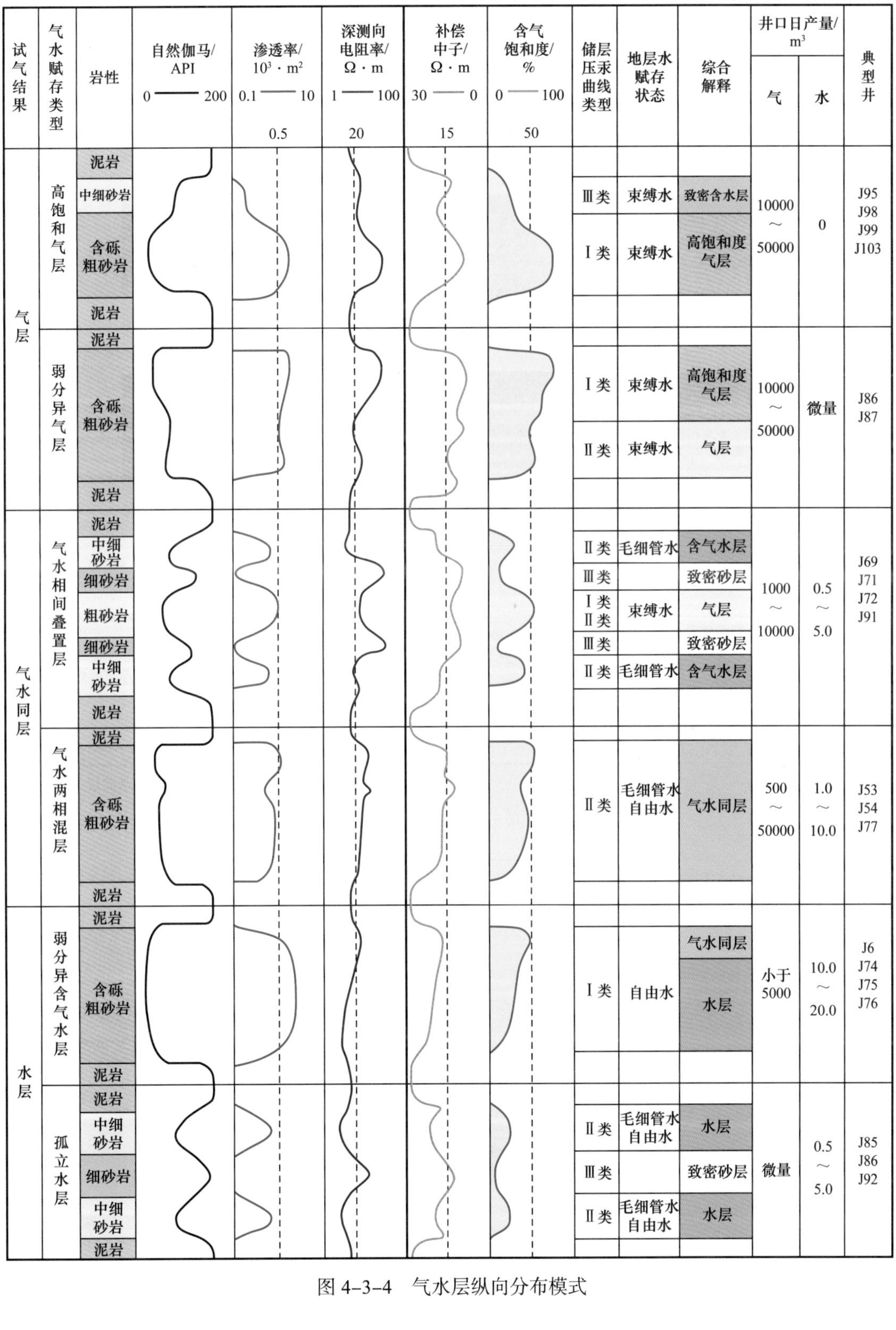

试气结果	气水赋存类型	岩性	自然伽马/API 0——200	渗透率/$10^3 \cdot m^2$ 0.1——10 / 0.5	深测向电阻率/$\Omega \cdot m$ 1——100 / 20	补偿中子/$\Omega \cdot m$ 30——0 / 15	含气饱和度/% 0——100 / 50	储层压汞曲线类型	地层水赋存状态	综合解释	井口日产量/m^3 气	井口日产量/m^3 水	典型井
气层	高饱和气层	泥岩 中细砂岩 含砾粗砂岩 泥岩						III类 I类	束缚水 束缚水	致密含水层 高饱和度气层	10000～50000	0	J95 J98 J99 J103
气层	弱分异气层	泥岩 含砾粗砂岩 泥岩						I类 II类	束缚水 束缚水	高饱和度气层 气层	10000～50000	微量	J86 J87
气水同层	气水相间叠置层	泥岩 中细砂岩 细砂岩 粗砂岩 细砂岩 中细砂岩 泥岩						II类 III类 I类 II类 III类 II类	毛细管水 束缚水 毛细管水	含气水层 致密砂层 气层 致密砂层 含气水层	1000～10000	0.5～5.0	J69 J71 J72 J91
气水同层	气水两相混层	泥岩 含砾粗砂岩 泥岩						II类	毛细管水 自由水	气水同层	500～50000	1.0～10.0	J53 J54 J77
水层	弱分异含气水层	泥岩 含砾粗砂岩 泥岩						I类	自由水	气水同层 水层	小于5000	10.0～20.0	J6 J74 J75 J76
水层	孤立水层	泥岩 中细砂岩 细砂岩 中细砂岩 泥岩						II类 III类 II类	毛细管水 自由水 毛细管水 自由水	水层 致密砂层 水层	微量	0.5～5.0	J85 J86 J92

图 4-3-4　气水层纵向分布模式

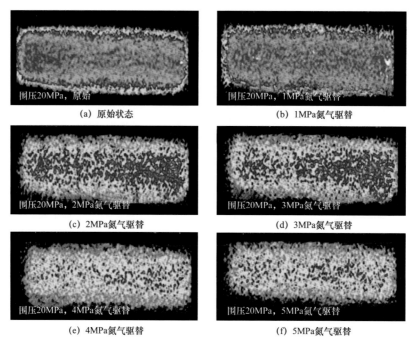

(a) 原始状态　　　　　　　　　　　　　(b) 1MPa氮气驱替

(c) 2MPa氮气驱替　　　　　　　　　　(d) 3MPa氮气驱替

(e) 4MPa氮气驱替　　　　　　　　　　(f) 5MPa氮气驱替

图 4-3-5　不同压差条件下致密砂岩储层气驱水实验

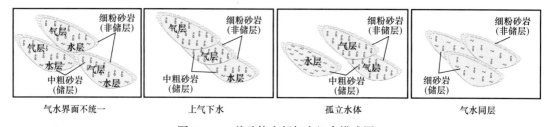

气水界面不统一　　　　上气下水　　　　孤立水体　　　　气水同层

图 4-3-6　单砂体内部气水组合模式图

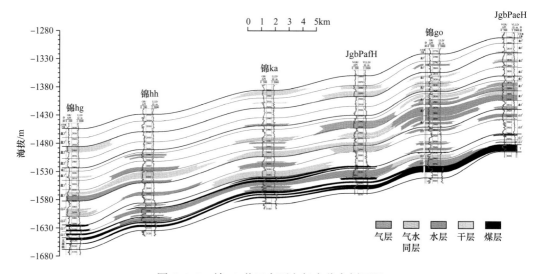

图 4-3-7　锦 gb 井区东西向气水分布剖面图

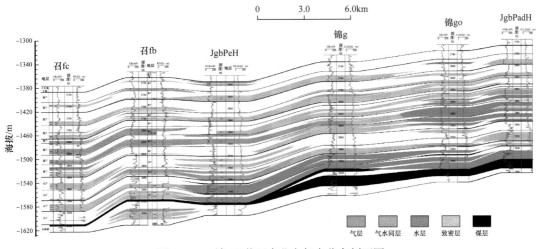

图 4-3-8　锦 gb 井区南北向气水分布剖面图

三、产能主控因素

在气水层识别、气水分布特征分析的基础上，进一步明确了气水分布主要控制因素。

1. 断裂的封堵性

断层在天然气成藏过程中既可以作为运移通道，又可以起到遮挡封堵作用。断层封堵是断层在形成过程中由于构造、沉积、成岩等地质因素影响形成的对地层流体的封堵作用。断层封堵性研究包括横向封堵和纵向封堵两方面。横向封堵指断层两盘岩性配置所造成的封堵；纵向封闭指断层面本身的封堵，也就是指流体能否从断层一盘地层进入断层面（带），以及能否在断层面（带）内流动。断层封堵能力是多种因素的综合效应，主要包括以下几方面：（1）断层两侧岩性特征。断层两侧为砂岩与泥岩对接，很容易形成横向封堵。如果是砂岩对接，而且断面上没有塑性的断层泥，则不造成横向封闭；如果沿断层面在一定范围内泥岩出现塑性变形，可形成横向封闭。（2）构造应力的大小。构造应力对断层封闭性的影响主要表现为平均构造应力。平均构造应力与盆地的性质和活动强度相关，其值越大，断层的封闭性越好。（3）断面的深度。深度因素影响断面正应力和流体孔隙压力，在不考虑构造应力的情况下，因为断面正应力和孔隙压力都随深度线性增加，断层封闭性保持不变；在考虑构造应力的情况下，对于挤压性盆地，断层封闭性随深度增加反而变差；而对于伸展性盆地，断层封闭性随深度增加而增加。（4）断层活动性（时间匹配）。在不同时期，断层对油气聚集与保存作用不同。同一断层在某个时期表现为开启，而在另一时期表现为封闭。同一断层的封闭性伴随盆地构造活动可能发生很大的变化。

研究区北部发育泊尔江海子逆断层，倾向向北，东西向延伸近 70km，断距 100～300m，主要形成于加里东期，后经海西、印支、燕山等多期活动，最晚活动期发生在侏罗纪晚期，为早白垩世天然气运移提供了通道。受断层两侧岩性的差异，断层的封闭性具有分段性、分层性的特点，石千峰组和上石盒子组断层封闭，下石盒子组和山西组断层开启；断裂南部天然气易通过侧向优势疏导区，向北发生运移富集成藏，侧向封闭区南部易富集成藏。

2. 气藏局部构造

构造对天然气的富集成藏起到重要控制作用。研究区构造总体呈现为北东高南西低的平缓单斜，平均坡降 7.8m/km，局部发育闭合构造、鼻隆构造（图 4-3-9）。孤立水层主要集中西部低部位，向东以气水同层及边底水层为主。盒 3 段、盒 2 段气藏河道砂体储层，孔隙度 15%，平均渗透率 1.5mD，物性好，易发生气水分异，构造高部位含气、低部位为水层，形成边底水岩性—构造气藏；盒 1 段平均孔隙度 8.5%，平均渗透率 0.6mD，物性差，天然气浮力难以克服毛细管阻力，气水不能发生分异，呈现气水共存状态。

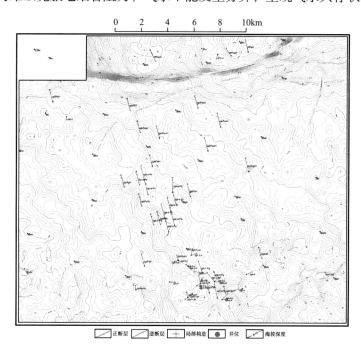

图 4-3-9　锦 gb 井区盒 1 底构造图

3. 储层非均质性

锦 gb 井区下石盒子组储层低孔低渗透、非均质性强，不同类型组合砂体的物性总体特征、非均质性特征不同，地层水的赋存状态受致密砂岩储层微观孔喉特征强非均质性影响，形成了该区地层水分布规律复杂的特点。天然气富集于辫状河道高孔渗心滩砂体中，水层、气水层主要发育在辫流水道沉积形成的砂岩中。勘探开发井证实，锦 gb 井区北部天然气主要在局部构造高部位心滩砂体中，含气饱和度高；中部主要发育辫流水道细砂岩沉积，砂地比高，储地比低（图 4-3-10），储层物性差，以束缚水、毛细管水为主，发育气水同层；井区东南部，储地比进一步降低，储层非均质性增强，岩性尖灭、隔夹层发育形成良好的封盖条件，天然气形成局部聚集；JgbPeH 井附近为高产富集区，JgbPeH 测试日产气 $4×10^4m^3$，套压 11MPa，是该区开发的主要潜力目标区。

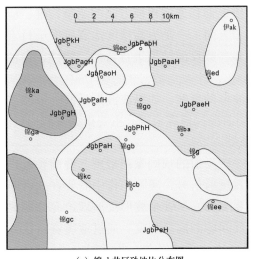 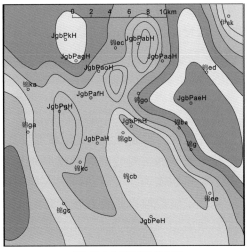

（a）锦gb井区砂地比分布图　　　　　　　（b）锦gb井区储地比分布图

图 4-3-10　锦 gb 井区盒 1 段砂地比与储地比图

四、含气性地震检测

1. 基于物质成像的全波形反演

1）基本原理

全波形反演通常指利用非线性寻优方法反演给定时窗内的波形记录以获取影响地震波传播的相关物性参数（如弹性参数、黏弹性参数、各向异性参数、密度等）的方法。全波形反演仅仅是地球物理反演中的一个方向，它具有地球物理反演的共同特征与步骤：（1）模型参数化（设计模型网格、确定反演参数、建立初始模型等）。（2）模型正演（选择正演模拟方法、确定时空窗口与频宽、进行正演模拟等）。（3）模型更新（计算参数敏感度、确定更新策略、目标函数评价机制等）。（4）模型评价（利用已知信息，建立合理的模型评价标准等）。不同地球物理反演方法，上述四个核心问题的内容有所差异。

全波形反演属于叠前地震反演方法。该方法最早由 Lailly 与 Tarantola 借鉴逆时偏移的思想等提出基本框架，用于解决多维地震反演中波场对模型参数敏感度（即 Fréchet 导数）的效率问题。由于全波形反演基本框架的简单性以及可扩充性，吸引了后续学者不断对其进行理论完善和应用实践，应用领域已由早期地震学扩展到医学成像、岩心成像、电磁波成像等领域。地震学全波形反演已形成多个发展分支，如经典的时间域波形反演、频率域波形反演、Laplace 域波形反演、最小二乘射线 –Born 反演、反射率法波形反演、AVA/AVO 多参数波形反演、差分谱优化波形反演、波动方程偏移速度分析等。

当前全波形反演方法各主要分支发展程度存在明显差别，其中反射率法波形反演、AVA/AVO 多参数波形反演以及以二者为基础的各种混合反演方法在理论方面已经基本成熟，越来越多的实例研究也肯定了该类方法的实用价值；最小二乘射线 –Born 反演方法逐渐受到重视，正在向实用化迈进；时间域、频率域和 Laplace 域波形反演理论仍在不断发展与完善，应用研究主要以陆地和海洋反射地震数据宏观速度建模为主；差分谱优化波形反演与波动方程偏移速度分析方法面临着传统偏移速度建模方法的竞争，推广应用进度相对缓慢。地震学全波形反演主要面向两个方向：一是为高精度地震成像进行宏观速度优化；二是与岩石物理分析相结合，利用多参数反演结果进行岩性、物性、含油气性的物质成像。

需要着重指出，全波形反演是针对某一种波形的反演，如纵波波形反演、横波波形反演、面波波形反演等，不是全波场反演。对当前勘探地震来说，主要指纵波波形反演。所以，地震资料高质量预处理是全波形反演的基础。

全波形反演通常对叠前数据噪声尤其是非一次反射的规则噪声敏感。叠前预处理既要最大限度压制噪声，又要尽可能保护一次有效反射信号，实际工作中需要在二者间取均衡。震源子波提取也是资料预处理的一项重要工作。尽管全波形反演理论允许同时求取物性参数模型与地震子波，此时通常会加重反问题的病态程度。通过地震资料预处理可以获取较为可靠的反演子波，常用方法包括直达波子波提取、井震标定子波提取等。对于近层状介质波形反演，为保证弱横向变化假设成立，一般使用现有的保幅叠前偏移方法生成偏移距域或角度域共成像点道集数据，用于后续波形反演。

全波形反演结果的综合分析与解释是地球物理成果向地质认识的升华。岩石物理参数分析是地球物理成果向地质成果和认识转化的桥梁，以实现反演结果定性和定量地质解释——物质成像。

由于地球物理场是在地球内部全空间传播，人们只能在地面有限范围内观测，数学上无法实现与地下结构完全一致的边界条件。其次，野外采集到的地震反射资料含有大量的非一次反射信号与地球背景噪声、仪器噪声等非有效信号，地表激发接收条件一致性、地表高程、观测系统设计等，都影响原始资料的质量，数据处理只能根据地球物理原理，最大可能恢复 $\overline{D}y$ 的可靠性，尽量为反演解释提供高质量数据。反演得到的地下目标是非唯一解，所以，图 4-3-11 中的 Dy 使用虚线框表示。图 4-3-12 全波形反演一体化关键技术简化流程图是地球物理反演理论原理在实际地震反演应用中的扩展。

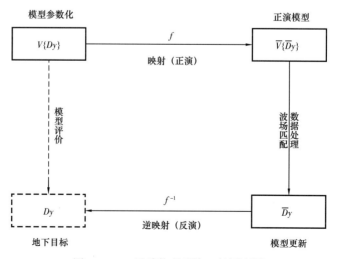

图 4-3-11　地球物理反演一般原理图

如图 4-3-11 和图 4-3-12 所示，基于物质成像的地球物理反演所面临的问题是如何求取实际地球介质 $V\{Dy\}$ 中某一未知的结构关系或岩石物理参数。将这样的未知结构关系或岩石物理参数称为目标原象 Dy，把 Dy 在映射 f 之下的映像 $\overline{D}y=f(Dy)$ 称为目标映像。

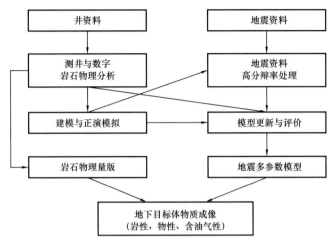

图 4-3-12　全波形反演一体化关键技术简化流程图

如果野外观测系统完全满足探测地下目标体构造与岩石物理参数信息的要求，那么，集合 $\overline{V}\{\overline{D}y\}$ 就包含了所需要的地质目标体的相关信息。映射 f 能够使得 $V\{Dy\}$ 满映射 $\overline{V}\{\overline{D}y\}$，记作：

$$\overline{V}\{\overline{D}y\} = f(Dy) \qquad (4-3-1)$$

地质体内点与点之间的结构具有几何关系，岩石物理参数也具有一定的规律，所以，称式（4-3-1）为映像关系结构。

如果映射 f 可逆，称 f 的逆映射为反演，记为 f^{-1}。从而有

$$f^{-1} : \overline{V}\{\overline{D}y\} \rightarrow V\{Dy\} \qquad (4-3-2)$$

因为无法判断野外观测系统是否完全满足需要，所以，必须假定地球物理仪器记录的地震反射信号使式（4-3-1）成立，否则，全波形反演无法进行。

如果目标映像 $\overline{D}y$ 可以通过确定的数学方法在映像关系结构 $\overline{V}\{\overline{D}y\}$ 中得到确定，则称这个映射 f 为可定映映射。所以，基于物质成像的全波形反演方法就是数学中的关系映射反演方法，表述如下。

给一个含有目标原象 Dy 的关系结构 $V\{Dy\}$，如果能找到一个可定映映射 f，将 $V\{Dy\}$ 映入或映满 $\overline{V}\{\overline{D}y\}$，则可以从 $\overline{V}\{\overline{D}y\}$ 通过一定的数学方法确定目标映像 $\overline{D}y=f(Dy)$，进而，又可以通过反演 f^{-1} 确定目标原象 $Dy=f^{-1}(\overline{D}y)$（图 4-3-11）。全过程为：

建立模型参数关系（目标函数）——正演——确定正演模型——波场匹配——残差反馈——更新模型——反演——目标评价——得解。

岩石物理分析为建模与正演模拟、反演多参数分析与评价、背景约束参数模型、敏感参数分析提供判别标准。不仅为储层预测提供地震岩石物理参数数据体，也为地震资料高分辨率数据处理提供参数优化依据。

正演模拟是全波形反演核心环节，也是地震资料高分辨率处理参数与流程优化的依据。二者都与子波紧密相关，而且子波问题十分复杂。李庆忠院士在《走向精确勘探的道路——高分辨率地震勘探系统工程剖析》一书中，对子波精髓剖析的相当透彻，这里不做进一步介绍。

由于叠前地震反演属于非线性反演，与常规反演在形式上的一个重要区别是在优化目标函数中引入了多种先验地质约束信息：

$$E(m, m_0) = w_s E_s(m, d) + \sum_i w_{ci} E_{ci}(m, m_0)$$

（4-3-3）

其中 m 与 m_0 分别为待求参数模型和背景参数模型，E_s 为理论与实际地震资料拟合度，E_{ci} 为第 i 种地质与岩石物理约束拟合度，w_s 与 w_{ci} 分别为地震项拟合度权重和第 i 种地质与岩石物理约束权重系数，当 w_{ci} 取零时约束反演目标函数退化为无约束反演目标函数。实际约束多参数反演应用中使用的约束信息为地质与岩石物理约束、数学稳定性约束。

对于实际地震数据，如果地震资料本身存在较强的背景噪声，正演记录的差异几乎可以忽略。在没有更多评价依据的情况下，仅仅依靠正演地震记录与观测地震记录的拟合程度是无法评价哪种模型是"地质上合理的"。

综上所述，图 4-3-13 给出多参数约束非线性地震反演的关键流程。输入数据为三维地震数据、初始模型及子波，通过地震波场正演及约束关系进行模型拟合度评估，并更新模型参数，通过不断迭代反演获得最终多参数模型。根据需要还可以在反演过程中交替更新震源子波，输出更新后子波信息。该流程的关键是强调模型拟合度评估与更新震源参数。这是陆上地震全波形反演的困难，也是其亮点。非线性反演完成后，得到各类敏感地震参数，结合岩石物理量版进行储层预测（物质成像）。

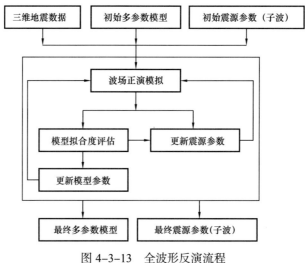

图 4-3-13　全波形反演流程

2）全波形反演在鄂尔多斯盆地北缘盆缘过渡带的应用

前已述及，鄂尔多斯盆地北缘盆缘过渡带上古生界烃源岩主要为太原组、山西组的煤层、暗色泥岩与碳质泥岩，其中煤层为主力气源岩。盒1段主要发育辫状河沉积，盒2段、盒3段具有曲流河沉积特点。山西组为三角洲沉积，太原组以扇三角洲发育为特征。储层横向上表现为极端非均质性，纵向上表现为致密薄互层特征。优质储层和中等储层都可以完成气水置换，其中优质储层气水置换比较彻底，成为高饱和度的高产气层；中等储层中束缚水、毛细管水相对较多，含气饱和度比优质储层略低；致密储层孔隙连通性差，排驱压力大，天然气充注困难。在该区，基于物质成像的全波形反演应围绕"源—储—输—构"差异配置关系开展相应研究。

（1）高精度速度建模。

地震勘探工作的每个环节本质上就是子波与速度两个问题。激发接收问题就是源函数与接收函数问题（子波）；观测系统照明问题就是反射地震波场传播函数。地震资料预处理是希望保留一次有效反射信号，一是子波纯净化，二是获取成像速度。全波形反演对子波与速度模型的要求十分严格。相对海洋地震勘探来说，陆地地震勘探存在近地表、激发接收条件一致性、强背景噪声等问题，子波问题十分突出，牵涉野外试验、全波形反演理论分析、计算方法等较多问题。进一步提高地震数据处理水平，在信噪比、子波、速度模型之间取折中，在应用中逐步提高全波形反演能力与应用层次，是陆地地震勘探的发展之路。

基于物质成像的全波形反演的目的是获取地层的弹性参数信息，然后以岩石物理分析为桥梁，建立起弹性参数与地层岩性、物性、含气饱和度的关系。

高精度速度建模是在测井岩石物理参数充分分析的基础上，考虑到声波测井与地震勘探之间的方法差异性，通过低频转换来实现。

图4-3-14为研究区初始纵波速度低频模型与初始横波速度低频模型。需要注意的是，从声波测井岩石物理参数出发，建立初始速度模型，向低频地震速度场转化时，具有深度域向时间域转换的内涵，速度场形态会有所改变，这个过程的地质地球物理本质就是反构造成图，将空间域转换为时间域。

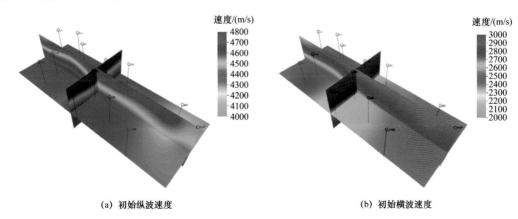

(a) 初始纵波速度　　　　　　　　　　(b) 初始横波速度

图4-3-14　研究区速度低频模型

（2）全波形反演在东胜气田的实现。

基于物质成像的全波形反演目的是研究地层的岩性、物性、含（油）气性，所以，波场匹配与模型评价的重点是目的层。一般说来，先按照一定间隔，从目的层小时窗开始正演，确定目的层子波时空变特征，宏观参数模型评价满意后，再根据地区特点加大时窗，进行全工区正演。需要强调的是岩石物理分析既是高精度建模的基础，也是模型评价的标准。

反演就是通过观测到的实际地震波场，反推地下地质结构。如果仅仅希望获得地下地质体的速度，全波形反演就是为地震逆时偏移提供优化速度体。如果希望获得地下地质体的地震属性多参数数据体，再使用岩石物理量版，通过聚类分析获得地下地质体的物质属性，称之为物质反演。物质反演的困难远大于速度反演，因为不同地层、不同岩石可以具有相同的速度，即速度反演的多解性仅指地震响应的阻抗结构与其相互关系，物质反演的多解性涉及地震多参数数据体具体对应的岩性、物性、含（油）气性。

地震反演过程就是通过地震地质参数模型，进行地震波场正演模拟，由正演波场与实际观测波场对比（图4-3-15），再使用二者的波场残差，修改地震地质模型，重新正演地震波场，直至正演波场与实际观测波场达到最佳匹配。人们一般认为这时获得的地震地质参数模型就是对地下地质体的最佳逼近。波场匹配是全波形反演核心技术之一，其次是如何更新地震地质模型。通过采用数学形态学方法，最大限度剥离地下地质体的一次反射，假定剩余信号数据为背景噪声。通过对背景噪声的处理，与正演模拟波场叠加，再进行波场匹配。反演中的残差分析与最佳搜索路径与最佳方向主要是最优化方法。

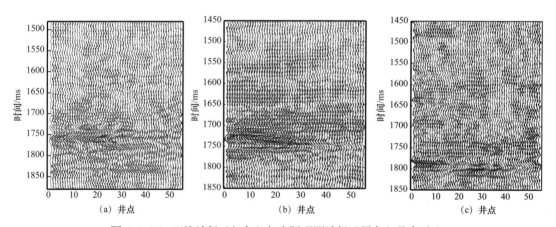

图4-3-15　正演波场（红色）与实际观测波场（黑色）叠合对比

（3）研究区下石盒子组—太原组物质成像量版分析。

储层空间分布范围为2%～19%，其中孔隙度大于7%的样品占总样品数的80%；渗透率分布在0.01～2.5mD，平均渗透率为0.5mD，属于高孔低渗透型储层。

基于研究区各钻井资料及岩心实验室分析资料，开展储层孔隙度与含气性分析工作，储层平均孔隙度为12%，主要分布在7%～15%（图4-3-16），主要目的层储层平均含气饱和度为 65%，主要分布在 40%～85%（图 4-3-17）。含气饱和度与孔隙度的反相关关系（图 4-3-18）表明，复杂含水气藏预测优质储层不等同于找到了气层。

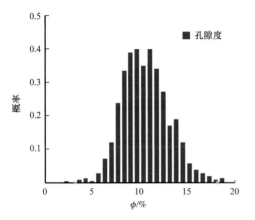

图 4-3-16 孔隙度分析图

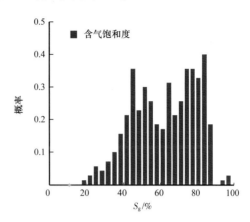

图 4-3-17 含气饱和度分析图

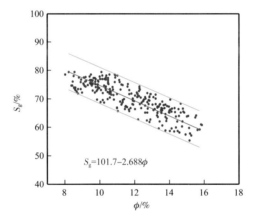

图 4-3-18 孔隙度与含气饱和度关系分析图

由图 4-3-12 知，通过岩石物理解释量版，对全波形反演多参数数据体进行聚类分析，可实现岩性、物性、含气性的物质成像。

① 岩性成像量版。

选取纵横波速度、纵横波阻抗及组合参数 $E\rho$、$\mu\rho$ 建立起研究区目的层储层空间岩性物质成像模型公式：

$$A = av_p + bv_s + cZ_p + dZ_s + eE\rho + f\mu\rho \qquad (4-3-4)$$

通过最小二乘法回归求得待定系数 a、b、c、e、d、e、f 得：

$$A = 0.3v_p + 0.08v_s + 0.06Z_p + 0.12Z_s + 0.21E\rho + 0.23\mu\rho \qquad (4-3-5)$$

② 物性成像量版。

选取纵波速度、纵波阻抗建立起研究区目的层储层空间物性物质成像模型公式：

$$B = av_p + bZ_p + c \tag{4-3-6}$$

通过最小二乘法回归求得待定系数 a，b，c，e，d 得：

$$B = 0.0299 + 0.0149v_p - 0.0051Z_p \tag{4-3-7}$$

③ 含气性。

含气性是评价储层品质的关键参数，与上述储层岩性及物性密不可分。通过岩石物理含气性分析，选取纵波阻抗及电阻率建立目的层含气性成像量版：

$$C = aZ_s + bR_t + c \tag{4-3-8}$$

通过最小二乘法回归求取模型参数，即模型公式：

$$C = 0.00016Z_p - 0.0596\ln(R_t) + 0.8987 \tag{4-3-9}$$

其中 $AC=1831+619.5\ln(R_t)$。图 4-3-19 至图 4-3-21 分别为研究区岩性、物性、含气性成像量版。

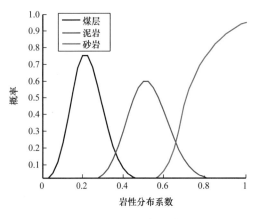

图 4-3-19　岩性概率成像量版

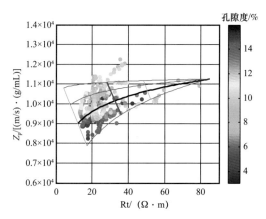

图 4-3-20　物性成像量版

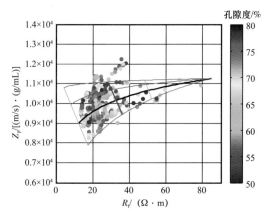

图 4-3-21　含气性成像量版

（4）盒1段下砂体与山2段物质成像。

山西组为煤系地层，主要发育一套三角洲平原相沉积，煤层分布不均。由于煤层表现为低频低速特征，使得储层预测极为困难。波形反演过程中，通过分析煤层与储层的地震响应关系，达到煤系地层储层综合研究的目的。下石盒子组受自身沉积特征控制，伴随古地貌继承性发育、构造运动变化、物源供给减少及古气候变化等原因，盒1段—盒3段沉积时期河道规模不断减小，下石盒子组晚期，逐渐向曲流河过渡，受近物源影响，砂体主要呈近南北向展布，横向非均质性严重。所以，应结合东胜气田地质特点，正确使用岩石物理量版，进行聚类分析，才能实现物质成像。

图4-3-19说明研究区盒1段主要发育从三角洲到辫状河的过渡相沉积，北部物性较好，南部含气性高于北部，基本反映盆地北缘盆缘过渡带的成藏特点。山西组为三角洲沉积，其中山2段发育有次级分流河道、洼地。全波形反演物质成像对单层厚度小于4m的砂泥岩薄互层只能作为一个整体识别。如果泥岩总厚度大于砂岩总厚度，物质成像主要表现为泥岩；反之，表现为砂岩。

基于如图4-3-22所示研究区盒1段下储层含气性预测结果，开展已知井及盲井检测，结果见表4-3-3和表4-3-4。

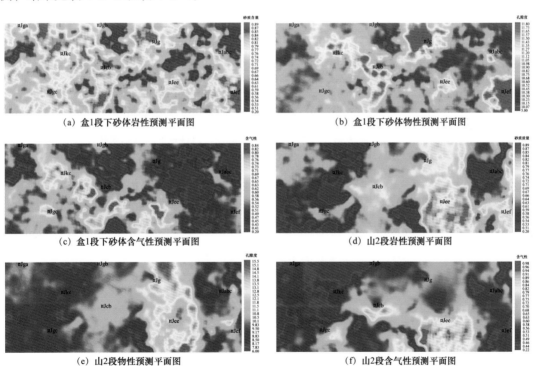

(a) 盒1段下砂体岩性预测平面图　　　　　　(b) 盒1段下砂体物性预测平面图

(c) 盒1段下砂体含气性预测平面图　　　　　(d) 山2段岩性预测平面图

(e) 山2段物性预测平面图　　　　　　　　　(f) 山2段含气性预测平面图

图4-3-22　研究区物质成像平面图

2. 相控高分辨率地质统计学反演

随着东胜气田水平井开发的深入，对资料的精度要求日益增高。由确定性反演得到的岩石弹性参数体，其纵向分辨率受到地震分辨率的限制，无法满足定量储层及含气性预测需求。将区域地质沉积相和井的信息同地震资料进行有机融合，实现横向上充分利用沉积相与地震的高预测性、纵向上充分利用井的高分辨率，相控高分辨率地质统计学反演就是专门为此目的而开发的反演引擎。该工作流程通常可解决下列问题：低于地震分辨率的薄层问题，单一地震属性叠置的岩性多解性问题，提高孔隙度、渗透率等数据体的分辨率。

表 4-3-3　研究区全波形反演预测盒 1 段下储层含气性已知井检验结果统计表

井名	层位	地质气厚 /m	地质评价	全波形反演预测	物探评价	对比关系
Jg	盒 1^{1+2}	0.00	差	0.49	差	符合√
Jcb		6.60	差	0.52	差	符合√
Jee		5.50	差	0.51	差	符合√
Jef		7.80	差	0.55	差	符合√
Jga		7.60	差	0.53	差	符合√
Jgb		7.80	差	0.68	好	不符 ×
Jgc		9.50	好	0.80	好	符合√
Jkc		10.70	好	0.79	好	符合√
Jabc		7.80	差	0.55	差	符合√

注：盒 1^{1+2}气厚＞9.5m 地质评价为"好"，已知井判定系数＞0.65 物探评价为"好"。

表 4-3-4　研究区全波形反演预测盒 1 段下储层含气性盲井检验结果统计表

井名	层位	地质气厚 /m	地质评价	全波形反演预测	物探评价	对比关系
Jgb-e-PeA	盒 1^{1+2}	4.30	差	0.45	差	符合√
Jgb-h-g		9.50	好	0.76	好	符合√
JgbPdHDY		6.30	差	0.51	差	符合√
Jgb-k-c		4.10	差	0.52	差	符合√
JgbPeHDY		5.80	差	0.51	差	符合√
JgbPakHDY		23.30	好	0.78	好	符合√
JgbPacHDY		22.10	好	0.78	好	符合√
Jgb-a		22.70	好	0.77	好	符合√
Jgb-b		29.20	好	0.82	好	符合√
JeePbSDY		2.50	差	0.41	差	符合√

注：盒 1^{1+2}气厚＞9.5m 地质评价为"好"，已知井判定系数＞0.65 物探评价为"好"。

1）基本原理

地质统计学反演是伴随精细的油气藏描述的发展要求应运而生，与确定性反演相比，具有识别薄层的高分辨能力，算法具有全局寻优的特征且不牺牲地震横向分辨率，但同时能提高纵向分辨率，尽管如此，地震反演仍然具有多解性。在实际应用中，通过融合地质沉积相特征，在沉积相约束下进行地质统计学反演，降低反演问题的多解性。

地质统计学反演采用严格的马尔科夫链蒙特卡罗算法（Markov Chain Monte Carlo, MCMC），将约束稀疏脉冲反演和随机模拟技术相结合，成为一个全新的随机反演算法。在地质统计学反演中，通过将地震岩性体、测井曲线、概率密度函数及变差函数等信息相结合，定义严格的概率分布模型。首先，通过对测井资料的分析和地质信息获得概率密度函数和变差函数；其次，复杂的 MCMC 方法根据概率分布函数（PDF）获得统计意义上正确的样点集，即根据概率分布函数能够得到何种类型的结果，内置的约束稀疏脉冲反演引擎保证了在地震数据有效带宽范围内，这些模拟结果至少和确定性反演的结果一样精确；依据"信息协同"的方式，地质统计学反演结果是以明确的、在合适位置处具有尖锐边缘的岩性体以及更多的细节来重现一个真实的油藏。由于地质统计学反演提供了大量超过地震数据带宽的细节内容，同时趋势又和地震数据完全相同，这就使基于现代岩溶理论的定性波形解释和定量化的储层解释之间得到了一个完美的平衡。

马尔科夫链蒙特卡罗算法可以根据实际的概率分布得到统计意义上正确的随机样点分布，该计算过程是通过与优化算法（如变化梯度法）类似的增量调整方式实现全局优化求解。MCMC 算法能避免局部最小化并有效地解决了全局优化求解的问题，此外，MCMC 算法具有快速收敛能力。这也是地质统计学反演能从地震资料上拾取复杂岩性体分布的原因。

地震储层及含气性参数预测主要是针对矿物含量、孔隙度及流体饱和度进行预测。基于相控地质统计学反演的方法，进行岩性、孔隙度与流体饱和度的预测。相控地质统计学反演的技术步骤包括以下几点：（1）通过地质、钻井、测井资料进行地震沉积相分析；（2）通过测井资料进行岩石物理分析与岩石物理建模，进行横波预测，寻找对不同岩性的敏感参数；（3）根据钻井资料与岩石物理分析结果进行岩性划分；（4）反演模型建立，空间变差函数与变程分析；（5）反演结果分析。

相控地质统计学反演的模型主要包括岩性划分与岩性约束两个方面。

（1）岩性划分与岩性嵌套。

不同于常规地质分析的岩性划分工作，地质统计学中的岩性划分是地质目标与弹性特征的平衡。图 4-3-23 给出了岩性划分与嵌套方案及各种岩性的弹性参数分布。首先，观察各种岩性的弹性参数分布，最直观的信息是煤层同砂泥岩在纵波阻抗和纵横波速度比两个弹性参数上几乎没有叠置，这样意味着这两种岩性在弹性上可区分度最高、预测风险最低，因此可以作为 1 级岩性划分方案。但是研究的地质目标是储层的识别，1 级岩性划分方案明显不满足地质目标。利用岩性嵌套方法，将 1 级岩性中的砂泥岩进一步划分为 2 级岩性泥岩是砂岩，再以 2 级岩性中的砂岩为目标，嵌套 3 级岩相划分出含水砂岩和含气砂岩。随着岩性的逐级嵌套，不同岩性之间在弹性参数上的叠置范围也逐步扩大。

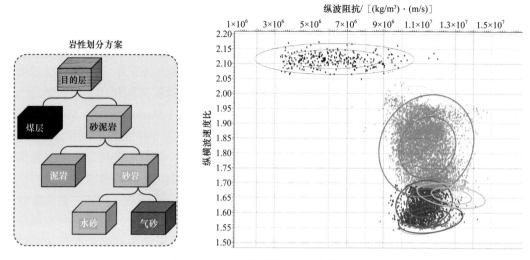

图 4-3-23　各种岩性的弹性参数分布

（2）岩性空间约束。

为了达到反演快速收敛和符合地质趋势的目的，地质统计学反演将 3 维煤层岩性分布与 1 维砂泥岩旋回趋势作为岩性约束加入到反演中（图 4-3-24）。

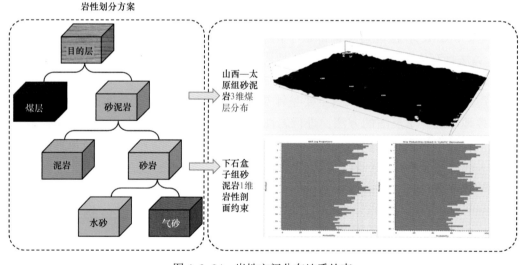

图 4-3-24　岩性空间分布地质约束

2）应用效果

尽管利用多井统计（垂向）和约束稀疏脉冲反演成果（横向）可以估计合理变差函数的类型和变程，但井约束与不约束反演成果的稳定性可以作为变差函数与变程合理性评估的重要手段。

图 4-3-25 为无井与有井叠前地质统计学反演纵横波速度比对比。从图中可以看出，无论井是否参与反演，现有地质统计学参数反演结果都较为稳定，在井点处同实测结果较为一致，保证了参数的适用性和合理性。

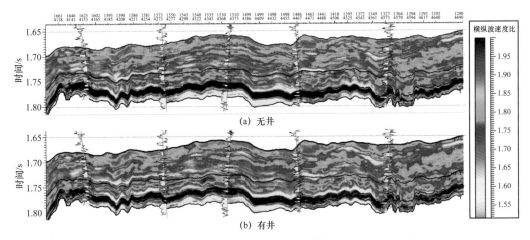

图 4-3-25　无井与有井地质统计学反演纵横波速度比对比剖面

图 4-3-26 为下石盒子组砂岩发育概率与砂泥岩岩性剖面。岩性结构在反演结果上呈现度较高，符合沉积和旋回特征。

山西组、太原组由于煤层发育，导致地震反射严重受到煤层发育情况控制，对于砂泥岩反射起着一定"遮盖"作用。图 4-3-26 为叠后地震波形的剖面，山西组和太原组为"弱波峰 + 强波谷 + 强波峰"组合，山西组与太原组中间所夹煤层决定了强波谷 + 强波峰的反射特征，横向上随煤层减薄，煤层顶面接近零相位反射；高分辨率 + 逐级岩性方案有效地从煤层导致强波谷 + 强波峰组合中识别出砂岩。

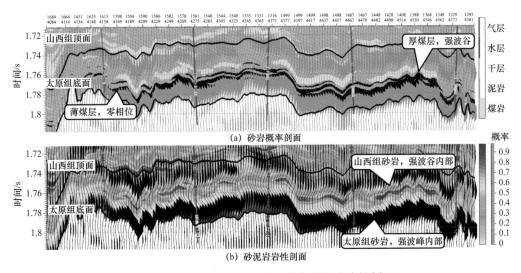

图 4-3-26　下石盒子组砂岩概率与砂泥岩岩性剖面

利用深度学习方法，实现地震反演弹性参数向储层参数的变换，定量揭示储层特征；含气饱和度是三个储层参数中预测难度最大的一个，主要原因为目的层普遍含气但是含气丰度低，导致饱和度整体上差异小。图 4-3-27 为地质统计学反演黏土含量、孔隙度、含气饱和度预测结果，预测结果同单井产能基本一致，预测结果对于含气性评价具有一定参考作用。

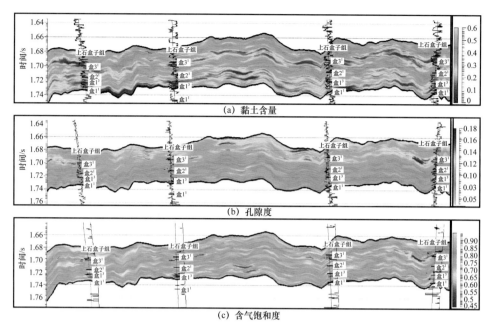

图 4-3-27　黏土含量、孔隙度和含气饱和度岩概率剖面图

图 4-3-28 为井点实测岩性与地震反演预测岩性对比。对于厚气砂岩（大于 20m），预测吻合率 91%；中等厚度气砂岩（10～20m）预测吻合率 85%，高于薄气砂岩（5～10m）82% 的吻合率；对于薄气砂层（小于 5m），预测吻合率略高于 50%，预测风险较大。

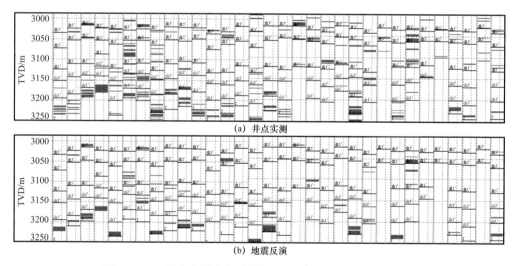

图 4-3-28　井点实测含气砂岩与地震反演预测含气砂岩对比

相控地质统计学反演技术实现了沉积相与地质统计学反演的深度融合，既在纵向上提高了地震分辨率，又能在横向上受到沉积相的有效约束，适用于储层非均质性强、沉积微相变化快、薄互层发育的储层预测研究，以叠前地质统计学反演高分辨率弹性参数预测成果为基础，利用机器学习方法预测黏土含量（岩性）、孔隙度（物性）及含水饱和度（含气性）等储层参数，实现储层与含气性的定量描述。

第五章 致密含水气藏渗流机理及开采特征

致密含水气藏具有低孔、低渗透、强非均质性等特征外，还有含水饱和度高、气水两相渗流机理复杂等特征，使得气藏内部天然气的流动状况更为复杂，实现有效开发较一般致密气藏难度更大。针对上述问题，通过大量理论研究和室内物理模拟，系统研究了盆缘复杂致密含水气藏气水两相渗流机理，在此基础上开展了致密含水气藏产能评价，为气藏的科学认识和有效开发提供理论依据。

第一节 致密含水气藏渗流机理

一、致密含水储层应力敏感性评价

1. 含水影响下的致密岩心应力敏感性特征

在常规的应力敏感性研究中，往往都是利用干岩心进行测试来研究其应力敏感特征。但对于实际油气藏，特别是致密气藏，其储层初始含水饱和度普遍较高，由于孔喉等渗流空间本身就很小，而储层中的水会占据相当一部分的孔隙空间，进而对储层内气体流动产生较大影响。因此，首先需要明确水相的存在对应力敏感测试结果的影响。

1）研究对象

含水影响下的致密岩心应力敏感性评价采用了两块致密气藏天然岩心，岩心基础物性见表 5-1-1。

表 5-1-1 含水对致密岩心应力敏感性影响评价岩心基础物性

岩心号	直径 / cm	长度 / cm	常压孔隙度 / %	常压渗透率 / mD
K1	2.540	6.882	4.47	0.085
K2	2.540	7.686	8.52	0.482

为了使研究结果更具可对比性，在实验前，将每一块实验岩心平均切成两段，其中一段直接进行敏感性测试，另一段造束缚水后再进行敏感性测试，对比水相的存在对岩心敏感性特征的影响。岩心处理方法如图 5-1-1 所示。

实验用地层水根据气田实际地层水资料在实验室配置而成，矿化度 41614mg/L，水型为 $CaCl_2$。实验用气为高纯氮（N_2），纯度大于 99.999%。

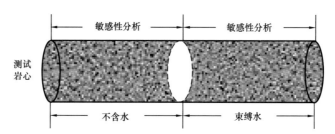

图 5-1-1 含水对致密岩心应力敏感性影响评价岩心处理方法

2）实验方法

含水影响下的致密岩心应力敏感性特征研究参照 SY/T 5358-2010《储层敏感性流动实验评价方法》进行。

实验温度为目标区块地层温度 85℃。

实验采用常规定流压—变围压的方法进行，根据岩心的渗透率选择合适的流压，随后逐渐通过增加围压的方式增大施加在岩心上的有效应力，测量在不同有效应力条件下的岩心渗透率和孔隙度。

应力敏感评价实验设备及流程如图 5-1-2 所示。

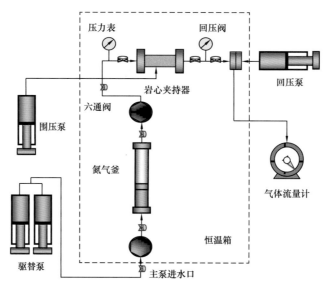

图 5-1-2 应力敏感测试流程

具体实验流程如下：

（1）将岩心恒温烘干，测量岩心的长度、直径、孔隙度及气测渗透率。

（2）将第一段岩心放入夹持器，保持流压不变，逐渐升高围压，增加岩心的所受净应力，净应力达到设定最大值后，逐渐降低围压至初始测试围压值，每个压力待流动稳定后，测定岩心气测渗透率和孔隙度。

（3）最后一个压力点的渗透率和孔隙度测完之后，关闭上下游，取出岩心再次称重准备对照组实验。

（4）将第二段岩心放入按步骤（1）处理后，饱和水并用 N_2 驱替束缚水，重复步骤（2），测试束缚水条件下的岩心应力敏感特征。

（5）更换下一组岩心，重复步骤（1）～步骤（4），研究不同渗透率条件下束缚水对应力敏感特征的影响。

3）含水影响下的致密岩心应力敏感性特征分析

以岩心 K1（常压孔隙度 4.47%，常压气测渗透率 0.085mD）为例，岩心在不含水和束缚水状态下的应力敏感性结果如图 5-1-3 所示。

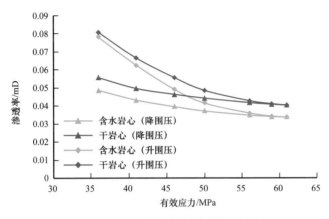

图 5-1-3　K1 岩心应力敏感结果对比

从图 5-1-3 中可以看出，随着有效应力的增大，K1 岩心的渗透率呈降低趋势，且在初期降幅较大，后期降幅变小，最后渗透率趋于稳定。在有效应力下降的过程中，渗透率又有所恢复，但不能恢复到初始水平。对于两组岩心来说，含水的岩心渗透率随有效应力的变化幅度更大，也就是说，相比较干岩心来说，含水岩心的应力敏感性更强。

将两块不同渗透率岩心的实验结果进行综合对比，同时为了更好地对比不同渗透率岩心在不同含水状态下的应力敏感特征，将实验得到的渗透率值进行归一化处理，即用不同有效应力下得到的渗透率值除以在第一个有效应力点下的渗透率值得到的渗透率比值进行作图，归一化应力敏感结果如图 5-1-4 所示。

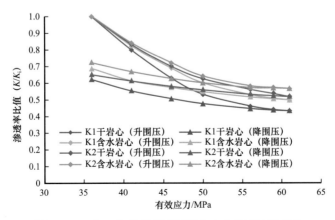

图 5-1-4　归一化处理后不同岩心应力敏感结果对比

比较两块不同渗透率岩心的应力敏感特征可以发现，渗透率越低，岩心的应力敏感变化幅度越大，说明了渗透率越低，岩心的应力敏感越严重。同时，渗透率越低，岩心在不同含水状态下的应力敏感程度差异越大；渗透率越低，水相的存在会使得岩心的应力敏感性相比干岩心更强。

由于致密气藏普遍具有特低渗透、高束缚水饱和度的特征，因此，如果使用常规干岩心测试的方法来研究其应力敏感性特征，必然会产生较大的误差，因此，本书将采用含水的岩心来进行应力敏感性评价，以得到更为准确的结果。

2. 致密岩心渗透率和孔隙度应力敏感特征

根据储层应力敏感性的定义，应力敏感测试可以通过改变施加在实验岩心上的有效应力进行。因此，根据有效应力的定义（储层岩石所受有效应力为储层岩心所受上覆地层压力和孔隙压力之差），就可以有两种方法来模拟实验岩心所受有效应力的变化，即改变流压（地层孔隙压力）和改变围压（上覆地层压力）。由于改变围压的方法较为简便，对实验的要求较低，因此在之前的研究中，学者们大都采用定流压、改变围压的方式来研究岩心的敏感性特征。但是对于实际的油气藏来说，在开发过程中，上覆地层压力（围压）一直保持不变而储层流体压力（流压）则随着储层中流体的采出而不断降低，因此定围压—变流压的方法更符合油气藏的生产实际。因此，分别通过以上两种不同的有效应力加载方法对致密气藏储层的应力敏感性特征进行了研究。

测试岩心的基础物性见表 5-1-2。

表 5-1-2 岩心渗透率和孔隙度应力敏感实验岩心基础物性

岩心号	直径 /cm	长度 /cm	孔隙度 /%	常压渗透率 /mD
K3	2.540	6.882	4.85	0.063
K4	2.538	7.692	8.11	0.578
K5	2.540	7.015	11.12	1.225

1）渗透率敏感性

以岩心 K3（常压孔隙度 4.85%，常压气测渗透率 0.063mD）为例，岩心在不同有效应力加载方式下的应力敏感性特征结果如图 5-1-5 所示。

从图中可以看出，随着有效应力的变化，岩心 K3 的渗透率在有效应力增加的初期降幅较大，后期降幅变小，渗透率趋于稳定。随后，在有效应力下降的过程中，渗透率有所恢复，但不能恢复到初始水平。比较两种不同测试方法下的结果，其在定流压—变围压下的渗透率随有效应力的变化幅度都要大于在定围压—变流压下的变化幅度。也就是说，采用定围压—变流压方法得到的渗透率敏感程度更低。

渗透率伤害率是衡量岩心渗透率应力敏感特征的一个重要参数，其定义为：

$$D_k = \frac{K_1 - K_{min}}{K_1} \times 100\% \tag{5-1-1}$$

式中 D_k——岩心渗透率伤害率，%；

      K_1——初始最小有效应力点对应的岩心渗透率，mD；

      K_{min}——最大有效应力点对应的岩心渗透率，mD。

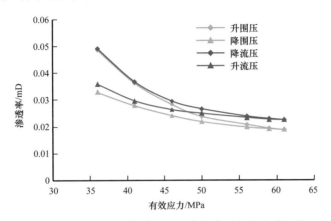

图 5-1-5　岩心 K3 不同有效应力加载方式下应力敏感结果对比

根据以上实验结果，结合式（5-1-1），将 3 块岩心在不同方法下的应力敏感特征数据进行汇总，结果见表 5-1-3。

表 5-1-3　致密岩心渗透率应力敏感性结果汇总

岩心编号	常压渗透率 /mD	渗透率伤害率 /%		渗透率恢复率 /%		渗透率敏感程度	
		变流压	变围压	变流压	变围压	变流压	变围压
K3	0.063	54.61	61.52	72.64	67.70	中等偏强	中等偏强
K4	0.578	42.77	47.43	79.84	72.64	中等偏弱	中等偏弱
K5	1.225	35.07	42.06	82.65	77.52	中等偏弱	中等偏弱

从以上结果中可以看出，岩心的孔隙度敏感性均比较弱。岩心初始孔隙度越低，岩心的孔隙度变化幅度越大，随着有效应力逐渐增大，孔隙度下降率逐渐变小。且孔隙度越低，最终有效应力恢复到初始值时的孔隙度恢复率也越低。

而同一块岩心在不同测试方法下得到的应力敏感性结果表明，当采用定围压—变流压的方法进行测试时，其渗透率变化的幅度要小于采用常规定流压—变围压的方法得到的结果，且其最终的渗透率伤害率更低。当有效应力逐渐降低时，渗透率恢复率也要高于常规方法的结果。

综上结果表明，对于致密气藏岩心来说，渗透率越低，其渗透率应力敏感程度就越强。且在定围压—变流压的方法下，岩心的渗透率应力敏感程度更低，在有效应力下降后渗透率的恢复程度更高。

2）孔隙度敏感性

以岩心 K3（常压孔隙度 4.85%，常压气测渗透率 0.063mD）为例，岩心在不同有效应力加载方式下的孔隙度应力敏感性特征结果如图 5-1-6 所示。

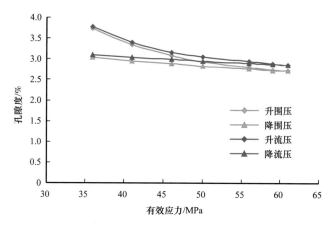

图 5-1-6　岩心 K3 不同有效应力加载方式下应力敏感结果对比

从图中可以看出，随着有效应力的变化，岩心 K3 的孔隙度在有效应力增加的初期降幅较大，后期降幅变小，孔隙度趋于稳定。随后，在有效应力下降的过程中，孔隙度有所恢复，但不能恢复到初始水平。比较两种不同测试方法下的结果，其在定流压—变围压下的孔隙度随有效应力的变化幅度大于在定围压—变流压下的变化幅度。也就是说，采用定围压—变流压方法得到的孔隙度敏感程度更低。

按照之前渗透率伤害率的定义，定义了岩心的孔隙度伤害率来衡量岩心的孔隙度应力敏感特征，其表述为：

$$D_\phi = \frac{\phi_1 - \phi_{min}}{\phi_1} \times 100\% \qquad (5-1-2)$$

式中　D_ϕ——岩心孔隙度伤害率，%；

　　　ϕ_1——初始最小有效应力点对应的岩心孔隙度，%；

　　　ϕ_{min}——最大有效应力点对应的岩心孔隙度，%。

根据以上实验结果，结合式（5-1-2），将 3 块岩心在不同方法下的孔隙度应力敏感特征数据进行汇总，结果见表 5-1-4。

表 5-1-4　致密岩心孔隙度应力敏感性结果汇总

岩心编号	常压孔隙度 /%	孔隙度伤害率 /%		孔隙度恢复率 /%		孔隙度敏感程度	
		变流压	变围压	变流压	变围压	变流压	变围压
K3	4.85	24.58	27.47	81.58	81.24	弱	弱
K4	8.11	18.77	22.51	89.05	87.12	弱	弱
K5	11.12	16.94	18.94	93.14	91.02	弱	弱

从以上结果中可以看出，岩心的孔隙度敏感性均比较弱。岩心初始孔隙度越低，岩心的孔隙度变化幅度越大，随着有效应力逐渐增大，孔隙度下降率逐渐变小。且孔隙度越低，最终有效应力恢复到初始值时的孔隙度恢复率也越低。

同一块岩心在不同测试方法下得到的孔隙度应力敏感性结果表明，当采用定围压—变流压的方法进行测试时，其孔隙度变化的幅度要小于采用常规定流压—变围压的方法得到的结果，且其最终的孔隙度伤害率更低。当有效应力逐渐降低时，孔隙度恢复率也要高于常规方法的结果。

综上结果表明，致密气藏岩心孔隙度敏感程度总体较弱，且孔隙度敏感性弱于其渗透率敏感性。孔隙度越低，其孔隙度应力敏感程度就越高，在有效应力下降后孔隙度的恢复程度越低。且在定围压—变流压的方法下，岩心的孔隙度应力敏感程度更低，在有效应力下降后孔隙度的恢复程度更高。

3. 裂缝性岩心应力敏感特征

对于致密气藏来说，构造变形、断层发育等因素使其储层发育构造缝等储层裂缝。裂缝的出现会使储层的渗流能力有所提高，但同时也会使储层的结构特征变得更加复杂，从而对储层的基本物性和渗流特征造成影响。在这一部分中，将通过实验研究裂缝发育的致密气藏岩心的应力敏感性特征。

同时为了更好地和之前的结果进行对比，选取了 2 块和之前常规岩心渗透率相近的裂缝性岩心，岩心的基础物性见表 5-1-5。

表 5-1-5　裂缝性岩心应力敏感实验岩心基础物性

岩心号	直径 /cm	长度 /cm	孔隙度 /%	常压渗透率 /mD
K6	2.536	5.124	6.32	1.335
K7	2.538	5.086	6.58	1.364

由于定围压—变流压的方法更接近气藏开发实际，因此在本部分裂缝性致密气藏岩心的应力敏感性特征实验采用定围压—变流压的方法进行。其他实验条件，实验设备和流程均同之前实验相同。

为了对比裂缝性岩心和常规岩心应力敏感性的差别，从之前的实验中选取和本节中裂缝性岩心渗透率相近的常规岩心大 K5（常压孔隙度 11.12%，常压气测渗透率1.225mD），将 3 块岩心的渗透率和孔隙度应力敏感结果进行对比，结果见表 5-1-6 和表 5-1-7。

表 5-1-6　裂缝性岩心和常规岩心的渗透率应力敏感结果对比

岩心号	常压孔隙度 /%	常压渗透率 /mD	渗透率伤害率 /%	渗透率恢复率 /%	渗透率敏感程度	备注
K6	6.32	1.335	78.82	66.74	强	裂缝性岩心
K7	6.58	1.364	75.33	68.77	强	裂缝性岩心
K5	11.12	1.225	35.07	82.65	中等偏弱	常规岩心

表 5-1-7　裂缝性岩心和常规岩心的孔隙度应力敏感结果对比

岩心号	常压孔隙度 / %	常压渗透率 / mD	渗透率伤害率 / %	渗透率恢复率 / %	渗透率敏感程度	备注
K6	6.32	1.335	49.63	71.95	中等偏弱	裂缝性岩心
K7	6.58	1.364	45.17	74.72	中等偏弱	裂缝性岩心
K5	8.11	0.578	18.77	89.05	弱	常规岩心

从以上结果可以看出，由于天然裂缝的存在，使得裂缝性致密岩心具有比常规岩心更强的渗透率应力敏感性，在应力作用下天然裂缝首先会发生较大幅度的形变，从而使渗透率大幅下降，进而影响裂缝性致密储层的开发过程。同时，致密岩心的孔隙度敏感程度总体较弱，裂缝性致密岩心的孔隙度应力敏感性强于常规致密岩心。

4. 基于应力变化历史的孔隙度修正方法

储层孔隙度是油气藏储量计算的关键参数之一，其准确程度决定了储量计算结果的可靠程度。但岩心从地下取出到地面后，孔隙度会因地下和地面受压状况的不同会有所改变，因此直接采用实验室常规岩心分析得到的孔隙度值将会与地层实际情况有一定误差，需要进行修正才能用于实际的气藏工程计算。

孔隙度修正的方法之一是进行应力敏感实验，在实验室模拟原始覆压条件下测定孔隙度，但这种简单的修正有一定的误差，因为孔隙度变化不仅与覆压值有关，还与覆压变化的历史和方向有关。不能进行简单的应力敏感实验进行修正，而应在理论模型指导下进行系统性的科学修正。

在成岩及沉积的整个过程中，储层岩石都发生着微观结构及孔隙变化，其孔隙度及渗透率也是不断变化的。孔隙度的变化大致可划分为几个过程或阶段，如图 5-1-7 所示。

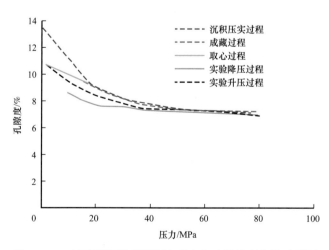

图 5-1-7　储层岩石从成藏到实验室实验孔隙度变化过程图

（1）沉积阶段：在这个过程中，岩石的上覆岩层厚度逐渐增加，岩石逐渐受压，岩石中的泥质等逐渐胶结，由疏松向致密转变。在此阶段内，岩石的孔隙度变化幅度最大。

（2）成岩阶段：随着上覆压力的上升，矿物颗粒逐渐胶结形成岩石。在此阶段内，孔隙度也同时随着地质年代的增加而逐渐下降，但其下降速率低于沉积阶段。

（3）成藏阶段：在富含有机质的地层中逐渐形成烃类并开始运移，烃类运移至合适的地质构造后聚集形成了原始的油气藏。由于其中流体压力（孔隙压力）的上升，岩石所受有效应力有所下降，该状态保持相对稳定直至油气藏投入开发。

（4）钻井取心过程：在该过程中，岩石所受内部和外部应力均开始释放。当取心完成后，岩心处于无应力状态。因此其孔隙度、渗透率等参数会和储层情况下有所差别。

（5）气藏开发过程：随着气藏压力的降低，上覆岩石压力逐渐升高，有效覆压增加，孔隙度降低。

（6）室内常规岩心分析：实验室内岩心为无应力状态，此时测得的孔隙度会高于原始地层条件。用常规岩石物性方法得到的孔隙度偏乐观。

（7）应力敏感实验过程：为了消除上述误差，一般模拟地层条件下的覆压测定地层条件下的孔隙度；模拟围压的变化，研究开发过程中的孔隙度变化。

为了得到更接近真实储层条件下的孔隙度值，在应力敏感测试实验中可以使用如下方式：升高—降低—升高有效应力，结合取心阶段，在整个过程中岩心所受有效应力就包括了 2 个上升阶段和 2 个下降阶段，利用对应状态原理，就可以根据实验结果得到更为准确的地下真实孔隙度值。具体修正计算模型如下：

$$\phi_f = \phi_1 + c(\phi_2 - \phi_3) \tag{5-1-3}$$

式中　ϕ_f——岩心在储层条件下的孔隙度，%；

　　ϕ_1，ϕ_3——实验中有效应力初次和第二次上升至储层原始应力条件时的孔隙度，%；

　　ϕ_2——有效应力下降至储层原始应力条件时的孔隙度，%；

　　c——系数。

由于孔隙度值和孔隙度的变化历史有关，不同的有效应力变化过程中的孔隙度变化并不相同，因此模型存在一个系数 c。虽然岩心在任何两个上升或是下降的过程中孔隙度的变化都不相同，但总体来说，随着加压过程的重复，同一应力条件下的孔隙度会越来越接近，c 值一般在 1.5～2.0 之间。

通过该修正方法，可以在实验室测量的基础上，得到更为准确的储层真实孔隙度值。

以前文中所用同类岩心为例，取系数 c 值为 1.8，通过上述提出的方法计算了储层条件下的真实孔隙度值。

3 块岩心的孔隙度值和修正结果见表 5-1-8。

通过表中结果可以发现：修正的地下孔隙度比应力敏感条件下的地下孔隙度要高，而常规岩心分析的孔隙度值则比修正后的地下孔隙度值要高，高出值的大小与岩心的本身物性有关，初始孔隙度越低，三者的差别越大。因此，根据之前的分析，采用本文的修正方法计算得到的孔隙度与地下真实值最接近。采用地面常规孔隙度值则计算储量值偏大，而采用现有应力敏感方法，计算储量值偏小。

表 5-1-8　使用修正方法得到的岩心孔隙度值

岩心号	常规岩心分析孔隙度 ϕ_1/%	应力敏感测试孔隙度 ϕ_2/%	ϕ_1/ϕ_2	修正地下孔隙度 /%
K3	4.85	3.78	0.779	4.15
K4	8.11	6.89	0.850	7.11
K5	11.12	9.67	0.869	10.02

二、致密含水气藏启动压力梯度评价

致密储层流体（油、气、水）的渗流规律同中、高渗透储层中流体的渗流规律存在很大差别，尤其是流体在致密储层中会呈现非线性（非达西）渗流特征，并存在启动压力梯度。且由于致密储层极低的渗透率和孔隙度，储层中气—水和气—固的相互作用，导致了启动压力梯度会与常规的低渗透储层有所区别。因此，研究致密储层的启动压力梯度特征，对认识致密气藏储层的非线性渗流机理，高效合理开发致密储层有着重大的意义。

1. 致密岩心储层条件下的启动压力梯度

目前石油行业通用的启动压力梯度测试都是在常压（101kPa）下进行的，而在实际的油气藏开采过程中，储层压力要远高于实验压力。尤其是对于气藏来说，由于气体不同于液体的特殊性质，在高压下气相自身物性和流动特征与低压下有很大差别。因此，低压下测得的启动压力梯度能否代表气藏真正的启动压力梯度，需要进一步实验来进行论证。

1）研究对象

实验岩心为致密气藏的天然岩心，岩心基础物性见表 5-1-9。

表 5-1-9　启动压力梯度测试岩心基础物性

编号	直径 /cm	长度 /cm	常压孔隙度 /%	常压渗透率 /mD	备注
T1	2.534	5.968	5.51	0.05	常规岩心
T2	2.536	6.210	6.98	0.17	常规岩心
T3	2.538	4.254	8.46	0.53	常规岩心
T4	2.535	6.041	10.63	1.24	常规岩心
T5	2.538	6.084	10.95	3.94	裂缝性岩心

为了使得实验结果更具有可对比性，所有岩心的含水饱和度均在 41%～45%（接近储层束缚水饱和度）。

由于进行气藏条件下的启动压力梯度测试，因此对实验设备和流程进行了相应的修改，在之前实验流程的基础上加入了回压控制系统，通过对系统回压的控制模拟实际的储层压力状况。实验围压为 39MPa（模拟研究目标储层上覆地层压力 62MPa），孔隙压力为目标储层原始地层压力 26MPa。

2）启动压力梯度测定原理

假设致密气藏不存在启动压力梯度时，气体的渗流满足公式：

$$v = \frac{10k\left(p_2^2 - p_1^2\right)}{2p_1\mu L} \tag{5-1-4}$$

可以看出，在式（5-1-4）中 v 与 $(p_2^2 - p_1^2)/L$ 之间是线性关系，并通过坐标轴原点。

当气体在气藏储层渗流存在启动压力梯度时，v 与 $(p_2^2 - p_1^2)/L$ 之间仍是线性关系，但是不再通过坐标轴原点，渗流公式变为：

$$v = \frac{10k\left(p_2^2 - p_1^2\right)}{2p_1\mu L} - \lambda \tag{5-1-5}$$

可以将渗流公式简化为：

$$v = a\frac{\left(p_2^2 - p_1^2\right)}{L} - b \tag{5-1-6}$$

式中　a，b——分别为直线的斜率和截距。

可以看出气体的渗流速度与平方压力梯度呈线性关系，且不通过原点。

可以得出岩心的常规启动压力梯度：

$$\lambda = \frac{\left(\frac{b}{a}L + p_1\right)^{0.5} - p_1}{L} \tag{5-1-7}$$

3）结果分析

5 块岩心在气藏条件下的启动压力梯度测试结果见表 5-1-10。

表 5-1-10　不同岩心的启动压力梯度测试结果

编号	常压孔隙度 / %	常压渗透率 / mD	启动压力梯度 / MPa/cm	高压启动压力梯度 / MPa/cm
T1	5.51	0.05	0.00043272	0.000601
T2	6.98	0.17	0.00020898	0.000258
T3	8.46	0.53	0.00009744	0.000112
T4	10.63	1.24	0.00005244	0.000057
T5	10.95	3.94	0.0000228	0.000024

从表中看出，本次测试的岩心同常压下启动压力梯度测试相同，气测渗透率范围在0.05～3.94mD，而其启动压力梯度范围为0.00024～0.000601MPa/cm。将岩心的渗透率和启动压力梯度值进行对比可以发现，随着气测渗透率的降低，致密气藏岩心的启动压力梯度值逐渐上升。岩心渗透率越低，其启动压力梯度越大，且启动压力梯度的增长速度越快。

同时，通过实验研究了常压条件下的岩心启动压力梯度，并将储层条件和常压条件下的岩心启动压力梯度结果进行了对比，结果如图5-1-8所示。

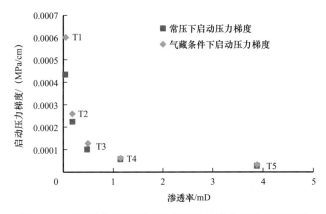

图5-1-8　不同条件下不同致密岩心的启动压力梯度对比

从图5-1-8可以看出，5块致密气藏岩心在气藏条件下测得的启动压力梯度值均高于在常压条件下得到的值。且岩心渗透率越低，两种条件下测得的启动压力梯度结果差异越明显。以上研究表明，常规手段（常压）下测得的启动压力梯度值并不能代表气藏条件下的真实启动压力梯度，渗透率越低，常压测试得到的启动压力梯度值和真实值的误差越大。

由于致密气藏有着极低的渗透率和孔隙度，因此相对于常规油气藏来说，通过常规手段测试得到的致密岩心启动压力梯度结果更不可靠。为了更准确地评价致密气藏的启动压力梯度特征，就需要改进测试手段，尽可能地模拟储层真实状况，得到准确的启动压力梯度数据，为后续的气藏开发方案的设计和调整提供更可靠的依据。

2. 致密岩心动态启动压力梯度特征

前文中的研究结果表明，致密岩心的启动压力梯度表现为渗透率的函数。同时，根据前文中应力敏感的研究结果，致密气藏开发过程中，储层孔隙压力和渗透率的变化是一个动态的过程，这就导致在实际储层中，岩心启动压力梯度的变化也会是一个动态的过程。

而目前的常规的观点都是认为对于某一特定岩心来说，其启动压力梯度是一固定值，绝大部分的其他研究也都是基于这一理论进行的，所以常规的启动压力梯度定义并不能描述启动压力梯度动态变化的过程，因此，本文提出了一个新的理论来描述在气藏开发过程中启动压力梯度的变化，即"动态启动压力梯度"理论：岩心的启动压力梯度会随着气藏的开发过程而不断发生变化。

接下来通过实验对致密气藏岩心的动态启动压力梯度进行了研究，研究其动态变化规律和影响因素，为进一步认识致密气藏的渗流和开发特征提供相关的依据。

1）实验条件及方法

致密岩心的动态启动压力梯度测试采用上文中岩心 T1（常压孔隙度 5.51%，常压渗透率 0.05mD）进行，岩心含水饱和度与之前实验一致（41%～45%）。其他实验材料（气、水等）均同之前的研究相同。

为了更好地模拟致密储层的开发过程，在实验中采用了定围压 39MPa，模拟目标储层的上覆地层压力（假设其在开发过程中不发生变化）；从高到低变流压，模拟随着气藏的开发，储层中流体不断采出导致的储层孔隙压力不断下降的过程。

具体来讲，就是实验中，保持岩心围压 39MPa 不变，先通过设置回压将岩心内孔隙流体压力恒定在 26MPa（原始地层压力），然后缓慢升高岩心入口端压力，在每一个压力点待流动稳定之后测其流量值，就可以根据前文中提供的方法计算在当前孔隙压力（26MPa）下岩心的启动压力梯度值。然后调节回压，分别将岩心孔隙压力保持在 20MPa、15MPa、10MPa、6MPa、3MPa、1MPa、0.101MPa（即无回压），按照前述方法分别测其在不同孔隙压力下的启动压力梯度值，就可以模拟出在气藏的不同开发阶段岩心的动态启动压力梯度变化过程。

2）研究结果

岩心 T1 的动态启动压力梯度测试结果如图 5-1-9 所示。

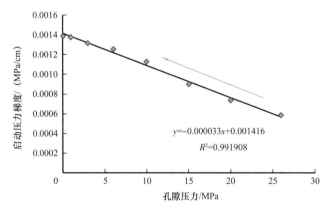

图 5-1-9　T1 岩心的动态启动压力梯度测试结果

从图中可以看出，随着孔隙压力的降低，致密气藏岩心的启动压力梯度总体呈上升趋势，且在压力下降初期上升速度较快，后期则随着孔隙压力的降低启动压力梯度的上升速度逐渐减缓。根据前文中应力敏感的研究结果，在孔隙压力下降初期，岩心的渗透率将迅速下降，而岩心启动压力梯度将随着渗透率的降低而升高，因此，在孔隙压力降低的初期，实验岩心的启动压力梯度迅速上升。

而随着孔隙压力的进一步下降，一方面，岩心的渗透率变化将逐渐趋于平缓，渗透率逐渐趋于稳定，因此岩心的启动压力梯度变化幅度也将降低；另一方面，孔隙压力较低时，滑脱效应对气体在致密岩心中的渗流造成较大的影响，导致了岩心视渗透率偏高，提高了岩心中气体的流动能力，也使得岩心启动压力梯度有所降低。因此，在渗透率和滑脱效应的双重因素作用下，最终导致了岩心的启动压力梯度在较低孔隙压力时的增幅变缓。

对图 5-1-9 中的曲线进行数值拟合可以发现，致密气藏岩心 T1 的启动压力梯度随孔隙压力下降而上升的过程可以近似用式（5-1-8）的形式来描述：

$$G = -0.000033 p_\mathrm{f} + 0.001416 \tag{5-1-8}$$

式中　G——启动压力梯度，MPa/cm；

p_f——孔隙流体压力，MPa。

上述研究证实，在致密气藏的开发过程中，其启动压力梯度并非一成不变的，而是一个随着储层压力降低而逐渐增大的动态变化过程，即定义的"动态启动压力梯度"。为了更深入地研究致密气藏的动态启动压力梯度特征，将致密岩心的启动压力梯度随储层孔隙压力变化的特征定义为致密储层的启动压力梯度敏感性，启动压力梯度敏感性可以用来表示启动压力梯度随储层孔隙压力的变化的特征，启动压力梯度敏感性越强，代表岩心启动压力梯度对储层孔隙压力越敏感，在同样的储层压力变化幅度内，启动压力梯度的变化幅度越大。

根据以上研究成果，就可以用式（5-1-9）定量描述出在致密气藏开发过程中的动态启动压力梯度效应。

$$G = a - \lambda p_\mathrm{f} \tag{5-1-9}$$

式中　a——和岩心初始渗透率有关的系数，MPa/cm；

λ——启动压力梯度敏感系数，cm^{-1}。

基于以上结果，将式（5-1-9）中系数 λ 定义为启动压力梯度敏感系数，表示随着孔隙压力变化，气藏启动压力梯度的变化幅度和能力。λ 越大，岩心启动压力梯度随孔隙压力变化的幅度就越大，岩心的启动压力梯度敏感性就越强。也就是说，动态启动压力梯度现象在启动压力梯度敏感系数 λ 大的储层中表现得更为明显。

式（5-1-9）中 a 为和岩心初始渗透率有关的系数，岩心初始渗透率越低，a 越大。从式（5-1-9）可以看出，a 越大，岩心的启动压力梯度值就越高。也就是说，岩心初始渗透率越低，其启动压力梯度值越高。

3. 动态启动压力梯度影响因素

1）渗透率对动态启动压力梯度的影响

不同渗透率岩心的动态启动压力梯度结果如图 5-1-10 所示。

从图中可以看出，从总体规律来说，随着模拟开发过程孔隙流体压力的不断下降，5 块不同渗透率岩心的启动压力梯度值在逐渐上升。其中 4 块常规岩心（T1—T4）的启动压力梯度值随孔隙压力下降而上升的趋势比较明显，且在孔隙压力下降的初期启动压力梯度上升幅度较大，而孔隙压力下降的后期，启动压力梯度上升幅度逐渐减缓。总体趋势类似于线性变化。和前文实验结果相一致。

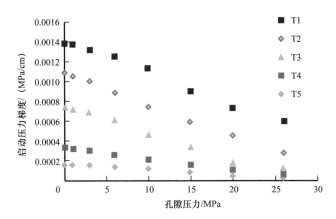

图 5-1-10 不同渗透率岩心的动态启动压力梯度测试结果

而对岩心 T5 来说，其启动压力梯度随孔隙压力变化的趋势同其他 4 块岩心有所差别：随着孔隙压力的降低，启动压力梯度值有所上升但变化幅度很小。这是因为岩心 T5 是裂缝性岩心，渗透率较高，气体主要通过裂缝流动，流动的阻力小，启动压力梯度比较小，同时由于裂缝为主要的流动通道，在低压下气体流动受滑脱效应的影响也较小，当回压下降时，动态启动压力梯度的曲线变化比较平缓。

将 5 块不同渗透率岩心的动态启动压力梯度曲线按照式（5-1-9）的格式进行拟合，结果见表 5-1-11。

表 5-1-11 不同渗透率岩心的动态启动压力梯度测试结果

编号	常压渗透率 /mD	启动压力梯度拟合	λ	a
T1	0.05	$G=0.0014-3.3\times10^{-5}p_f$	3.3×10^{-5}	0.0014
T2	0.17	$G=0.00108-3.1\times10^{-5}p_f$	3.1×10^{-5}	0.00108
T3	0.53	$G=0.00075-2.6\times10^{-5}p_f$	2.6×10^{-5}	0.00075
T4	1.24	$G=0.00033-1.1\times10^{-5}p_f$	1.1×10^{-5}	0.00033
T5	3.94	$G=0.00017-6.0\times10^{-6}p_f$	6.0×10^{-6}	0.00017

从表中可以看出，5 块岩心的动态启动压力梯度曲线均符合线性变化的规律。且随着渗透率的降低，和岩心初始渗透率有关的系数 a 越大，岩心启动压力梯度敏感系数 λ 也越大，也就是说，渗透率越低，致密气藏岩心的启动压力值越高，开发过程中启动压力梯度的变化幅度越大，其启动压力梯度敏感性相应就越强。

2）含水饱和度对动态启动压力梯度的影响

岩心 T1（常压孔隙度 5.51%，常压气测渗透率 0.05mD）在不同含水饱和度下的动态启动压力梯度结果如图 5-1-11 所示。

从图中可以看出，岩心 T1 的启动压力梯度与孔隙压力基本呈线性关系，且在孔隙压力下降初期上升明显，后期有所减缓。随着岩心初始含水饱和度的上升，岩心启动压力梯度逐渐升高，其上升幅度也逐渐增大。相邻两条启动压力梯度曲线的间距逐渐增大。

说明随着孔隙压力的降低，岩心启动压力梯度对含水饱和度的敏感性也逐渐增强。这是因为随着在较高的含水饱和度下，气体的一部分渗流通道被水占据，同时由于气液界面张力的作用，使得气体在储层中的流动难度增加，随着孔隙压力的进一步降低，水的存在使得岩心的应力敏感性增强，造成了岩心渗透率的下降幅度增加，含水饱和度越高，岩心渗透率的下降幅度越大，因此就造成了实验中出现的结果：含水饱和度越高，岩心启动压力梯度越高，且其变化幅度越大。

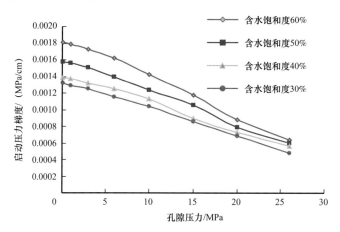

图 5-1-11　岩心 T1 在不同含水饱和度下的动态启动压力梯度测试结果

将岩心 T1 在不同含水饱和度下的动态启动压力梯度曲线按照式（5-1-9）的格式进行拟合，结果见表 5-1-12。

表 5-1-12　岩心 T1 不同含水饱和度下的动态启动压力梯度测试结果

含水饱和度 /%	启动压力梯度拟合	λ	a
30	$G=0.00134-3.2\times10^{-5}\,p_f$	3.2×10^{-5}	0.00134
40	$G=0.00142-3.3\times10^{-5}\,p_f$	3.3×10^{-5}	0.00142
50	$G=0.00161-3.9\times10^{-5}\,p_f$	3.9×10^{-5}	0.00161
60	$G=0.00186-4.7\times10^{-5}\,p_f$	4.7×10^{-5}	0.00186

从表中可以看出，使用本研究中提出的启动压力梯度模拟公式可以准确拟合出岩心 T1 不同含水饱和度下的动态启动压力梯度变化情况，拟合相关性较好。结果表明，随着含水饱和度的增加，和岩心初始渗透率有关的系数 a 越大，岩心启动压力梯度敏感系数 λ 也越大，也就是说，含水饱和度越高，致密气藏岩心的启动压力值越高，在开发过程中启动压力梯度的变化幅度越大，动态启动压力梯度现象也越明显。即含水饱和度越高，启动压力梯度敏感性越强。

4. 动态启动压力梯度在致密气田开发中的宏观体现

以上研究表明，在致密气藏的开发过程中，启动压力梯度并非一成不变的，而是一个随着储层压力降低而逐渐增大的动态变化过程，称之为"动态启动压力梯度"。根据上文中给出的式（5-1-9），就可以定量描述出在致密气藏开发过程中的动态启动压力梯度效应。

致密气藏启动压力梯度对储层压力分布的影响可以描述为：在单井产量相同的情况下，储层渗流中存在的启动压力梯度会在其他因素的基础上进一步地消耗地层压力和弹性能量，增大了井筒附近的压力降，使得井底流压更低，压降漏斗从直观上更尖、更小，在储层的相同位置，压力梯度变大。从而使得储层形成更加剧烈的压降漏斗。

在不考虑启动压力梯度的情况下，储层在开发过程中的压力分布曲线和原始地层压力曲线（水平线）是逐渐逼近并相切的（图 5-1-12 中虚线），储层中没有流体压力扰动的外边缘。当考虑储层启动压力梯度（固定值）的情况下，储层在开发过程中的压力分布曲线和原始地层压力曲线呈相交状态（图 5-1-12 中实线），渗透率越低（启动压力梯度越大），两条线的夹角越大，储层流体压力存在一个扰动的外边缘，此时储层流体就可以整体划分为流动区和原始状态区。

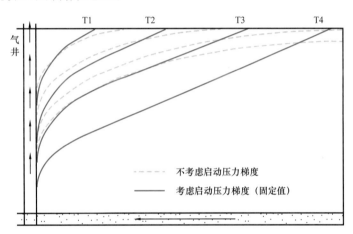

图 5-1-12　考虑启动压力梯度情况下气藏开发过程的压力分布

而根据本文的研究结果，在考虑动态启动压力梯度的情况下，由于井筒周围的储层流体压力较低，其启动压力梯度较高，存在着以井筒为中心的启动压力梯度漏斗，因此井筒附近的压力降较考虑定启动压力梯度的情况更低。储层开发过程中的压力分布曲线的变化较考虑固定启动压力梯度的变化更为剧烈：相比较考虑固定启动压力梯度的情况，当考虑动态启动压力梯度时，储层在开发过程中的压力分布曲线和原始地层压力曲线同样呈相交状态，且两条线的夹角明显大于考虑固定启动压力梯度的情况；在井筒附近的压降漏斗形状更尖，整体压降漏斗更为明显（图 5-1-13）。同时，储层的流动区范围更小，原始状态区范围更大。

以上结果表明，在致密气藏的开发过程中，在不同的开发阶段，存在着和储层压降漏斗相对应的"启动压力梯度漏斗"，其变化趋势和压力变化趋势相反，即越靠近井筒（地层压力越低），启动压力梯度越高。启动压力梯度的存在会使得储层原本的压降漏斗发生变化：井筒附近压降进一步增大，压力曲线和原始地层压力的水平线从相切变为相交，压降漏斗更为明显，出现扰动的压力外边缘，整体流动区域可划分为流动区和原始状态区。而由于启动压力梯度漏斗的存在，使得储层本身出现更加剧烈的压降漏斗，压力曲线和原始地层压力的水平线夹角进一步增大，流动区范围进一步减小。

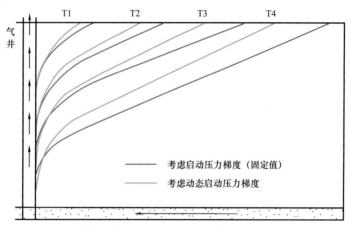

图 5-1-13　考虑动态压力梯度情况下气藏开发过程的压力分布

三、致密含水气藏气水两相渗流特征

致密气藏由于其孔隙结构较常规储层更为复杂，渗透率和孔隙度极低，孔喉细小，孔喉迂曲度很大，流体（气和水）在储层中的渗流更为复杂。因此，流体在致密储层中的渗流规律和特征也会和常规油气藏有很大区别。因此，将通过理论和实验的方法来研究致密气藏岩心的气—水两相渗流特征，为正确认识致密储层中流体流动规律提供理论依据。

1. 考虑动态启动压力梯度和应力敏感的两相渗流计算方法

目前绝大多数低渗透岩心的相对渗透率都是用非稳态法进行测试得到的。非稳态法测试的实验数据处理较为复杂，普遍采用的是在行业标准中给出的 JBN 方法。

前文的研究结果表明，和常规油气藏不同，致密气藏中气相的渗流并不符合经典的达西定律，而是存在着启动压力梯度。同时，致密气藏岩心还存在着一定程度的应力敏感现象。启动压力梯度和应力敏感的存在都会对致密储层中流体的渗流造成影响。而传统的 JBN 方法并没有将其考虑在内，势必会造成在计算致密储层的相对渗透率时的误差。

在对致密储层启动压力梯度和应力敏感特征研究的基础上，结合了低渗透储层非线性渗流理论，建立了考虑启动压力梯度的和应力敏感的致密气藏两相渗流计算方法。

假设致密岩心均质，气相和水相互不混溶，在同一时刻岩心横截面上流体的流速一致，同时忽略重力和毛细管力的影响，则致密岩心中水、气的连续性方程分别可以表述为：

$$\frac{\partial v_w}{\partial x} + \phi \frac{\partial S_w}{\partial t} = 0 \qquad （5-1-10）$$

$$\frac{\partial v_{\mathrm{g}}}{\partial x} + \phi \frac{\partial S_{\mathrm{g}}}{\partial t} = 0 \qquad (5\text{-}1\text{-}11)$$

式中　v_{w}，v_{g}——岩心水相和气相的渗流速度，mL/s；

　　　S_{w}，S_{g}——岩心水相和气相的饱和度，%；

　　　ϕ——实验岩心的气测孔隙度，%。

假设水相和气相的启动压力梯度分别为 G_{w} 和 G_{g}，则气、水两相的运动方程可以表述为：

$$v_{\mathrm{w}} = -\frac{KK_{\mathrm{rw}}}{\mu_{\mathrm{w}}}\left(\frac{\partial p}{\partial x} - G_{\mathrm{w}}\right) \qquad (5\text{-}1\text{-}12)$$

$$v_{\mathrm{g}} = -\frac{KK_{\mathrm{rg}}}{\mu_{\mathrm{g}}}\left(\frac{\partial p}{\partial x} - G_{\mathrm{g}}\right) \qquad (5\text{-}1\text{-}13)$$

$$K = K_{\mathrm{i}}\mathrm{e}^{-b\phi(p_{\mathrm{i}} - \bar{p})} \qquad (5\text{-}1\text{-}14)$$

式中　K——实验有效压差下的岩心绝对渗透率，mD；

　　　K_{rw}，K_{rg}——岩心水相和气相的相对渗透率，%；

　　　$\bar{p}$——实验过程中岩心所受的平均流体压力，MPa；

　　　p_{i}——原始地层压力，MPa。

岩心中水的分流率（含水率）为：

$$f_{\mathrm{w}} = \frac{v_{\mathrm{w}}}{v_{\mathrm{t}}} \qquad (5\text{-}1\text{-}15)$$

将式（5-1-14）代入式（5-1-10）中：

$$v_{\mathrm{t}} f_{\mathrm{w}}' \frac{\partial S_{\mathrm{w}}}{\partial x} + \phi \frac{\partial S_{\mathrm{w}}}{\partial t} = 0 \qquad (5\text{-}1\text{-}16)$$

$$\frac{\mathrm{d}x}{\mathrm{d}t} = \frac{v_{\mathrm{t}} f_{\mathrm{w}}'}{\phi} \qquad (5\text{-}1\text{-}17)$$

分离变量积分可得到等饱和度面移动方程，和 B-L 方程一致：

$$x = \frac{f_{\mathrm{w}}'}{\phi}\int_0^t v_{\mathrm{t}}\mathrm{d}t \qquad (5\text{-}1\text{-}18)$$

式中　x——某一确定的饱和度在 t 时刻到达的位置（0 时刻原始油水界面在 0 位置处）。

由式（5-1-18）可得：

$$\frac{x}{L} = \frac{f_{\mathrm{w}}'}{f_{\mathrm{w2}}'} \qquad (5\text{-}1\text{-}19)$$

式中　L——岩心长度，cm；

　　　f_{w2}'——岩心出口端含水率对含水饱和度的导数。

岩心两端压差：

$$\Delta p = -\int_0^L \frac{\mathrm{d}p}{\mathrm{d}x} \mathrm{d}x \qquad (5\text{-}1\text{-}20)$$

在初始状态下：

$$v_{eg} = -\frac{K}{\mu_g} \times \frac{\Delta p_{eg} - G_g L}{L} \qquad (5\text{-}1\text{-}21)$$

式中　v_{eg} ——初始流速，mL/s；

　　　Δp_{eg} ——初始压差，MPa。

将式（5-1-13）、式（5-1-19）、式（5-1-21）代入式（5-1-20）并整理：

$$\int_0^{f'_{w2}} \frac{f_g}{K_{rg}} \mathrm{d}f'_w = \frac{\Delta p + G_g L}{v_t} \times \frac{v_{eg}}{\Delta p_{eg} - G_g L} \times f'_{w2} \qquad (5\text{-}1\text{-}22)$$

岩心中气相和水相的注入能力比为：

$$I_r = \frac{v_t / (\Delta p + G_g L)}{v_{eg} / (\Delta p_{eg} - G_g L)} \qquad (5\text{-}1\text{-}23)$$

则式（5-1-22）可整理为：

$$\int_0^{f'_{w2}} \frac{f_g}{K_{rg}} \mathrm{d}f'_w = \frac{f'_{w2}}{I_r} \qquad (5\text{-}1\text{-}24)$$

故：

$$K_{rg} = f_g \frac{\mathrm{d}f'_{w2}}{\mathrm{d}\left(f'_{w2} / I_r\right)} \qquad (5\text{-}1\text{-}25)$$

出口端含水率：

$$f'_{w2} = \frac{1}{Q_i} \qquad (5\text{-}1\text{-}26)$$

式中　Q_i ——注入孔隙体积倍数。

$$Q_i = \frac{Q}{V_p} \qquad (5\text{-}1\text{-}27)$$

将式（5-1-26）代入式（5-1-25），得：

$$K_{rg} = f_g \frac{\mathrm{d}\left(1/Q_i\right)}{\mathrm{d}\left(1/Q_i I_r\right)} \qquad (5\text{-}1\text{-}28)$$

根据式（5-1-12）和式（5-1-13）可推出水相相对渗透率：

$$K_{rw} = K_{rg} \frac{f_w \mu_w}{f_g \mu_g} \frac{\Delta p - G_g L}{\Delta p - G_w L} \qquad (5\text{-}1\text{-}29)$$

岩心出口端含水饱和度为：

$$S_{w2} = \overline{S_w} - Q_i \frac{\mathrm{d}\overline{S_w}}{\mathrm{d}Q_i} \qquad (5-1-30)$$

以上便是考虑启动压力梯度和应力敏感的致密气藏气—水两相相对渗透率计算公式。

2. 渗透率对致密储层两相渗流特征的影响

1) 研究对象

渗透率对致密储层两相渗流特征的影响测试采用 5 块致密气藏天然岩心进行，分别选取不同渗透率级别的岩心，研究渗透率对致密储层两相渗流特征的影响。岩心基础物性见表 5-1-13。

表 5-1-13 相对渗透率测试岩心基础物性

岩心编号	直径 / cm	长度 / cm	常压孔隙度 / %	常压渗透率 / mD	备注
R1	2.540	3.688	6.01	0.060	常规岩心
R2	2.542	6.320	7.22	0.150	常规岩心
R3	2.542	6.142	5.04	0.270	常规岩心
R4	2.540	4.780	6.43	0.420	常规岩心
R5	2.536	5.250	9.84	2.540	裂缝性岩心

实验用地层水为根据气藏实际地层水资料在实验室配置而成，地层水矿化度为 41614mg/L，水型为 $CaCl_2$。地层水具体参数见表 4-3-1。

实验用气为高纯氮（N_2），纯度大于 99.999%。

2) 实验流程

致密气藏气—水两相渗流特征实验参照行业标准 GB/T 28912—2012《岩石中两相流体相对渗透率测定方法》进行。实验温度为目标区地层温度 85℃。具体实验流程如图 5-1-14 所示。

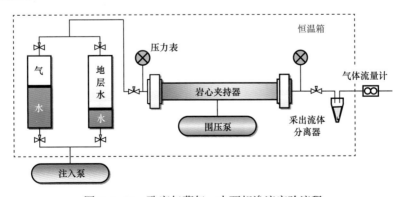

图 5-1-14 致密气藏气—水两相渗流实验流程

具体实验流程如下：

（1）将实验岩心烘干，称干重并测试其气测孔隙度和渗透率。

（2）将岩心抽真空并饱和地层水，放入岩心夹持器中，根据实验岩心的渗透率选择合适的驱替压差和围压，加围压，使用地层水进行驱替，待流动稳定后测量岩心的水测渗透率。

（3）根据设定的驱替压差值开始恒压气驱水实验，在实验过程中，保持岩心两端压差和围压值恒定，及时记录岩心上下游压力、出口端流量（气、水）、时间等实验数据，驱替至不出水后测量残余水下的气相渗透率，并利用称重法测定岩心的残余水饱和度，根据前文中提供的方法计算该岩心的相对渗透率曲线。

（4）更换岩心，重复步骤（1）～步骤（3），测量不同渗透率岩心的相对渗透率曲线。

3）结果分析

将 5 块岩心的气—水相对渗透率曲线进行综合对比，结果如图 5-1-15 所示。

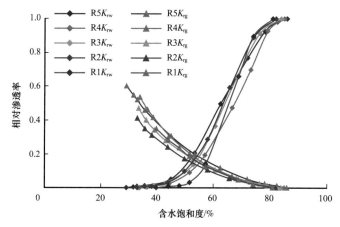

图 5-1-15　不同岩心的气—水相对渗透率曲线（常压）

从图 5-1-15 中可以看出，对于不同渗透率的岩心来说，其两相渗透率变化规律总体比较一致：水相相对渗透率在注入气体驱替的最初阶段下降相对缓慢，随后开始急剧下降，等渗点后下降变缓，气相相对渗透率在初期上升缓慢，随着含气饱和度的增加，上升速度逐渐加快，气相相对渗透率曲线呈凹形。

之所以出现这种曲线形态，主要是因为当驱替开始，注入气进入岩心之后，由于润湿性等原因，气体会首先进入致密岩心中相对较大的孔隙内，在驱替开始阶段，进入岩心的气量还很少，因此这一部分气体主要以分散态的不连续气泡形式存在，气相为非连续相，因此气相的渗透率较低，且增加缓慢。而分散态的气体阻碍了岩心中水相的流动，使得水相相对渗透率降低。水此时仍然是连续相，因此注入气之后水相流动受影响程度有限，因此水相相对渗透率下降但降幅不大。随着注入的继续进行，孔喉中的气体逐渐增加并逐渐从非连续相转化为连续相，此时气相渗透率加速上升，而水相变成非连续相，相对渗透率急剧下降。

同时，对比图 5-1-15 中不同渗透率岩心的气—水相对渗透率结果可以看出，随着岩心渗透率的降低，气水两相渗流区范围不断减小，岩心的残余水饱和度不断升高，等渗点相对渗透率不断降低。水相相对渗透率降低速度加快，气相相对渗透率上升速度减缓。残余水饱和度下的气相相对渗透率不断降低。这是因为含气饱和度增加，渗透率越低，气水两相在储层中相互干扰越严重。

3. 致密气藏不同开发阶段的两相渗流特征

为了模拟不同开发阶段的致密储层两相渗流特征，采用定围压—变流压的方法。固定围压模拟上覆地层压力 62MPa，分别将孔隙压力设置为 26MPa（原始地层压力）、20MPa、15MPa、10MPa、5MPa，模拟不同开发阶段的储层孔隙压力变化，在每个孔隙压力（开发阶段）下测试气—水相对渗透率曲线。

和前文中实验流程相比，不同开发阶段的气—水两相渗流实验流程中加入了回压系统（回压泵和回压阀）来控制岩心中孔隙的流体压力，模拟不同开发阶段下储层的孔隙压力变化。

岩心 R1 在不同开发阶段的两相渗透率实验结果如图 5-1-16 所示。

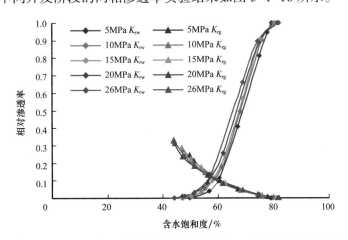

图 5-1-16　R1 岩心在不同孔隙压力下的气—水相对渗透率曲线

从图 5-1-16 中可以看出，岩心在不同孔隙压力下的气—水相对渗透率曲线形态基本一致：水相相对渗透率在最初阶段下降均比较缓慢，随后开始快速下降，等渗点后下降变缓，而气相相对渗透率在初期上升缓慢，随着含气饱和度的增加，上升速度逐渐加快，气相相对渗透率曲线均呈凹形。

对比同一块岩心在不同开发阶段（孔隙压力）下的气—水相对渗透率曲线可以发现，随着孔隙压力的降低，岩心中两相的相对渗流能力逐渐下降，岩心的残余水饱和度不断升高，两相共渗区逐渐变窄，岩心残余水饱和度下的气相相对渗透率逐渐降低；等渗点相对渗透率不断降低，等渗点含气饱和度降低；水相相对渗透率降低速度增加，气相相对渗透率上升速度有所减缓。这主要是由于根据之前的研究，随着孔隙压力的降低，岩心所受有效应力增大，由于应力敏感性的作用，岩心的孔隙度和渗透率逐渐减小，同时启动压力梯度则逐渐上升，使得岩心中流体的流动能力下降，因此两相共渗区范围逐渐变窄，岩心的残余水饱和度不断升高，残余水饱和度所对应的气相相对渗透率逐渐降低。

目前在实际的工程应用中，大都通过在开发的初期测得的相对渗透率曲线来进行相关计算，指导油气藏的开发工作。而通过上述研究表明，通过常规手段得到的相渗曲线和气藏实际条件下的有很大的区别，在气藏的不同开发阶段，其气—水相对渗透率曲线有很大的差异：在开发初期的两相渗流情况更理想，相渗曲线的共渗区更宽，等渗点和端点的相渗值更高。而在实际的气藏开发过程中，随着开发的进行，储层中气水两相的相对渗流能力均会逐渐下降，相对渗透率曲线特征同时会随着开发的进行出现较大的变化。因此，如果使用常规手段得到的相渗曲线进行后续相关计算，得到的产能等动态数据都将偏乐观。

4. 气—水相对渗透率曲线在致密气藏开发中的应用

相渗实验的气驱水过程对实际气藏来说相当于气藏生成的过程，气体产生后在地层通道内运移，由于重力分异作用逐渐排驱走上部储层中的水并向储层上部积聚。而气体排驱水的排驱压力受到储层基础物性（渗透率、孔喉半径等）的影响，气体会首先排驱走排驱压力小（基础物性好）的储层中的水，在物性好的储层中积聚，随后才开始驱替排驱压力大（基础物性差）的储层中的水，直至达到储层的饱和状态。

而实际气藏的开采过程则对应室内实验的水驱气过程。当气井衰竭开采时，气藏的底水和边水将会首先进入基础物性好的储层，造成两相流动，水的侵入会使得储层的流动能力大幅下降，而附近基础物性稍差的储层则开始流动。因此，边底水的侵入会改善物性较差的储层的动用。但总体上来说，水体的侵入必然会造成储层的流动能力下降，使得气体的开采难度加大，此时相对渗透率测定时的驱替压力可以近似地认为是储层中气体的解封压力。

气—水相对渗透率曲线在实际气藏开发中还可以有以下的应用。

1）预测生产气水比

根据当前储层条件下的气、水相对渗透率、体积系数、黏度，即可计算得到单井的生产气水比。假设在气藏的开发过程中，气相和水相的压力梯度一致，则生产气水比为：

$$\frac{q_g}{q_w} = \frac{B_w}{B_g} \times \frac{\mu_w}{\mu_g} \div \frac{K_{rg}}{K_{rw}} \qquad (5-1-31)$$

式中　B_w，B_g——地层水和天然气的体积系数；

　　　B_w，B_g——地层水和天然气的黏度，mPa·s；

　　　K_{rw}，K_{rg}——相渗曲线中地层水和气的相对渗透率。

2）预测天然气采收率

不同岩心通过相渗实验得到的残余水饱和度和残余气饱和度有很大差别。通过这两个参数可以近似计算出气藏的最终采收率：

$$R_g = \frac{1 - S_w - S_g}{1 - S_w} \times 100\% \qquad (5-1-32)$$

式中　S_w——残余水饱和度，%；

S_g——残余气饱和度（岩心中气相开始流动时的气相饱和度值），%。

第二节　致密气藏气井产能评价方法

准确的气井产能评价是确定单井合理生产制度、保证气井开发效果的基础。国内外常用的气井产能评价方法为"一点法"、试井解释方法。但"一点法"本质上只是一种统计学的经验计算方法，试井解释方法因资料条件所限无法规模应用。因此，在致密储层渗流机理研究基础上，分类建立了致密气藏压裂水平井和压裂直井产能计算模型，形成了含水致密气藏产能评价技术体系。

一、致密气藏压裂水平井产能评价

在考虑气水两相流和储层应力敏感的基础上，基于势函数叠加理论和气水两相广义拟压力建立了致密气藏压裂水平井产能计算方法，并实现了产能模型的软件化。

1. 基本假设

（1）压裂水平井位于上下边界为封闭边界、水平方向为矩形的均质箱式气藏中心（压裂水平井模型如图 5-2-1 所示）。

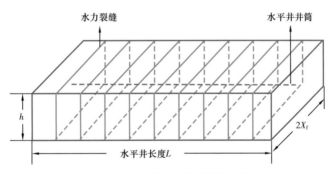

图 5-2-1　压裂水平井模型示意图

（2）假设垂直裂缝完全穿透产层，流体先经基质流入裂缝，再沿裂缝进入水平井筒，不考虑由基质直接流入水平井筒的渗流过程。

（3）所有裂缝的井底压力均相同，N 条裂缝具有相同的长度和宽度，裂缝间距相等，相互平行。

（4）储层物性、流体特性、压力系统基本相近。

（5）流体为单相微可压缩流体，且满足达西定律。

（6）考虑应力敏感对渗透率的影响和启动压力梯度对产能的影响。

2. 物理模型

假设水平井井筒半径为 r_w，水平段长度为 L，渗透率为 k，孔隙度为常数，水平井段

存在 N 条等长度、等间距分布的裂缝，缝宽为 X_f，裂缝渗透率 K_f，裂缝长度为 L_f。对于裂缝条数不同的压裂水平井，其裂缝分布位置如图 5-2-2 所示。

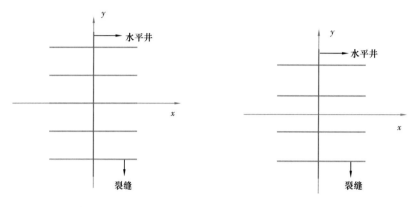

    (a) 裂缝条数为奇数   (b) 裂缝条数为偶数

图 5-2-2　不同裂缝条数下压裂水平井物理模型

3. 应力敏感条件下压裂水平气井产能公式

1）地层到裂缝的流动

当压裂水平井位于顶底封闭水平方向无限大的均值气藏中心处时，压裂水平井的任意一条裂缝位置坐标为 (x, y)，则其在平面上任意一点产生的压力分布为：

$$p(x,y)=\frac{1.842q_{gf}\mu_g}{K_gK_{rg}h}\arccos\frac{1}{\sqrt{2}}\left\{1+\frac{x^2}{X_f^2}+\left(\frac{y_0}{X_f}-\frac{y}{X_f}\right)^2+\sqrt{\left[1+\frac{x^2}{X_f^2}+\frac{(y_0-y)^2}{X_f^2}\right]^2-4\frac{x^2}{X_f^2}}\right\}^{0.5}+C \qquad (5-2-1)$$

式中　$p(x, y)$——裂缝周围任意一点的压力分布，MPa；

　　　h——气藏有效厚度，m；

　　　K_g——气相渗透率，mD；

　　　K_{rg}——气相相对渗透率；

　　　q_{gf}——裂缝产气量，m^3/d。

令：

$$A=\arccos\frac{1}{\sqrt{2}}\left\{1+\frac{x^2}{X_f^2}+\left(\frac{y_0}{X_f}-\frac{y}{X_f}\right)^2+\sqrt{\left[1+\frac{x^2}{X_f^2}+\frac{(y_0-y)^2}{X_f^2}\right]^2-4\frac{x^2}{X_f^2}}\right\}^{0.5} \qquad (5-2-2)$$

式（5-2-1）和式（5-2-2）联立并取微分可得：

$$dq(x,y)=\frac{1.842q_{gf}\mu_g}{K_gK_{rg}h}dA \qquad (5-2-3)$$

考虑气水两相渗流时，气相和水相方程分别为：

$$\frac{KK_{rg}}{\mu_g}dq(x,y)=\frac{1.842q_{gf}}{h}dA \tag{5-2-4}$$

$$\frac{KK_{rw}}{\mu_w}dq(x,y)=\frac{1.842q_{wf}}{h}dA \tag{5-2-5}$$

式中　K_w——水相渗透率，mD；

　　　K_{rw}——水相相对渗透率；

　　　q_{wf}——裂缝产水量，m^3/d；

考虑水相的黏度和体积系数为常数，气相的黏度和体积系数是关于压力的函数，联立式（5-2-4）和式（5-2-5）可得相对渗透率与压力之间的关系式为：

$$\frac{K_{rg}}{K_{rw}}=\frac{1}{R_{wg}}\frac{\mu_g B_g}{\mu_w B_w} \tag{5-2-6}$$

考虑储层应力敏感影响时，储层绝对渗透率与原始渗透率的关系为：

$$K=K_i e^{-\alpha(p_i-p)} \tag{5-2-7}$$

式中　α——应力敏感系数，MPa^{-1}。

将式（5-2-7）代入式（5-2-4）和式（5-2-5），并联立得：

$$\left(\frac{K_{rg}\rho_g}{\mu_g}+\frac{K_{rw}\rho_w}{\mu_w}\right)e^{-\alpha(p_i-p)}dp=\left(\frac{1.842q_{gf}\rho_g}{k_ih}+\frac{1.842q_{wf}\rho_w}{k_ih}\right)dA \tag{5-2-8}$$

根据质量守恒定律：$q_{gscf}\rho_{gsc}=q_{gf}\rho_g$，$q_{wscf}\rho_{wsc}=q_{wf}\rho_w$，并定义水气比为：

$$R_{wg}=q_{wscf}/q_{gscf} \tag{5-2-9}$$

式中　q_{gscf}——标况下裂缝气相流量，m^3/d；

　　　q_{wscf}——标况下裂缝水相流量，m^3/d；

　　　ρ_{gsc}——标况下气相密度，$10^3 m^3/d$；

　　　ρ_{gsc}——标况下水相密度，$10^3 m^3/d$。

则式（5-2-8）可变为：

$$\left(\frac{K_{rg}\rho_g}{\mu_g}+\frac{K_{rw}\rho_w}{\mu_w}\right)e^{-\alpha(p_i-p)}dp=\frac{1.842(\rho_{gsc}+R_{wg}\rho_{wsc})}{K_ih}q_{gscf}dA \tag{5-2-10}$$

气水两相广义拟压力可表示为：

$$\psi(p)=\int_0^p\left(\frac{K_{rg}\rho_g}{\mu_g}+\frac{K_{rw}\rho_w}{\mu_w}\right)e^{-\alpha(p_i-p)}dp \tag{5-2-11}$$

将式（5-2-11）代入式（5-2-10）积分可得，一条裂缝生产时产生的两相广义拟压力为：

$$\psi\left(p\right)=\frac{1.842\left(\rho_{\mathrm{gsc}}+R_{\mathrm{wg}}\rho_{\mathrm{wsc}}\right)}{K_{\mathrm{i}}h}q_{\mathrm{gscf}}A+C \tag{5-2-12}$$

考虑缝间干扰的影响，则 N 条裂缝同时生产时，地层内任意一点的气水两相广义拟压力分布为：

$$\psi\left(p\right)=\frac{1.842\left(\rho_{\mathrm{gsc}}+R_{\mathrm{wg}}\rho_{\mathrm{wsc}}\right)}{K_{\mathrm{i}}h}\sum_{i=N_0}^{N_0}q_{\mathrm{gscf}j}\arccos\frac{1}{\sqrt{2}}\left\{1+\frac{x^2}{X_{\mathrm{f}}^2}+\left(\frac{y_0-id}{X_{\mathrm{f}}}\right)^2+\right.$$
$$\left.\sqrt{\left[1+\frac{x^2}{X_{\mathrm{f}}^2}+\frac{\left(y_0-id\right)^2}{X_{\mathrm{f}}^2}\right]^2-4\frac{x^2}{X_{\mathrm{f}}^2}}\right\}^{0.5} \tag{5-2-13}$$

式中　$q_{\mathrm{gscf}j}$——第 j 条裂缝气量，$\mathrm{m^3/d}$；

　　　X_{f}——裂缝半长，m；

　　　d——裂缝间距或半间距，m；

　　　N_0——裂缝条数，个。

若裂缝条数为奇数，i 从 $-N_0$ 开始以 1 的速度递增；若裂缝条数为偶数，i 从 $-N_0$ 开始以 2 的速度递增，且裂缝间距或者半间距 d 以及 1 与 N_0 的表达式为：

$$d=\begin{cases}L/N,&N为奇数\\L/\left(2N\right),&N为偶数\end{cases}$$
$$j=\begin{cases}i+N_0+1,&N为奇数\\\dfrac{i+N_0}{2}+1,&N为偶数\end{cases} \tag{5-2-14}$$
$$N_0=\begin{cases}\left(N-1\right)/2,&N为奇数\\N-1,&N为偶数\end{cases}$$

在第 j 条裂缝（0，md）处，气水两相广义拟压力为：

$$\psi\left(0,md\right)=\frac{1.842\left(\rho_{\mathrm{gsc}}+R_{\mathrm{wg}}\rho_{\mathrm{wsc}}\right)}{K_{\mathrm{i}}h}\sum_{i=-N_0}^{N_0}\arccos\sqrt{1+\frac{\left(md-id\right)}{X_{\mathrm{f}}^2}}+C_1 \tag{5-2-15}$$

其中：

$$m=\begin{cases}-N_0+j-1,&N为奇数\\-N_0+2\left(j-1\right),&N为偶数\end{cases} \tag{5-2-16}$$

在边界（0，r_{e}）处，气水两相广义拟压力为：

$$\psi\left(0,r_{\mathrm{e}}\right)=\frac{1.842\left(\rho_{\mathrm{gsc}}+R_{\mathrm{wg}}\rho_{\mathrm{wsc}}\right)}{K_{\mathrm{i}}h}\sum_{i=-N_0}^{N_0}\arccos\sqrt{1+\frac{\left(r_{\mathrm{e}}-id\right)}{X_{\mathrm{f}}^2}}+C_1 \tag{5-2-17}$$

联立式（5-2-15）和式（5-2-17）可得：

$$\psi_{\mathrm{e}}-\psi_{\mathrm{fj}}=\frac{1.842\left(\rho_{\mathrm{gsc}}+R_{\mathrm{wg}}\rho_{\mathrm{wsc}}\right)}{K_{\mathrm{i}}h}\sum_{i=-N_0}^{N_0}q_{\mathrm{gscfj}}\left[\arccos\sqrt{1+\frac{\left(r_{\mathrm{e}}-id\right)}{X_{\mathrm{f}}^2}}-\arccos\sqrt{1+\frac{\left(re-id\right)^2}{X_{\mathrm{f}}^2}}\right] \quad （5-2-18）$$

由于 $\arccos\sqrt{1+x^2}=\ln\left(x+\sqrt{1+x^2}\right)$，化简式（5-2-17）可得致密低渗透气藏气水两相流时，任意一条裂缝的边界压力满足：

$$\psi_{\mathrm{e}}-\psi_{\mathrm{fj}}=\frac{1.842\left(\rho_{\mathrm{gsc}}+R_{\mathrm{wg}}\rho_{\mathrm{wsc}}\right)}{K_{\mathrm{i}}h}\sum_{i=-N_0}^{N_0}q_{\mathrm{gscfj}}\ln\frac{\left(\dfrac{r_{\mathrm{e}}}{X_{\mathrm{f}}}-\dfrac{id}{X_{\mathrm{f}}}\right)+\sqrt{1+\dfrac{\left(r_{\mathrm{e}}-id\right)_2}{X_{\mathrm{f}}^2}}}{\left|\dfrac{md}{X_{\mathrm{f}}}-\dfrac{id}{X_{\mathrm{f}}}\right|+\sqrt{1+\dfrac{\left(md-id\right)^2}{X_{\mathrm{f}}^2}}} \quad （5-2-19）$$

2）裂缝到井筒的流动

由于裂缝半长远远大于水平井井筒半径，因此，裂缝内的流体从裂缝边缘向井筒周围聚集可被看成是地层厚度等于裂缝宽度 w，边界压力为 p_{fj} 及井底压力为 p_{wfj} 的平面径向流（图 5-2-3），等效渗流半径 R 为 $\sqrt{2X_{\mathrm{f}}h}$。

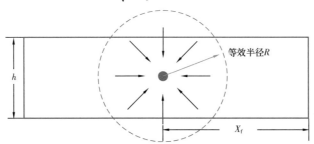

图 5-2-3　平面径向流裂缝物理模型

考虑气体高速非达西渗流条件下的气相和水相运动方程分别为：

$$\frac{\mathrm{d}p}{\mathrm{d}r}=\frac{11.574\mu_{\mathrm{g}}}{K_{\mathrm{f}}K_{\mathrm{rg}}}\frac{q_{\mathrm{gf}}}{2\pi rw}+1.34\times10^{-3}\beta\rho_{\mathrm{g}}\left(\frac{q_{\mathrm{gf}}}{2\pi rw}\right)^2 \quad （5-2-20）$$

$$\frac{\mathrm{d}p}{\mathrm{d}r}=\frac{11.574\mu_{\mathrm{g}}}{K_{\mathrm{f}}K_{\mathrm{rw}}}\frac{q_{\mathrm{wf}}}{2\pi rw}+1.34\times10^{-3}\beta\rho_{\mathrm{g}}\left(\frac{q_{\mathrm{gf}}}{2\pi rw}\right)^2 \quad （5-2-21）$$

式中　w——裂缝宽度，m。

根据式（5-2-9），将式（5-2-20）和式（5-2-21）分别化简为：

$$\frac{K_{\mathrm{rg}}\rho_{\mathrm{g}}}{\mu_{\mathrm{g}}}\mathrm{d}p=\frac{1.842q_{\mathrm{gscf}}\rho_{\mathrm{wsc}}}{K_{\mathrm{f}}w}\frac{\mathrm{d}r}{r}+\frac{2.59\times10^{-4}}{K_{\mathrm{rg}}^{0.5}\mu_{\mathrm{g}}}\frac{\rho_{\mathrm{gsc}}^2q_{\mathrm{gscf}}^2}{K_{\mathrm{f}}^{1.5}w^2}\frac{\mathrm{d}r}{r^2} \quad （5-2-22）$$

$$\frac{K_{\mathrm{rw}}\rho_{\mathrm{w}}}{\mu_{\mathrm{w}}}\mathrm{d}p=\frac{1.842q_{\mathrm{wsc}}\rho_{\mathrm{wsc}}}{K_{\mathrm{f}}w}\frac{\mathrm{d}r}{r} \quad （5-2-23）$$

定义裂缝气水两相拟压力为：

$$m(p) = \int_{p_i}^{p} \left(\frac{K_{rg}\rho_g}{\mu_g} + \frac{K_{rw}\rho_w}{\mu_w} \right) dp \qquad (5-2-24)$$

并令：

$$f(p) = \frac{1}{K_{rg}^{0.5}\mu_g} \qquad (5-2-25)$$

联立式（5-2-23）和式（5-2-24），引入气水两相拟压力的定义，并在对应区间上积分，得到气水两相渗流条件下裂缝—井筒渗流模型为：

$$m_{fj} - m_{wfj} = \frac{1.842\left(q_{gsc} + \rho_{wsc}R_{wg}\right)}{K_f w} \ln \frac{R}{r_w} + \frac{2.59 \times 10^{-4} \rho_{gsc}^2 q_{gscf}^2}{K_f^{1.5} w_g^2} \int_{r_w}^{R} \frac{f(p)}{r^2} dr \qquad (5-2-26)$$

联立式（5-2-19）和式（5-2-26）可得箱式封闭气藏中心压裂水平井生产时，任意一条裂缝处的产能方程：

$$\psi_e - \psi_{wfj} = \frac{1.842\left(\rho_{gsc} + R_{wg}\rho_{wsc}\right)}{K_i h} \sum_{i=-N_0}^{N_0} q_{gscfj} \ln \frac{\left(\dfrac{r_e}{X_f} - \dfrac{id}{X_f}\right) + \sqrt{1 + \dfrac{(r_e - id)_2}{X_f^2}}}{\left|\dfrac{md}{X_f} - \dfrac{id}{X_f}\right| + \sqrt{1 + \dfrac{(md - id)^2}{X_f^2}}} +$$

$$\frac{1.842\left(q_{gscfj} + \rho_{wsc}R_{wg}\right)q_{gscfj}}{K_f w} \ln \frac{R}{r_w} + \frac{2.59 \times 10^{-4} \rho_{gsc}^2 q_{gscfj}^2}{K_f^{1.5} w_g^2} \int_{r_w}^{R} \frac{f(p)}{r^2} dr \qquad (5-2-27)$$

4. 产能方程求解

方程（5-2-27）是一个 N 个未知数 N 个方程的非线性方程组，对于这类方程的求解，本书首先对每条裂缝赋值一个初始产气量 1000m³/d，然后通过牛顿迭代求解，通过控制求解精度最终得到每条裂缝的产气量，具体求解步骤如图 5-2-4 所示。

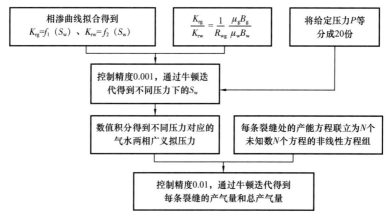

图 5-2-4 产能方程求解流程图

对比 3 口水平井 3 种产能计算的无阻流量，两相流计算模型计算结果与修正等时试井接近，证明了针对测试时间较短气井，两相流计算结果可靠，适用于测试时间较短气井产能的校正。

表 5-2-1　一点法、修正等时试井和两相流模型计算产能对比表

井名	气厚 /m	压裂段数	水气比 /m³/10⁴m³	井底流压 /MPa	产气量 /10⁴m³/d	修正等时井无阻流量 /10⁴m³/d	一点法无阻流量 /10⁴m³/d	两相流模型无阻流量 /10⁴m³/d
J58P4H	20	9	6.12	24.6	4.7	16.1	21.6	18.2
J58P5H	8	8	3.6	25.2	4.3	22.94	31.0	22.1
J58P13H	4	9	2.5	23.2	5.0	14.29	20.4	16.7

二、致密气藏压裂直井产能评价

直井压裂改造后，改造区内外储层物性和流体渗流特征差异巨大，常规产能计算模型不能准确表征储层真实流动状态，需要针对压裂改造区和原始储层区分别建立流动模型，并进行两个区域的压力和流量耦合，进而得到压裂直井的更准确的产能评价模型。

在致密气藏压裂气井复杂渗流特征研究基础上，基于气体渗流理论，分区建立了复杂渗流条件下的致密气藏水平井分区产能模型。

1. 模型假设条件

（1）气藏为均质无限大地层，气井位于气藏中央，投产方式为压裂投产。
（2）气藏流体为可压缩气体的单相渗流。
（3）忽略重力和毛细管力的影响。

2. 压裂改造区内

对于压裂改造区，由于改造区内裂缝发育，流体在裂缝内存在高速非达西流动，同时由于裂缝的存在，储层的应力敏感性较强，建立考虑高速非达西流和应力敏感的气体渗流方程为：

$$\frac{dp}{dr} = \frac{\mu v}{K} + \beta \rho v^2 \qquad (5\text{-}2\text{-}28)$$

式中　μ——气体黏度，mPa·s；

　　　v——渗流速度，m/s；

　　　K——应力敏感渗透率，D²；

　　　ρ——气相密度，kg/m³；

　　　β——紊流速度系数，1/m。

式（5-2-28）中，渗流速度 v 表示为：

$$v = \frac{q}{2\pi rh}$$ （5-2-29）

式中　q——产气量，$10^4 \text{m}^3/\text{d}$；

　　　　r——流动半径，m；

　　　　h——为储层厚度，m。

应力敏感渗透率 K 表示为：

$$K = K_0 \mathrm{e}^{-\alpha_0(p_\mathrm{e}-p)}$$ （5-2-30）

式中　K_0——原始条件下的压裂改造区渗透率，D；

　　　　α_0——改造区渗透率应力敏感系数，MPa^{-1}；

　　　　p_e——原始地层压力，MPa；

　　　　p——目前地层压力，MPa。

式（5-2-28）中，气相密度 ρ 表示为：

$$\rho = \frac{p\gamma_\mathrm{g}M}{ZRT}$$ （5-2-31）

式中　γ_g——气体相对密度；

　　　　M——天然气相对分子质量，kg/kmol；

　　　　Z——天然气偏差因子；

　　　　R——通用气体常数，$R = 0.0083145 \text{ MPa} \cdot \text{m}^3/(\text{kmol} \cdot \text{K})$。

式（5-2-28）中，紊流速度系数 β 表示为：

$$\beta = \frac{1.15 \times 10^9}{K\phi}$$ （5-2-32）

式中　ϕ——改造区储层孔隙度，%。

将式（5-2-29）至式（5-2-32）代入式（5-2-28）中，最终得到压裂改造区的气体渗流方程为：

$$\frac{\mathrm{d}p}{\mathrm{d}r} = \frac{1}{\mathrm{e}^{-\alpha_0(p_\mathrm{e}-p)}}\left[\frac{\mu q}{2\pi hK_0} \times \frac{1}{r} + \frac{1.15 \times 10^9}{K\phi} \times \frac{p\gamma_\mathrm{g}M}{ZRT} \times \left(\frac{q}{2\pi h}\right)^2 \times \frac{p}{r^2}\right]$$ （5-2-33）

压裂改造区渗流内边界条件为：

$$p\big|_{r=r_\mathrm{w}} = p_\mathrm{wf}$$ （5-2-34）

式中　r_w——有效井径，m。

压裂改造区渗流外边界条件为：

$$p\big|_{r=r_1} = p_1$$ （5-2-35）

式中　r_1——改造区半径，m。

最终压裂改造区渗流模型如下：

$$\begin{cases} \dfrac{\mathrm{d}p}{\mathrm{d}r} = \dfrac{1}{\mathrm{e}^{-\alpha_0(p_e-p)}}\left[\dfrac{\mu q}{2\pi h K_0}\times\dfrac{1}{r}+\dfrac{1.15\times10^9}{K\phi}\times\dfrac{p\gamma_g M}{ZRT}\times\left(\dfrac{q}{2\pi h}\right)^2\times\dfrac{p}{r^2}\right] \\ p\big|_{r=r_\mathrm{w}} = p_\mathrm{wf} \\ p\big|_{r=r_1} = p_1 \end{cases} \quad (5\text{-}2\text{-}36)$$

3. 压裂改造区外

对于原始储层区，由于原始储层区内储层致密，流体流动能力差，不存在高速非达西流动，而致密储层也存在一定的应力敏感性，同时，由于储层孔喉狭小，储层毛细管压力大，在致密储层区流体的启动压力梯度特性和气相滑脱效应也不能忽略，建立综合考虑应力敏感、启动压力梯度和气相滑脱的气体渗流方程为：

$$\frac{\mathrm{d}p}{\mathrm{d}r} - G = \frac{\mu v}{K} \quad (5\text{-}2\text{-}37)$$

式中　G——动态启动压力梯度，MPa/m。G 的表达式见前文式（5-1-9）。

式（5-2-37）中，同时考虑应力敏感和气相滑脱的储层渗透率可以表示为：

$$K = K_1\times\left(1+\frac{b}{P}\right)\times\mathrm{e}^{-\alpha_1(p_e-p)} \quad (5\text{-}2\text{-}38)$$

式中　K_1——原始条件下的原始储层区区渗透率，D；

　　　α_1——原始储层区渗透率应力敏感系数，MPa^{-1}；

　　　b——滑脱因子，MPa。

将式（5-2-38）代入式（5-2-37）中，得到原始储层区的气体渗流方程为：

$$\frac{\mathrm{d}p}{\mathrm{d}r} = G_0 - \lambda P + \frac{\mu q}{2\pi h K_1}\times\frac{1}{r}\times\frac{1}{\left(1+\dfrac{b}{P}\right)\times\mathrm{e}^{-\alpha_1(p_e-p)}} \quad (5\text{-}2\text{-}39)$$

压裂改造区外渗流内边界条件为：

$$p\big|_{r=r_1} = p_1 \quad (5\text{-}2\text{-}40)$$

压裂改造区外渗流外边界条件为：

$$p\big|_{r=r_e} = p_e \quad (5\text{-}2\text{-}41)$$

式中　r_e——气井控制半径，m。

最终压裂改造区外渗流模型如下：

$$\begin{cases} \dfrac{\mathrm{d}p}{\mathrm{d}r} = G_0 - \lambda p + \dfrac{\mu q}{2\pi h K_1}\times\dfrac{1}{r}\times\dfrac{1}{\left(1+\dfrac{b}{p}\right)\times\mathrm{e}^{-\alpha_1(p_e-p)}} \\ p\big|_{r=r_1} = p_1 \\ p\big|_{r=r_e} = p_e \end{cases} \quad (5\text{-}2\text{-}42)$$

压裂改造区和原始储层区在改造区边界，即 $r=r_1$ 处，压力相等。进而可以联立压裂改造区内外的渗流模型进行求解。

针对具体单井开展计算时，对于压裂直井，压裂改造区半径 r_1 等于直井压裂缝半长，气井控制半径 r_e 等于单井控制半径。

对于压裂水平井，采用面积等效法计算各区域控制半径。

以东胜气田实际 3 口直井为例，采用本书建立的新的直井产能模型对气井的产能进行计算，并和气井的实际生产效果相对比，结果证明，和一点法相比，直井分区产能计算方法得到的结果更加符合气井生产实际，产能计算精度提高 15% 以上。

表 5-2-2　一点法和分区产能计算方法计算直井产能对比表

井名	层位	砂厚 / m	气厚 / m	井底流压 / MPa	产气量 / $10^4 m^3/d$	一点法无阻流量 / $10^4 m^3/d$	分区产能模型无阻流量 / $10^4 m^3/d$
锦 95	盒 3	18.5	10.5	4.42	0.95	0.98	2.14
锦 98	盒 1	2.5	2.5	4.378	2.5	2.56	3.48
锦 86	盒 1+ 盒 3	39.1	15.5	19.98	4.85	9.22	9.95

第三节　致密含水气藏气井合理配产研究

确定致密含水气藏气井的合理产量是高效开发该类气藏的基础。气井配产过高，可能会造成致密低渗透储层应力敏感、速敏等不利影响，对储层构成伤害，降低储层的渗流能力及气井产量和寿命；若配产过低，从低渗透储层的供产关系上来讲是有利的，但含水气藏产液量大，气井配产过低气井无法正常携液，造成气井积液水淹，使经济效益大大降低，也是不可取的。影响气井合理配产的因素很多，包括气井产能、生产系统、工程因素以及社会经济效益等。结合东胜气田气井高产液特征，通过以下几种方法建立了产液气井差异化配产方案。

（1）经济极限产量：综合气井初产、产量递减、投资成本、运行成本、销售价格等因素计算得出，分段压裂水平井投资包括钻井和地面建设投资。东胜气田水平井单井投资 2073 万元，现有开发技术和财税体制下，内部收益率 12% 时，单井经济界限控制储量 $0.87×10^8 m^3/d$，经济极限初产界限 $2.1×10^4 m^3/d$（图 5-3-1）。

（2）临界携液 / 携泡产量：气井的合理产量应大于临界携液产量，对于开展泡沫排水的气井，合理产量应大于临界携泡产量。水平井应针对垂直管段、造斜段和水平段分别计算其临界携液 / 携泡产量，并取三段的最大值作为气井的临界携液 / 携泡产量。东胜气田气井普遍采用 62mm 油管采气，通过临界携液流量法，确定临界携液确定最小产量为 $1×10^4 m^3/d$。

（3）最大合理产量：气井的最大合理产量应综合考虑储层临界出砂速度、油管冲蚀速度、井壁稳定期和稳产期共同确定。对于边底水储层中的水平井，还需要考虑生产压差与水侵的关系，避免边底水过早突破。

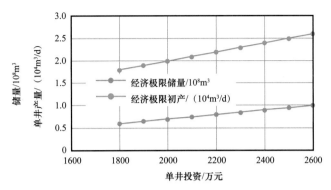

图 5-3-1　水平井单井产量和储量界限图

（4）无阻流量法：无阻流量法是一种经验法，就是根据无阻流量的大小，按照无阻流量的 1/6～1/3 进行配产。一般来说，无阻流量较高的气井，配产量占无阻流量的比例取小值，其主要原因是气井的生产压差与产量在某一极限值近于一条直线；而对于含水气藏，为确保气井正常排液，普遍要提高配产。

（5）动态分析法：选择具有相同地质条件并已确定合理产量的气井作为参照，采用储层物性、流体性质、井况条件和生产动态特征类比分析而确定气井的合理产量。该方法操作简单，对气井资料要求不高，但是必须保证气井产量整体保持递减。

在气井无阻流量预测和合理产量预测基础上，开展了精细化合理配产确定工作。结合气井实际产气/产液条件下的生产动态分析与数值模拟预测，建立了含水致密藏气井差异化配产方案。

具体配产原则为：液气比小于 $3m^3/10^4m^3$ 时，合理配产未校正后无阻流量的 1/5～1/7；液气比为 $3～6m^3/10^4m^3$ 时，合理配产为校正后无阻流量的 1/4～1/6；液气比大于 $6m^3/10^4m^3$ 时，合理配产为校正后无阻流量的 1/2～1/5，同时，在具体实施调整时，应视具体井实际情况加强分析与调整（表 5-3-1）。

表 5-3-1　合理配产比例与无阻流量的关系

液气比 / $m^3/10^4m^3$	<3				3～6			>6	
修正无阻流量 / $10^4m^3/d$	>25	25～15	5～15	<5	25～15	5～15	<5	5～15	<5
合理配产比例	<1/7	1/6～1/7	1/5～1/6	1/3～1/5	1/5～1/6	1/4～1/5	1/3～1/4	1/3～1/5	1/2～1/3

第六章 不同类型气藏开发技术对策

以气井试气、试采和静、动态资料分析为基础，通过地质建模与压裂水平井数值模拟，结合试井分析、物质平衡法以及盈亏平衡、净现值曲线交汇等方法，对致密气藏井网井型、合理井距、采气速度等技术指标进行了优化，形成了盆缘过渡带复杂类型气藏开发技术政策。

第一节 地层—岩性气藏立体井网开发技术政策

一、开发井型优选

不同井型适用范围不同，采用何种井型开发，需要从气藏地质特点出发，对比各种井型开发效果后综合确定。

地质研究表明，锦 eh 井区乌兰吉林断裂以北冲积扇沉积体系主要发育盒 1 段气藏，局部发育盒 2 段、盒 3 段气藏，断裂以南辫状河沉积体系盒 1 段、盒 2 段、盒 3 段气藏叠合发育。为进一步明确不同储层采用何种井型开发，在综合地质研究的基础上，建立水平井、水平井 + 直井的数值模型，对比水平井、直井的开发效果（图 6-1-1）。水平井只动用单层（可在同一层、也可不同层），直井动用两层。

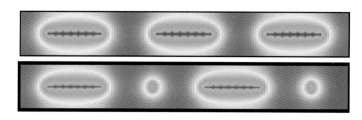

图 6-1-1　水平井、水平井和直井开发数值模型

从技术指标看（表 6-1-1），纯水平井初期产能高、累计产量大，但生产 5 年后递减率高于直井，生产 11 年以后，"直井 + 水平井"布井模式累产超过纯水平井。

表 6-1-1　水平井、水平井和直井开发技术指标

井型	井数 /口	单井配产 /$10^4m^3/d$	稳产时间 /a	稳产期累计产量 /10^8m^3	20 年累计产量 /10^8m^3
直井 + 水平井	4	0.8～2.2	3	0.65	2.23
水平井	3	2.2	3	0.72	2.12
水平井不同层	3	2.2	3	0.72	2.13

对比两种方案经济指标：纯水平井方案十亿立方米产能投资 27.5 亿元，税后收益率 18.2%，效益指标优于直井 + 水平井方案，因此选择水平井开发。

实践证明，利用水平井开发低渗透致密砂岩气藏是有效动用横向非均质储层、提高单井产量、提高采收率的重要手段。立足富集区筛选、储层精细描述及区块产能评价，坚持富集区整体部署、潜力区跟踪部署相结合的原则（图 6-1-2），细化井型组合方式，建立了水平井为主、直井（定向井）相结合的丛式井部署模式，实现了气田的规模有效开发。

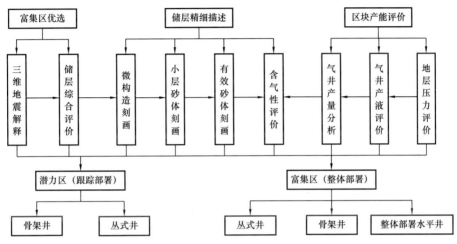

图 6-1-2　地层—岩性气藏不同井型部署思路流程图

根据锦 eh 井区地层—岩性气藏纵向发育特征，考虑不同砂体的空间叠置关系，提出了"混合井型 + 丛式井组"的开发模式，结合精细砂体构型研究，明确了不同心滩叠置关系对应的开发井型（表 6-1-2）。

表 6-1-2　有利开发单元开发井型优选

辫状河心滩类型	宽度 / m	储层厚度 / m	含气饱和度 / %	开发井型
叠置心滩（无明显隔层）	800～1500	>8	＞55	水平井
叠合心滩（隔层厚度大于 5m）	800～1500	>8	50～55	直井
单期心滩	200～350	>6	50～55	水平井

二、井网井距优化

开发井网是气田开发技术政策关键参数之一，也是影响气田采收率的主要因素。对于致密低渗透砂岩气藏，由于储层的强非均质性，特别是有效砂体的叠置模式与发育规模的复杂性，需要综合考虑储层分布特征、渗流特征和压裂完井工艺等三方面的因素。在贾爱林等著《低渗透致密砂岩气田开发》中，将开发井网及井距优化归纳为四个步骤：（1）根据砂体的规模尺度、几何形态、展布方位和空间分布频率，进行井网初步设计；（2）开展试井评价，进行井网验证；（3）设计多种井网组合，通过数值模拟预测不同井网的开发指标；（4）结合经济评价，论证经济极限井网，明确当前经济技术条件下的井网井距。

1. 地质模型评价法

低渗透致密砂岩气田储层分布在宏观上具有多层叠置、大面积复合连片的特征，但储集体内部存在沉积作用形成的岩性界面或成岩作用形成的物性界面，导致单个储渗单元规模较小，数量众多的储渗单元在气田范围内集群式分布。井网要实现对众多储渗单元（或有效含气砂体）的有效控制，需要根据储渗单元的宽度确定井距。

以锦98井区为研究对象，开展密井网解剖，综合应用地质、地球物理和动态测试资料，开展井间储层对比和精细单砂体刻画，研究一定井距条件下砂体的连通关系，评价砂体及心滩规模大小。基于非均质储层砂体展布与叠置特征精细描述结果，以井控程度最大化为原则，根据叠置砂体的空间展布特征确定合理井距的边界约束条件（表6-1-3）。

表6-1-3 选区内砂体空间展布特征计算井距结果

心滩类型	井型	心滩宽度 /m	心滩长度 /m	井距范围 /m
叠置心滩	直井	800～1500	>1000	600～700
	水平井	800～1500	>1000	600～1000
单一心滩	水平井	200～350	500～1100	—

2. 考虑钻遇砂体构型的井距评价方法

以不同含水饱和度下的动态启动压力梯度为核心约束，综合考虑气井实际钻遇心滩构型和心滩内外启动压力梯度差异，建立基于砂体构型和差异化渗流场的气井动态控制半径计算方法，地质气藏一体化井距优化。具体计算模型如下：

$$r_d = \frac{W}{2}\cos\theta + \frac{p_e - \frac{W}{2}\cos\theta\lambda_b|_{s_{w1}} - p_a}{\lambda_c|_{s_{w2}}} \qquad (6-1-1)$$

式中 r_d——控制半径，m；

W——钻遇砂体宽度，m；

θ——水平井与砂体长轴夹角，(°)；

λ_a、λ_b——心滩砂体和河道内的启动压力梯度，MPa/m；

p_e、p_a——原始地层压力、废弃地层压力，MPa。

根据以上模型，结合气井实际钻遇砂体的构型参数（长、宽、水平段和砂体夹角等）和砂体内外的启动压力梯度，即可得到气井实际的控制范围，进而求得气井的合理井距。

3. 数值模拟法

以锦eh井区地质模型为基础，开展井网井距数值模拟综合研究，评价井距600m、

700m、800m 条件下的年产气量和阶段采出程度，明确目标区合理井距，见表 6-1-4。通过对比，在相同配产情况下，井距 700m 稳产时间长，评价期内累产气量和采出程度均最高，因此推荐 700m 作为本区直井合理开发井距。

表 6-1-4　不同井距数值模拟结果

生产时间 / a	方案一（井距 600m）		方案二（井距 700m）		方案三（井距 800m）	
	年产气量 / $10^4 m^3$	单井日产 / $10^4 m^3$	年产气量 / $10^4 m^3$	单井日产 / $10^4 m^3$	年产气量 / $10^4 m^3$	单井日产 / $10^4 m^3$
1	1825	1.01	1825	1.01	1825	1.01
2	1829	1.02	1830	1.02	1830	1.02
3	1775	0.99	1821	1.01	1804	1.00
4	1692	0.94	1786	0.99	1751	0.97
5	1595	0.89	1648	0.92	1661	0.92
6	1518	0.84	1549	0.86	1582	0.88
7	1444	0.80	1474	0.82	1505	0.84
8	1379	0.77	1418	0.79	1438	0.80
9	1318	0.73	1371	0.76	1385	0.77
10	1267	0.70	1334	0.74	1346	0.75
11	1216	0.68	1294	0.72	1303	0.72
12	1171	0.65	1261	0.70	1265	0.70
13	1120	0.62	1231	0.68	1228	0.68
14	1077	0.60	1205	0.67	1195	0.66
15	1033	0.57	1173	0.65	1158	0.64

4. 干扰评价法

当井网密度过高时，邻近井存在相互干扰，因此在确定井距时要综合考虑干扰的因素。东胜气田尚未开展系统干扰试井测试，参考物性相近的苏里格气田干扰试井资料统计的结果（图 6-1-3）进行计算。

干扰试井结果表明，井网密度大于 3.3 口 /km² 时，井间干扰概率大于 30%，因此对应极限井距为 620m。

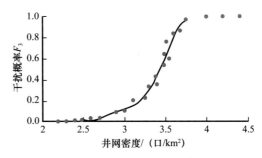

图 6-1-3　井网密度与干扰因素的曲线

5. 综合确定

综合考虑地质、气藏等因素对井距的影响，以砂体构型和展布为约束条件，通过经济评价法、采气速度法和数值模拟等方法，综合确定气井合理井距（表 6-1-5）。最终确定地层—岩性气藏部署实际井距，直井井距 600~700m，水平井井距 700~850m。

表 6-1-5　井距确定方法

单位：m

井型	经济评价	类比法	干扰评价	数值模拟评价	非均质评价法	砂体构型分析法	综合
直井	极限井距 600	700~750	620	700	650~880	600~700	600~700
水平井	极限井距 670	800~1000	700	700~970	800~950	600~1000	700~850

三、水平井参数优化

1. 水平段长度优化

综合考虑砂体发育规模、投资及效益、工程工艺实施可操作性，开展水平段的优化研究。建立了不同厚度储层、不同长度水平段以及不同压裂段数条件下的数值模拟模型，基于气井技术和经济综合指标优化水平段长度。

建立不同厚度、不同渗透率条件下的气藏数值模拟模型，论证不同条件下的合理水平段长度，模拟结果如图 6-1-4、图 6-1-5 和表 6-1-6 所示。

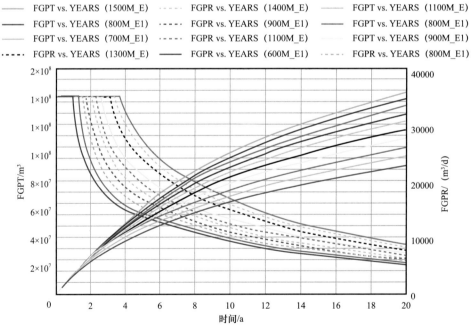

图 6-1-4　不同水平段长度生产曲线对比

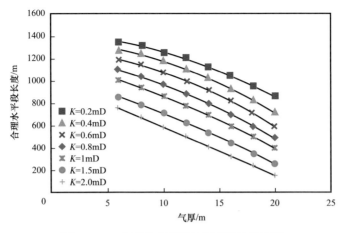

图 6-1-5　水平井水平段长度优选结果图版

表 6-1-6　不同气层厚度、渗透率条件下水平段长度优选数据表

气层厚度 / m	水平段长度 /m						
	0.2mD	0.4mD	0.6mD	0.8mD	1.0mD	1.5mD	2.0mD
6	1345	1275	1182	1090	1006	854	738
8	1322	1242	1150	1040	943	795	686
10	1260	1182	1090	982	872	727	595
12	1205	1103	997	877	785	624	508
14	1123	1016	913	792	692	538	411
16	1043	923	816	696	588	432	308
18	952	821	706	596	487	358	225
20	861	710	588	486	405	258	167

研究区气层厚度 8～12m，渗透率 0.8～1.5mD，结合数值模拟结果，综合确定断裂北部盒 1 段气藏水平井水平段长度为 900～1100m，盒 3 段气藏水平井水平段长度为 900～1200m；断裂南部盒 1 气藏水平井水平段长度为 800～1100m；盒 3 段气藏水平井水平段长度为 800～1000m。

2. 水平段延伸方向优化

为了明确东胜气田水平段延伸方向与最大主应力夹角对压裂水平井产能的影响，分别建立不同水平段延伸方向气井进行单井模拟。

单井模型水平段延伸方向与最大主应力夹角：90°、80°、60°、45°、30°（图 6-1-6）。

数值模拟结果表明：不同水平段延伸方向对初期无阻流量没有明显差异（图 6-1-7），是随着水平段延伸方向与最大主应力夹角由 90° 转到 30°，气井稳产期由 5.5 年降低到 2

年，稳产期末采出程度降低 16.2%（图 6-1-8），不同水平段延伸方向对气井稳产期和期末采出程度影响较大（图 6-1-9）。

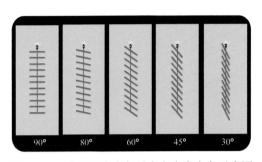

图 6-1-6　水平段方向与最大主应力夹角示意图

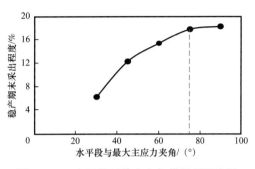

图 6-1-7　水平段延伸方向与模拟无阻流量

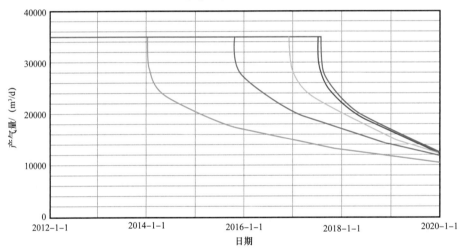

图 6-1-8　水平段方向与产气量关系曲线

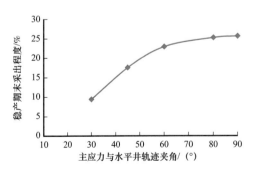

图 6-1-9　水平段方向与稳产期末采出程度关系

应用压裂水平井不稳定产能方程计算不同裂缝夹角累计产气量，随着人工裂缝与水平井段夹角的减小，气井累产气量下降，与数值模拟研究结果基本一致。

综合认为，水平段与人工压裂缝角度对多段压裂水平井产量影响大，虽然不同水平段延伸方向对初期无阻流量没有明显差异，但是对气井稳产期影响较大，水平段延伸方向与最大主应力夹角呈 90° 时，气井稳产期最长，稳产期末采出程度最高。因此，水平井部署时，水平段延伸方向尽可能垂直于最大主应力方向。

3. 水平井压裂缝优化研究

1）压裂段数优化

建立均质气藏数值模拟模型，结合单井投资，综合论证水平井压裂段数，投资收益率和评价期采出程度与压裂段数的关系如图 6-1-10 和图 6-1-11 所示。模拟结果表明，1000m 水平段压裂 8 段最优，对应最优压裂缝间距 125m。

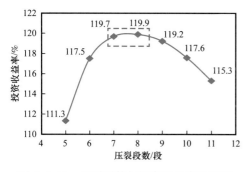
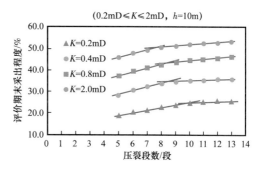

图 6-1-10　压裂段数与投资收益率关系图　　图 6-1-11　不同渗透率条件下评价期末采出程度变化图

2）压裂缝位置优化

针对裂缝在砂体中的不同分布情况，分别开展压裂缝穿过所有含气砂体和部分压裂缝穿过含气砂体数值模拟。

不同压裂缝位置时，水平井无阻流量与稳产期末采出程度关系如图 6-1-12 和图 6-1-13 所示，结果表明压裂缝尽量穿过含气砂体时，水平井无阻流量与稳产期末采出程度越高。

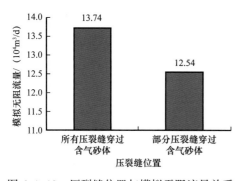
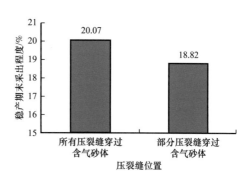

图 6-1-12　压裂缝位置与模拟无阻流量关系　　图 6-1-13　压裂缝位置与稳产期末采出程度关系

3）压裂缝半长

建立不同气层物性条件，不同无量纲半缝长单井模型，计算不同裂缝半长对气井的影响。

定义无量纲半缝长 $=X_f/$ 井距，取值 0.05、0.1、0.15、0.2、0.25，井距 =1000m。储层渗透率为 0.3mD 时，研究结果如下：

（1）当井距一定时，半缝长越长，气井无阻流量越大（图 6-1-14）。

（2）X_f/井距增加到一定程度后，由于裂缝内压降影响，稳产期末累产气量增长幅度变缓。

（3）交汇法无量纲半缝长最优点 0.147，即 1000m 井距 147m 半缝长最优（图 6-1-15）。

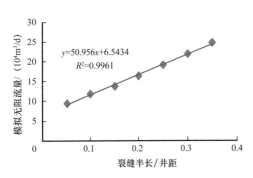 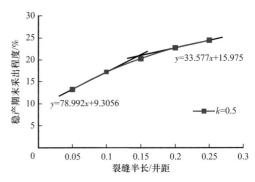

图 6-1-14　无量纲半缝长与模拟无阻流量关系　　图 6-1-15　不同半缝长与稳产期采出程度关系

四、混合井型立体井网开发模式

锦 eh 井区致密砂岩储层有效砂体横向变化快、非均质性强，纵向上发育多套含气砂体，单一井型难以实现储量的充分动用，以储量最大化动用和采收率最高为目标，针对不同储层结构，优选开发井型，如图 6-1-16 所示。

适合部署水平井的砂体类型包括 3 类：（1）垂向切叠式砂体，单层气厚大于 4m，且泥质夹层厚度小于 3m［图 6-1-16（a）］；（2）侧向切割叠置型砂体，叠置砂体厚度大于 6m［图 6-1-16（b）］；（3）横向局部连通型砂体，局部可形成规模较大砂体，具体井型需根据砂体规模确定，如预测砂体横向局部连通较远，砂体厚度大于 3m，延伸长度大于 1.5km，类似糖葫芦，可部署水平井，否则部署直井或定向井［图 6-1-16（c）］；（4）对于孤立型砂体，垂向呈现多层叠置，单层砂体厚度小于 6m，或者多层砂体发育，单个气层厚度小于 4m，适合部署直井或定向井［图 6-1-16（d）］。

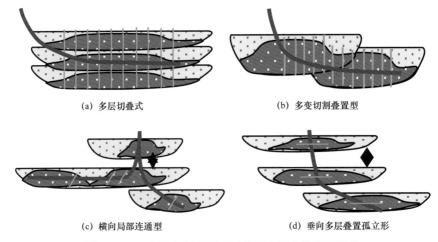

（a）多层切叠式　　　　　　　　　　（b）多变切割叠置型

（c）横向局部连通型　　　　　　　　（d）垂向多层叠置孤立形

图 6-1-16　东胜气田部署不同类型主要砂体类型模式

井型优选基础上，建立了从地面到地下、从宏观到局部的多维度、多尺度、多因素耦合的"分级约束"井网优化设计体系。综合考虑地貌、储层分布特征及微观渗流因素，形成"水平井井组""直井 + 定向井""直井 / 定向井 + 水平井"3 类混合井网部署模式（图 6-1-17），实现复杂类型气藏储量动用率的提升。

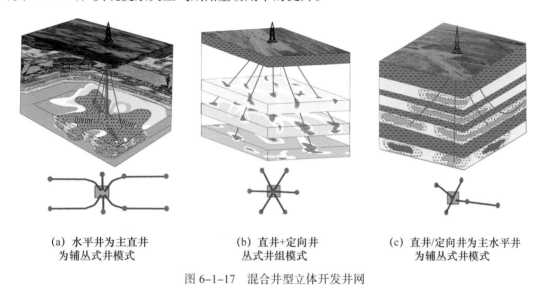

(a) 水平井为主直井　　　(b) 直井+定向井　　　(c) 直井/定向井为主水平
为辅丛式井模式　　　丛式井组模式　　　井为辅丛式井模式

图 6-1-17　混合井型立体开发井网

第二节　岩性—构造气藏开发技术对策

针对泊尔江海子断裂以北东胜气田锦 ff 井区构造发育、河道窄、气水分布复杂的特点，以构造精细刻画、河道精细描述和气水界面定量测算为基础，建立自然投产标准，优化开发方式，形成岩性—构造气藏直井自然投产开发技术。

一、自然投产界限研究

通过锦 ff 井区现有 12 口自然投产气井地质状况评价、试气 / 生产特征分析，结合经济评价条件，综合确定自然投产的储层界限条件。

1. 自然投产井地质特征

通过构造特征、砂体规模、成藏条件及生产规律的分析，明确了自然投产井基本特征：纵向多期心滩叠置发育，气层厚度大（>10m），隔夹层不发育，砂体内部含气层连通性好；气藏圈闭构造幅度大于 20m，气水分异明显，井控储量大于 $0.6×10^8m^3$ 的气井自然投产稳产效果好。如 Jaa-b 井（图 6-2-1）与 Jff-e-a 井（图 6-2-2），Jaa-b 井砂体厚度大，但储层隔夹层发育，单套气层厚度薄，砂体垂向连续性差，自然投产后稳产效果差；而 Jff-e-a 井满足自然投产井地质条件，生产效果较好。

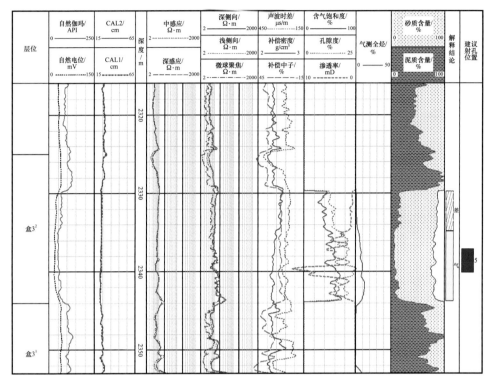

图 6-2-1　Jff-e-a 井测井综合柱状图

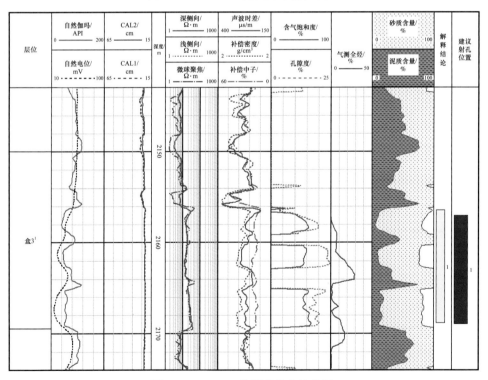

图 6-2-2　Jaa-b 井测井综合柱状图

2. 经济极限初产及累产条件

如图 6-2-3 所示，以内部收益率 8% 作为评价基准下限，在气价 1119 元 /10^3m^3 的条件下，自然投产井极限初产 $1.08×10^4m^3/d$，极限累计产气量为 $0.21×10^8m^3$。

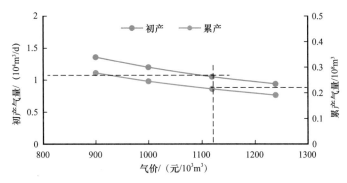

图 6-2-3 锦 ff 井区自然投产井经济极限初产及累产图版

3. 储层物性条件

基于储层物性特征分析及自然投产井产出效果评价，明确了气井自然投产物性条件：声波时差大于 260μs/m（图 6-2-4），孔隙度大于 15%，渗透率大于 1mD（图 6-2-5）。

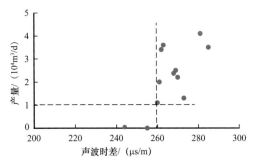
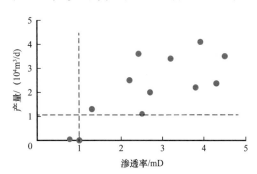

图 6-2-4 自然投产井产气量与声波时差关系图　　图 6-2-5 自然投产井产气量与渗透率关系图

二、井网井型优选

主要目的层盒 3 段、盒 2 段以窄河道辫状河沉积为主，河道宽度 500～1200m，迁移、摆动频繁，砂体及储层厚度变化大，储层非均质性强，气水关系复杂，不适合采用均匀井网开发。综合考虑气藏气水分布特征，以一次井网储量动用程度最大化为原则，在气藏构造精细刻画与储层精细预测、气水界面精细判识的基础上，采用不规则非均匀井网开发。

根据构造、砂体以及气水分布的不同配置关系，如图 6-2-6 所示，优选开发井型，形成以直井（定向井）为主、水平井为辅的岩性—构造气藏井网部署模式。

多个心滩垂向叠置发育，两套目的层心滩继承性沉积，平面基本无偏移，单个心滩宽度 320m，气藏长度 1060m，采用 1 口直井控制动用。

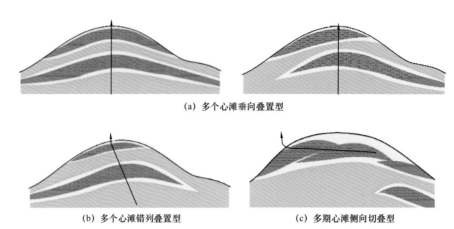

(a) 多个心滩垂向叠置型

(b) 多个心滩错列叠置型　　　　　　(c) 多期心滩侧向切叠型

图 6-2-6　岩性—构造气藏不同类型心滩叠置及井网部署模式

多个心滩垂向叠置发育，两套目的层心滩平面位移距离 110m，心滩宽度 450m，气藏长度 650m，1 口定向井控制动用。

多期心滩侧向切叠，宽度 340m，长度 1390m，在气藏顶部部署 1 口水平井，实现储量的有效控制。

三、合理采气速度评价

采气速度是衡量气藏开采合理性的重要指标，直接关系着气藏最终的开发效果及经济效益。采气速度小、产量过低，不能发挥气藏开发潜力，影响产量规模及开发经济效益；采气速度大，会缩短气藏的稳产能力，影响平稳供气。对于含有边底水的气藏，过高的采气速度可能使边底水快速突进，造成暴性水淹，影响气藏开发效果；对于疏松砂岩或加砂压改造的气藏，气井高配产、高采气速度可能会引起地层出砂等问题。另外，高配产、高采气速度可能形成地层快速泄压效应，增强储层应力敏感，大幅降低储层渗流能力。

1. 气藏采气速度与稳产期定量关系

根据稳态、达西流条件下气井产能公式，气井产量与地层压力、井底流压有如下关系：

$$q_{sc} = 774.6Kh\left(p_e^{\ 2} - p_w^{\ 2}\right)\left(T\overline{\mu}\,\overline{Z}\ln\frac{r_e}{r_w}\right)^{-1} \qquad (6-2-1)$$

式中　q_{sc}——标准状态下的天然气产量，m^3/d；

　　　K——渗透率，mD；

　　　h——气层有效厚度，m；

　　　p_e，p_w——分别为地层压力、井底流压，MPa；

　　　T——气层温度，K；

　　　$\overline{\mu}$——平均气体黏度，$mPa \cdot s$；

　　　r_e，r_w——分别为供气半径、井筒半径，m。

将式（6-2-1）两端乘以 d/G，可得到采气速度 q_D 与（$p_e{}^2$，$p_w{}^2$）的关系：

$$q_D = 774.6dKh\left(p_e{}^2 - p_w{}^2\right)\left(GT\overline{\mu}\,\overline{Z}\ln\frac{r_e}{r_w}\right)^{-1} \qquad （6-2-2）$$

式中 q_D——采气速度，%；

       G——天然气地质储量，m^3。

定容气藏物质平衡方程：

$$R_p = \frac{G_p}{G} = \left(\frac{p_{ei}}{Z_i} - \frac{\overline{p_e}}{\overline{Z}}\right)\left(\frac{p_{ei}}{Z_i}\right)^{-1} \qquad （6-2-3）$$

式中 R_p——气藏采出程度，%；

       G_p——累计产气量，m^3；

       p_{ei}，$\overline{p_e}$——分别为原始地层压力，平均地层压力，MPa。

在稳产期末，平均地层压力与稳产期末采出程度关系：

$$\overline{p}_{esp} = p_{ei}\left(1 - R_{psp}\right)\frac{\overline{Z}}{Z_i} \qquad （6-2-4）$$

式中 $\overline{p}_{esp}$——稳产期末平均地层压力，MPa；

       R_{psp}——气藏稳产期末采出程度，%。

定容气藏采气速度与采出程度二者之间近似成直线关系，通过直线方程预测不同采气速度与稳产期的关系。气井稳产 1.5～2 年时，对应的采气速度为 2.2%～2.5%，如图 6-2-7 和图 6-2-8 所示。

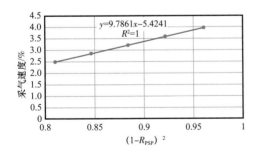

图 6-2-7 采出程度与采气速度关系曲线   图 6-2-8 采出程度及稳产时间与采气速度关系

2. 类比法

类比国内外已开发且具有边、底水的有水气藏的采气速度，综合分析得出底水且裂缝发育的气藏采气速度一般取值为 2.0%～3.5%（表 6-2-1）。

3. 数值模拟法

综合考虑稳产时间与采出程度，构造相对高部位气井合理采气速度为 2.5%～3.5%（图 6-2-9 和图 6-2-10）。

表 6-2-1 国内外边底水裂缝气藏采气速度

气藏名称	主要驱动类型	裂缝发育程度	地质储量 / 10^8m^3	孔隙度 / %	渗透率 / mD	采气速度 / %
乌克帝尔气田	弱边底水	发育	5000	0.1～27.2	—	3～5
中坝气田须二气藏	边水	发育	100	3～10	0.1	2.2
四川威远气田	底水	发育	400	2.1	0.08	3.5
檀木场气田石炭系气藏	底水	发育	—	5.1	1.64	2.5
卡布南礁灰岩低渗透气藏	底水	发育	—	—	—	2

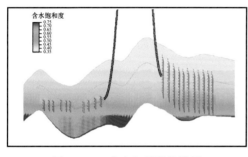

图 6-2-9 底水气藏数值模拟

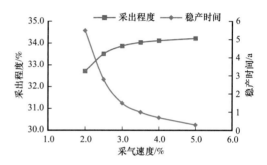

图 6-2-10 采出程度及稳产时间与采气速度关系

4. 综合确定采气速度

综合考虑锦 ff 井区边底水发育及分布情况，结合数值模拟法、类比法等评价结果，综合确定锦 ff 井区岩性—构造气藏合理采气速度范围为 2.0%～3.0%（表 6-2-2）。

表 6-2-2 综合确定采气速度   单位：%

方法	数值模拟法	采气速度与稳产期定量关系法	类比法	综合确定
采气速度	2.5～3.5	2.2～2.5	2.0～3.5	2.0～3.0

第七章　适应性工程工艺技术研发与集成应用

鄂尔多斯盆地北缘致密含水气藏地质条件复杂，针对储层岩石致密、砂泥岩频繁互层、砾石层发育、可钻性差，以及储隔层应力差大、气水关系复杂等工程地质特征，开展了复杂地质条件优快钻完井、复杂气水关系气藏差异化改造、高液气比气井排水采气及低压集输工艺技术研究，形成了适应盆缘过渡带复杂类型气藏的钻压采输工程工艺技术系列，支撑了东胜气田复杂高含水气藏的经济高效开发。

第一节　复杂地质条件适应性钻完井技术

东胜气田钻井过程漏塌频繁、井壁失稳严重，储层低渗透、致密，全过程环保要求高，通过针对性攻关与集成创新，形成窄负安全密度窗口漏塌防治技术、负密度窗口提升封固质量固井技术及绿色钻井技术。

一、窄负安全密度窗口漏塌防治技术

1. 钻井工程地质特征认识

储层致密低渗透、岩石颗粒矿物及黏土矿物含量变化大，各种级别断层及微裂缝发育，区域地层承压能力和井壁稳定能力差异大，钻井液密度窗口窄负特征明显。通过地质工程一体化结合，深化区域钻井工程地质特征认识，包括断裂特征识别与区域性划分、电成像测井裂缝识别、井壁稳定性特征描述、钻井单元网格化、钻井风险地质工程综合评估等。

1）地层漏失区域分类

平面上，在地震相干属性分析、实钻地层跟踪验证基础上，明确不同属性区钻井漏、塌状况，将杭锦旗区块划分为 8 个工程地质特征单元，包括新召东、锦 eh 井西、锦 eh 东、锦 eh 南、锦 gb 北、锦 gb 南、锦 gg、锦 ff 区域。

纵向上，刘家沟组与石千峰组接触面，既是三叠系与二叠系分界面，又是中生界和古生界的分界面；受沉积地质特征及构造作用影响，该接触面附近地层裂缝发育，地层整体承压能力低、易发生漏失。上石盒子泥岩（井斜角 45°～75°）水平层理状发育，易发生剥落垮塌；下石盒子泥岩（井斜角 75°～90°）钻遇长度大，为 50～100m，井壁稳定性受漏塌及井眼轨迹影响；低承压地层与易垮塌地层容易发生"漏塌叠合"，钻井高风险区域尤其严重，见表 7-1-1。

结合刘家沟组三维地震构造特征、断层分布特征，将实钻漏失井投影至平面图，建立区域漏失风险图版，钻井漏失区域划分和地震相干属性预测一致程度高（图 7-1-1 和

图 7-1-2）。2010—2019 年杭锦旗区块完钻 180 口水平井，有 77 口井发生井漏，占比 43%，43 口井发生 3 次以上漏失，占比 24%，井区差异明显。按照漏失统计结果，同样可以划分为新召东、锦 eh 井西、锦 eh 东、锦 eh 南、锦 gb 北、锦 gb 南、锦 gg、锦 ff 区域。

表 7-1-1　杭锦旗区块水平井分区漏失统计数据表

井区	井数 / 口	漏失井数 / 口	漏失占比 / %	严重漏失井数 / 口	严重漏失井占比 / %
锦 eh 西	55	31	0.56	24	0.44
锦 eh 东	43	16	0.37	5	0.12
锦 gb	15	5	0.33	2	0.13
锦 ff	59	20	0.34	8	0.14
锦 gg	7	5	0.71	4	0.57
新召东	1+（8 直井）	3	0.33	1	0.11
总计	180	77	0.43	43	0.24

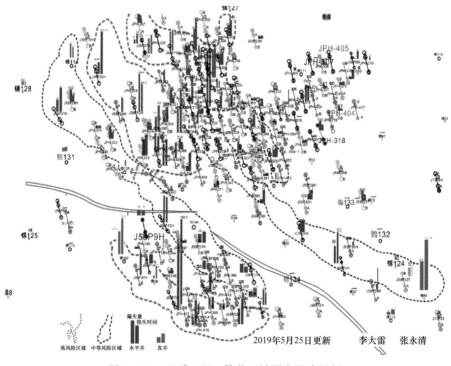

图 7-1-1　地质工程一体化区域漏失风险图版

2）电成像测井识别裂缝发育带

电成像测井是地层裂缝识别的有效手段。JehPacH 成像测井裂缝识别显示（表 7-1-2 和图 7-1-3），主要漏失层位刘家沟组与石千峰组界面，存在多个漏失点，为区域最常见弱

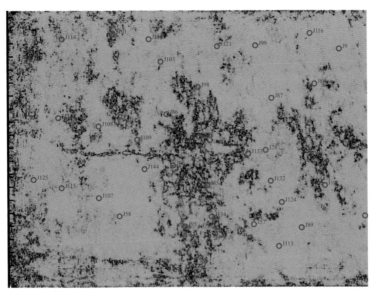

图 7-1-2　锦 eh 井区刘家沟底部物探相干切片

承压地层，裂缝宽度为 0.5～5mm，裂缝具有较高的横向连通特征；且应力敏感性强，钻井诱导缝发育，钻井漏失压差小于 2MPa，钻井过程中起下钻作业、开泵循环作业、通井作业，均易诱发裂缝开启，形成复漏，钻井过程避免压破地层造成堵漏复杂加重。

表 7-1-2　JehPacH 成像测井裂缝识别数据表

井号	地层	岩性	缝宽 /mm	产状	诱导缝方位 / (°)	延伸性	漏失压差 /MPa	方法
JehPacH	刘家沟组石千峰组	砂泥岩界面	0.5～5	水平界面缝、垂直诱导缝	70～80	横向连通性强	<3	电成像

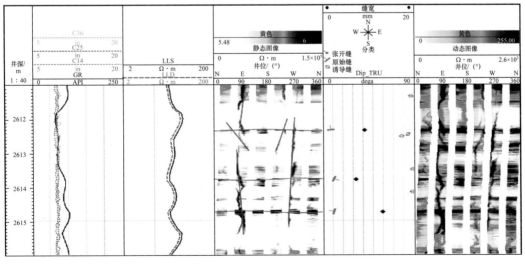

图 7-1-3　JehPacH 石千峰组钻井诱导缝（2545～2551m）发育情况

裂缝性地层的岩石力学分析及强度计算难度较大，常规地层破裂压力计算参数在杭锦旗区块不适用，需要辅助偶极声波测井等特殊手段进行研究计算。首先进行裂缝识别，再进行泊松比、杨氏模量、岩石内摩擦角、内聚力等关键参数的计算，最终应用于破裂压力的计算。

3）井壁稳定性单井测井评价

为解决复杂井周环境对井壁稳定性带来的问题，通过"属性参数（地震相干）+ 岩石力学参数（测井）+ 钻井参数（工程录井）"多专业联合分析，进行井眼轨道针对性优化。

按照自西向东顺序，从杭锦旗区块依次选取锦 co、锦 eh、锦 gb、锦 gg、锦 ff 等 5 口井作为统计分析对象，应用测井井径曲线和声波曲线开展井壁稳定性分析研究。钻井选取原则包括三个方面：第一，钻井周期普遍较短，受井筒环境影响有限，包括井斜角、方位角、浸泡时间等；第二，实施该钻井的钻井液体系及性能、钻具组合、钻进参数相对一致；第三，该井为各区域的勘探开发关键或典型井，各井测井系列相同。

研究表明，石千峰组以上地层泥岩的声波时差与深度具有很好的线性关系，整体表现为地层随埋深的增加岩石压实程度逐渐增加（除延安组煤层、二马营组及和尚沟组部分泥岩以外）；而石千峰组及以下地层明显表现出声波时差值偏离正常压实的趋势。井径曲线与地层压实情况同样具有较好的相关性。

按照声波时差偏离正常压实趋势的情况，选取 4 个主要井段开展井壁稳定性评价，分别是延安组煤层、二马营组 / 尚沟组泥岩、石千峰组泥岩，以及上 / 下石盒子组、山西组、太原组的泥岩及煤层。

主要依据实钻井裸眼测井井径数据和声波时差数据进行分析。从井径数据及扩径率数据分析（图 7-1-4），锦 gg 井区整体井壁稳定能力最差，各研究层位的井径扩径情况

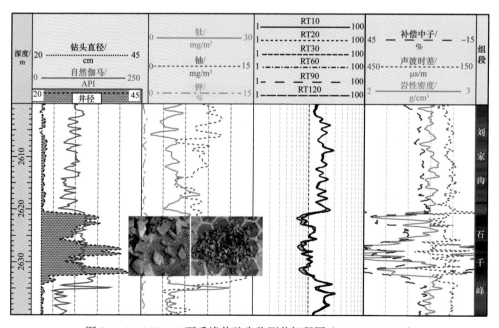

图 7-1-4　JehPacH 石千峰井壁失稳测井解释图（2600～2640m）

严重，均超过 35%，最严重的石千峰组以下地层扩径率在 85% 以上，受断裂及构造影响明显；锦 eh 井区和锦 co 井区石千峰组以下地层井均扩大率超过 40%，井壁稳定性较差；而锦 gb 井区和锦 ff 井区整体表现出较高的井壁稳定性能，见表 7-1-3。

表 7-1-3　杭锦旗区块各井区直井井壁稳定性统计数据

井区	延安组煤层		二马营组 / 尚沟组泥岩		石千峰组泥岩		石盒子组 / 山西组太原组泥岩及煤层	
	井径 / cm	扩径率 / %	井径 / cm	扩径率 / %	井径 / cm	扩径率 / %	井径 / cm	扩径率 / %
锦 co	23.20	7.46	27.30	26.45	28.50	32.01	33.50	55.16
锦 eh	23.40	8.38	30.85	42.89	29.12	34.88	31.50	45.90
锦 gb	23.06	6.81	25.60	18.57	25.30	17.18	26.40	22.28
锦 gg	29.23	35.39	35.20	63.04	37.90	75.54	40.08	85.64
锦 ff	23.70	9.77	26.40	22.28	26.20	21.35	28.90	33.86

4）井震结合钻井单元网格化

采样 18 口钻井数据，结合地震相干属性图，划分 4 类钻井风险区域（图 7-1-5），对钻井单井地质构造进行网格化认识，指导钻探风险预警（表 7-1-4）。

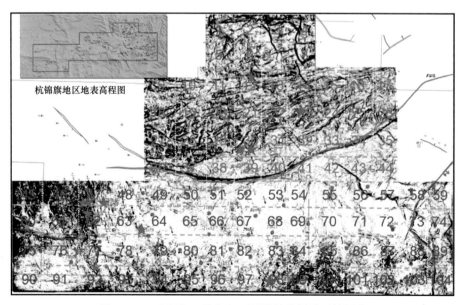

图 7-1-5　东胜气田物探相干属性钻井风险区域划分

5）钻井风险地质工程综合评估

结合构造分级、地层承压能力分级、井壁稳定性分级，创新工程地质关联认识，建立盆地北缘复杂钻井环境下的风险等级划分模型（等级 0～10 级），见表 7-1-5 和表 7-1-6。

表 7-1-4 东胜气田构造特征钻井单元网格化结果

构造分类	主断裂影响区	次级断裂发育区	微副构造区	相对稳定区
网络单元	3/4/7/8/26/30/33/34/35/36/37/38/39/40/41/56/57/58/59/73/74/77/88/89/92/104	1/2/5/6/9/10/11/12/13/14/18/19/20/24/27/28/29/30/45/46/47/60/61/62/75/77/83/84/85/87/93/94/95/98/99/100/101/102	15/16/17/21/22/23/25/31/32/42/43/44/76/78/79/82/86/96/97/103	48/49/50/51/52/53/54/55/63/64/65/66/67/68/69/70/71/72/80/81/90/91
合计数量	24	38	20	22

表 7-1-5 钻井风险地质影响因素风险评估标准

构造分级	0	1	2	3
构造类别	稳定区	微幅构造	次级断裂	主断裂
裂缝分级	0	1	2	3
裂缝密度/条	<1	1~2	2~3	>3

表 7-1-6 钻井风险工程风险评估标准

地层承压能力分级	0	1	2
钻井评价	未漏失	渗透性	失返性
固井评价	返出地面	顶替漏失	下套管漏失
承压当量密度/（g/cm³）	>1.30	1.10~1.30	<1.10
井壁稳定性分级	0	1	2
钻井评价	无显示	显示解除	工程回填
完井评价	一次到位	多次通井	下入阻卡
井眼扩大率/%	<10	10~15	>15

按照分级模型，建立东胜气田 5 个井区、153 个钻井单元的风险等级（图 7-1-6），明确断裂及构造波及范围，形成差异化的钻井工程试验区，进一步提升工程技术的适应性。

2. 物理化学复合漏塌防治技术

刘家沟组底部及石千峰组上部存在天然高角度裂缝及水平层理缝，钻井过程中由于窄负安全密度窗口存在，刘家沟组易发生失返性漏失及复漏；石千峰组、上石盒子组发育的裂缝型硬脆性泥岩厚度达 120m 以上，泥岩段浸泡时间长且刘家沟组地层存在的井漏风险，增加了井壁稳定的难度，钻井过程中易漏层和易垮塌层处于同一裸眼井段需协同防漏防坍塌。

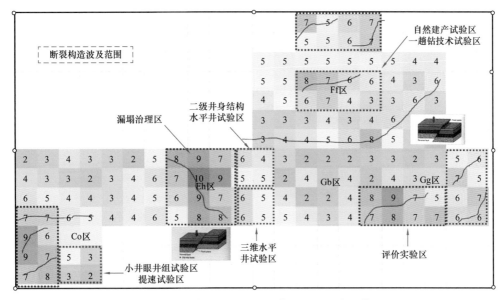

图 7-1-6 东胜气田地质工程一体化钻井风险评估成果

1）直井防漏防塌

根据实钻情况发现东胜气田易漏层刘家沟组钻井液漏失当量密度在 1.04～1.18g/cm³，直井或造斜点位于石千峰组以上时，钻井过程中进入延长组后加入柔性纤维、弹性颗粒、单封等中细刚性颗粒、乳化沥青等流性材料随钻堵漏材料，封堵地层孔缝提高井筒完整性；刘家沟组控制机械钻速小于 12m/h，井径为 215.9mm/222.3mm 时排量控制在 20～22L/s，井径为 165.1mm 时排量控制在 15～18L/s。石千峰组—石盒子组井段重点加入乳化沥青、磺化沥青等流性封堵材料及 K-PAM、K-HPAN、阳离子烷基糖苷等抑制性材料，控制钻井液 API 失水小于 4mL、高温高压失水小于 12m，配合使用 180～200 目的振动筛可形成薄而致密的滤饼，同时实现物理封堵和化学抑制，提高井壁稳定性，实现整体防漏防塌。

2）丛式定向井组井间协同防漏防塌

在高漏风险区，控制丛式井组井口间距为 5～8m；优化单井轨道，将造斜点平面由易漏层刘家沟组下移至石千峰组中上部，井组间各井眼轨道在刘家沟组井段距离控制在 50m 之内，钻进中同时使用直井段刘家沟组防漏技术，第一口井的防堵漏措施效果可降低后续钻井的漏失风险，同时降低因井漏液柱压力下降导致的坍塌风险。

3）水平井钻井液密度精细控制

水平井钻井过程中，井筒延伸方位角及井斜角是决定坍塌压力的重要因素，根据石盒子组泥岩的岩石力学参数及地层应力，采用摩尔库伦准则，应用大斜度井、水平井的井周应力方程计算了不同井斜角下的泥岩安全密度窗口，同时考虑泥岩强度随水化时间增加而降低的问题，在井段坍塌压力上限的基础上附加 0.05g/cm³ 的安全值，将全井段的钻井液密度控制在 1.10～1.20g/cm³，并根据安全密度窗口变化特征（图 7-1-7）及岩石疲劳破坏特性，分井段精细控制（表 7-1-7），预防钻进过程中钻井液密度大幅变化，以达到同时防漏防塌的效果。

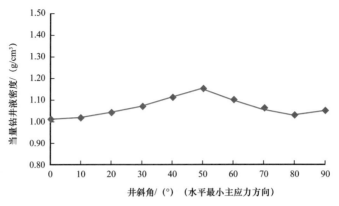

图 7-1-7　石盒子组泥岩坍塌压力上限与井斜角的关系

表 7-1-7　不同井段钻井液密度优化结果

井斜角 / (°)	0～20	20～45	45～60	60～B 靶点
密度 / (g/cm³)	1.10～1.13	1.13～1.15	1.15～1.18	1.18～1.20

4）堵漏方案

根据不同漏失类型及井段进行差异化堵漏，天然裂缝漏失直接使用 KPD 堵漏 / 中原速堵堵漏；诱导裂缝漏失采用强力链堵漏工艺，钻穿石千峰组后做一次 KPD 堵漏，后续不得使用 KPD 堵漏；水平段漏失使用单封、超钙等利于返排或酸溶的封堵材料进行堵漏、保护储层。

3. 应用效果

"十三五"期间窄密度窗口防漏、防塌技术应用效果显著，以井间协同防漏为主的配套技术，防漏效果有效提升，漏失影响明显下降，实现防漏"一升三降"，防堵漏成功率提升 54.54%、钻井漏失井占比降低 52.5%、单井堵漏耗时降低 60%、单井钻井液消耗量降低 57.14%，如图 7-1-8 所示。

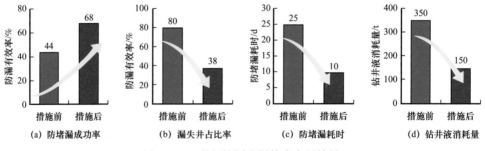

图 7-1-8　井间协同防漏技术应用效果

防塌效果明显增强，井壁失稳影响程度明显下降，实现防塌"一升三降"，防塌有效率提升 66.67%、工程回填率降低 70 %、单井工程回填耗时降低 75%、单井工程回填进尺降低 70%，如图 7-1-9 所示。

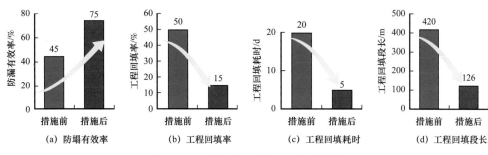

图 7-1-9 井壁稳定综合治理防塌效果

二、负密度窗口提升封固质量固井技术

杭锦旗区块断裂带发育，地层承压能力低，刘家沟组以上井段难以有效封固，易出现大段空套管。通过工程地质一体化固井漏失风险识别，以及开展复合井眼、四元颗粒级配复合漂珠超低密度水泥浆体系试验等研究提升固井质量。

1. 工程地质一体化固井漏失风险识别技术

1）固井漏失原因分析

（1）自然井漏。

刘家沟组和延安组承压当量密度为 $1.10\sim1.30g/cm^3$，仅考虑静液柱压力，接近或小于当前低密度水泥浆密度 $1.33g/cm^3$，附加固井环空压耗，固井极易发生漏失见表 7-1-8。

表 7-1-8 地层承压当量密度

地区	刘家沟组		延安组	
	东部	西部	东部	西部
深度 /m	1900～2300	2400～2700	650～1200	1100～1480
当量 /（g/cm³）	1.30～1.25	1.22～1.16	1.26～1.18	1.20～1.10

（2）井内压力系统波动诱导性井漏。

钻井期间漏失导致后期固井期间再次漏失；另外多数井固井前循环时，钻井液性能和排量能够达到设计要求，漏失却发生在水泥已返出地面后，其主因是替浆后期排量和压力控制不到位；井漏由井内压力系统波动导致，具体见表 7-1-9。

表 7-1-9 东胜气田漏失井固井漏失情况

序号	漏失类型	漏失井数 / 口	占漏失井比例 /%
1	钻进 + 下套管 + 固井	3	8.57
2	下套管 + 固井	2	5.71
3	循环 + 固井	4	11.43

序号	漏失类型	漏失井数 / 口	占漏失井比例 /%
4	钻进 + 循环 + 固井	8	22.86
5	钻井 + 固井	8	22.86
6	固井	10	28.57

2）固井漏失风险区划分

结合钻井漏失图版，将固井漏失和固井质量对应单井，综合漏失井、漏失量和固井质量，划分固井高中低漏失风险区。

2016 年 25 口水平井，技术套管固井返高，13 口水平井返高 1075～1750m，11 口水平井返高 1952～2525m；封固段普遍偏差的井段集中在 1075～2525m（延安组—刘家沟组），固井质量较差段长 90～1300m。综合固井漏失图版分析，固井高风险区主要集中于锦 eh 井区西北部，刘家沟组固井前和固井期间易出现失返性漏失，正注返高位于刘家沟组附近 1952～2525m；固井中风险区主要集中在东部，中部和东部正注返高 1075～1750m，分别为固井低、中风险区，如图 7-1-10 所示。固井低、中风险区与钻井中、低风险区对应，主要由于钻井低风险区域，固井难以判断正注返高，容易封固漏层，导致反挤对接困难，形成固井中风险区域。

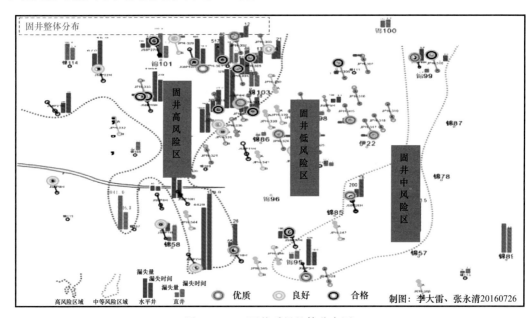

图 7-1-10　固井质量整体分布图

3）正注反挤固井工艺

（1）固井前承压能力预判及井眼准备。

结合钻井实际，地层承压试验条件确定为试压 3～5MPa，能够稳压 10min。固井前严格控制钻井液性能，固井前严禁大幅降低密度，具体调整见表 7-1-10。

表 7-1-10　固井前严格控制钻井液性能

密度 /（g/cm³）	黏度 /s		失水 /mL	滤饼 /mm	含砂 /%
1.18	<50		≤5	0.3	0.3
pH 值	切力		PV/（mPa·s）	YP/Pa	Kf
	10s	10min			
8～10	1～3	2～5	7～20	5～12	<0.06

（2）正注反挤工艺措施。

正注反挤施工整体可以分为两种：① 刘家沟组恶性失返性漏失，正注返至刘家沟组，反挤以刘家沟组为界限；② 刘家沟组渗透性漏失，即固井期间发生漏失，正注反挤以延安组、延长组为界限。

存在的主要难点：① 井口至刘家沟组（0～2600m）反挤，垂向存在三个薄弱点，分别为套管鞋、延安组和延长组、刘家沟组，反挤水泥易提前漏失；② 反挤为封闭空间，固井排量受限，漏点多，顶替效率差，衔接困难；③ 固井反挤时间难以确定，固井压力判断和水泥浆量精确度要求高，容易提前封固漏层，导致反挤通道提前封固。

正注工艺措施：① 针对刘家沟组渗透性漏失，优化浆柱结构，进一步降低固井整体液柱压力，增加一级 1.25～1.30g/cm³ 低密度领浆，采用三凝浆柱结构设计，领浆根据分级级配理论优化低密度水泥浆三元级配比例，调整水泥、漂珠、微硅比例，固井刘家沟组以上浆柱当量密度控制在 1.25～1.30g/cm³ 之间，争取正注返高 1200～1300m，提高正注反挤对接成功率（表 7-1-11）。

表 7-1-11　刘家沟组以上液柱压力变化

1.25～1.30g/cm³ 复合领浆浆柱结构			优化前单一领浆浆柱结构		
浆柱结构 /（g/cm³）	段长 /m	当量密度 /（g/cm³）	浆柱结构 /（g/cm³）	段长 /m	当量密度 /（g/cm³）
领浆　1.25	1710～1510	1.250～1.255	领浆	2100	1.30
1.30	200～400				

注：当量密度降低 0.05～0.045g/cm³，液柱压力降低 0.93～1.0MPa。

控制领浆初始稠度 10～15Bc，改善动塑比，提高顶替效率；尾浆进一步提高"即时稠化"的稳定性，过渡时间小于 20min，可泵时间匹配塞流顶替与安全固井需要。

② 恶性漏失采取大排量紊流顶替，顶替排量 1.6～1.8m³/min，提高顶替效率，保障目的层固井质量；渗透性漏失采取"紊流 + 塞流"复合顶替工艺，保障固井质量，提高正注返高，根据井口压力节点实现固井施工压力精细控制，兼顾提高顶替效率和固井防漏，替浆初期采用大排量 1.6～1.8m³/min 紊流顶替，环空返速不低于 1.5m/s，利用低密度水泥浆流动性好的特点再次对井壁的泥皮进行冲刷；尾浆出套管时根据井口压力变化

（≤6～8MPa）确定合适的替浆排量，替浆后期间严格将排量控制在 0.35m³/min 以内，尽可能增加水泥上返高度，避免流动摩阻过高压漏地层的风险。

（3）反挤工艺措施。

环空反挤水泥浆是当前最常用的固井漏失补救措施，但难以保证漏点以上井段的封固质量，反挤甚至影响到尾浆段的封固质量。正常固井期间发生漏失，水泥浆未能返至地面，碰压后立即观察环空钻井液面，必要时从环空灌浆保持液柱压力，保证尾浆失重期间的压稳。

① 反挤作业根据水泥返高确定时机，正注水泥浆量返至漏层以下，待含油气层段环空水泥石形成强度后，反挤水泥；正注水泥浆量返至漏层以上 200m，至尾浆初凝强度形成之后立即反挤。② 反挤前采用胶液和低密度钻井液试顶通，将稠塞顶入漏层；③ 为了提高反挤顶替效率，反挤初期通过降低水灰比提高水泥浆密度增稠，注入 8m³（占环空高度 400m 左右）稠度较高的低密度水泥浆，使低密度水泥浆推进泥浆进入漏失地层，争取在保证目的层封固质量的前提下，尽量提高漏点以上井段的固井质量。④ 为避免因为追求正注井段和反挤井段水泥相接影响目的层的封固质量，制订了反挤水泥浆作业措施，确定合适的作业时间以及排量压力控制。具体施工措施见表 7-1-12。

表 7-1-12　反挤水泥浆作业措施

反挤施工前固井情况	时间控制	排量控制	压力控制	反挤量的控制
失返性漏失	尾浆密度达到设计要求，稠化后 2h；小于设计密度，后延时间按照 30min/0.05g/cm³	初期排量 1m³/min，10m³ 后将排量降至 0.6m³/min，最后 5m³ 用 0.3m³/min 的排量	8MPa 以内	漏点以上至井口环容水泥浆量
渗透性漏失		初期排量控制在 0.6m³/min，压力轻微下降时继续注入，若压力下降明显，排量降至 0.3m³/min		若压力回零之前，反挤水泥浆量未到达漏层，一直反挤至漏层位置；若压力回零之时，反挤水泥浆量未到达漏层，停止作业
未漏失、但水泥浆未返出	低密度水泥稠化后 1h	控制在 0.3m³/min		8m³

（4）正注反挤应用效果。

通过优化正注反挤对接工艺，"十三五"期间，全井封固率由 15.24% 提升至 53.33%，未能全封井的空套管段长集中在 100～550m，占比 89.47%，较 2016 年 625～2200m 明显缩短。

4）复合井眼防漏钻井完井工艺

二开井眼由目前 222.3mm 井眼优化为 241.3mm+222.3mm 复合井眼，241.3mm 井眼延伸至刘家沟组以下 50m，222.3mm 井眼扩展至井底，固井动态压力模拟环空压耗降低 1.8MPa，降低漏失风险，提高固井质量，具体见表 7-1-13。

表 7-1-13　复合井眼尺寸

开数	井眼尺寸 × 井深	套管尺寸 × 下深
一开	ϕ311.2mm（$12\frac{1}{4}$in）×442.00m	ϕ273.05mm（$10\frac{3}{4}$in）×441m
二开	ϕ241.3mm（$9\frac{1}{2}$in）×2724.54m ϕ222.3mm（$8\frac{3}{4}$in）×3207.79m	ϕ177.8mm（7in）×3205.79m
三开	ϕ152.4mm（6in）×4057.96m	ϕ114.3mm（$4\frac{1}{2}$in）×4055.96m

完成 JPH-dfe/dfg/dfh 井 3 口井试验，JPH-dfg 井（正注反挤）有效对接，高漏区 JPH-dfe/JPH-dfh 空套管段长缩短 56.11%～72.97%，有效提高了高漏风险区固井质量。

2. 四元颗粒级配复合漂珠超低密度水泥浆体系

1）减轻剂的优选

依据目标水泥浆密度 1.20～1.25g/cm³，结合减轻剂优选原则，保证浆体稳定，优先选择自身密度较小的减轻材料。综合考虑成本因素等，根据不同的减轻剂适合的水泥浆密度范围，初步选择漂珠、空心微珠作为减轻材料。结合成本控制的原则，综合对比性能，优先选择电厂漂珠作为水泥浆体系的主要减轻剂，人工漂珠和玻璃微珠可作为辅助减轻剂（表 7-1-14）。

表 7-1-14　漂珠优选

种类	密度 /（g/cm³）	粒径范围 / 目	抗压能力 /MPa	价格
人工漂珠	0.7	40～60	15	较便宜
电厂漂珠	0.7	40～80	30	人工漂珠的 3 倍左右
玻璃微珠	0.6～0.8	60～80	30	人工漂珠的 10 倍左右

2）颗粒级配

增大电厂漂珠和微硅的加量，可以提高混合物的堆积率；计算电厂漂珠和微硅的最佳配比：电厂漂珠 40%～60%，微硅 15%～30%，可达到堆积率 0.8 以上的良好紧密堆积。

3）合理水灰比计算

（1）水灰比 1.0 的计算结果。

以目标水泥浆密度 1.20g/cm³、水灰比 1.0 为条件进行计算。由计算结果看出，由于微硅细小颗粒的堆积作用，漂珠加量不变的条件下，随着微硅加量的增大，三者之间堆积更密实，体系堆积率随之增大。根据实践经验，微硅加量增大后，浆体增稠，水泥加量减少，强度难以保证。选择中间数据，水泥 61%～63%，漂珠 31%，微硅 6%～8%。

（2）水灰比 1.2 的计算结果。

与水灰比 1.0 的计算结果相比，堆积率接近的条件下，漂珠加量较小。根据相关文献指出堆积率在 0.7 以上即可达到紧密堆积，由于水泥加量小影响水泥浆体系强度，选择水泥加量 60%～63%，漂珠加量 28%，微硅加量 9%～12%，进行配比实验。结合三级颗粒级配的理论模型，以 1.20g/cm³ 水泥浆密度、不同水灰比为条件，通过堆积率计算，得出电厂漂珠、水泥、微硅在一定的配比范围内可以达到堆积率 0.7 以上的良好紧密堆积。结合水灰比 1.0 和水灰比 1.20 为条件进行的堆积率计算结果和室内实验经验，优选水泥加量 50% 以上的颗粒配比，因此综合两次计算结果，得出三者配比范围为：水泥 60%～63%，漂珠 28%～31%，微硅 5%～12%，水灰比 1.0～1.2。

4）基础配方的确定

根据性能及成本要求，确定以电厂漂珠为主要减轻剂、玻璃微珠和人工漂珠为辅助减轻剂开发低成本超低密度水泥浆的技术思路。紧密堆积理论计算的电厂漂珠加量 40%～60%、微硅加量 15%～30%，可达到堆积率 0.8 以上的良好紧密堆积；采用多种减轻材料复配，理论设计 1.25g/cm³、1.20g/cm³ 和 1.10g/cm³ 三种密度系列水泥浆基浆 9 套。人工漂珠适用于 1.25g/cm³ 及以上低密度水泥浆，电厂漂珠适用于 1.20g/cm³ 及以上的低密度水泥浆，玻璃微珠与电厂漂珠复配后适用于 1.15g/cm³ 的低密度水泥浆。

通过稳定性、强度等性能参数及经济性评价，分别优选出三种密度的基浆：（1）1.25g/cm³：G 级水泥 +22% 电厂漂珠 DP1+30% 人工漂珠 +20% 微硅 +110% 水；（2）1.20g/cm³：G 级水泥 +55% 电厂漂珠 DP1++20% 微硅 +120% 水；（3）1.15g/cm³：G 级水泥 + 45% 电厂漂珠 DP1+15% 玻璃微珠 BW3+20% 微硅 +120% 水。

5）水泥浆综合性能调配

（1）早期抗压强度。

XJQ–2 是一种促凝早强剂，通过加速水泥水化反应，提高 Ca（OH）₂ 在水相中的溶解度，缩短水泥浆的候凝时间，提高水泥石早期强度，减弱液固比增大引起的超低密度水泥浆强度发展缓慢。不同加量早强剂在 70℃ 条件下养护 24h、48h 水泥石的抗压强度表明，XJQ–2 随着加量增加，早期强度逐步提升，最优加量为 3%。1.25g/cm³、1.20g/cm³、1.15g/cm³ 水泥浆 3d 以后强度发展趋于稳定，能满足现场施工水泥石强度不小于 3.5MPa/24h 的要求。

（2）滤失及流变性能。

不同 XJL–2 加量对 1.20g/cm³ 水泥浆滤失性能影响表明，XJL–2 加量 4.5% 能够满足失水量控制在 100mL 内要求。XJZ–1 加量 0.1%，三种浆体的流变性能较好。

（3）稠化性能。

不同 XJH–2 加量水泥浆滤失性能影响表明，稠化时间与缓凝剂掺量呈良好的线性关系。

（4）综合性能。

1.15～1.25g/cm³ 水泥浆体系性能综合性能良好，能够给满足现场施工要求，较单一高性能减轻剂配方，成本降低 39.6%。

6）现场应用

中风险区 1.20～1.25g/cm³ 超低密度水泥浆应用 7 口水平井，其中 6 口井固井质量评价为优质，1口井固井质量评价为良好。高风险区 1.15g/cm³ 超低密度水泥浆体系应用 2口，其中优质 1口，良好 1口。其中 JgbPakH 井是东胜气田一口大斜度定向井，完钻井深 3535m，下 φ139.7mm 套管固井，最大井斜 75.56°，钻井液密度 1.08～1.19g/cm³，钻井过程中刘家沟组先后 10 次发生漏失，完钻电测漏速 20～25m³/h。固井采用三凝浆体结构设计，在东胜气田高风险区实现了一次全返固井，候凝 48h 后，经 CBL-VDL 测井评价，0～1990m 声幅值为 20%～30%，1990～3635m 声幅值为 10%，固井质量为优质。

利用复合低密度减轻剂配制出的 1.15～1.25g/cm³ 超低密度水泥浆，浆体性能优良，能够满足东胜气田高、中风险区全井封固要求；复合低密度减轻剂性能介于单一减轻剂性能之间，兼顾高性能和低成本要求，减少了现场混灰的作业，具有较好的应用前景；低成本且性能优异的减轻材料是超低密度水泥浆推广应用的关键。

结合东胜气田漏失风险区划分，综合考虑成本，固井工艺以正注反挤对接为主，并全面推广 1.20～1.25g/cm³ 低密度水泥浆，单井成本较常规水泥浆增加（3～4）万元/口，提升了一次全返和正注返挤对接成功率。

通过技术应用，东胜气田固井优质率较 2015 年提升了 53.73%，固井全井封固率提升了 38.09%。具体如图 7-1-11 所示。

图 7-1-11 历年固井质量

三、致密砂岩气藏绿色钻井技术

致密低渗透气藏孔喉小、渗透率低，钻井过程中储层易受伤害。采用全酸溶、可降解、井壁稳定性强的低密度多保钻井液体系可实现钻井液源头环保，达到致密砂岩储层"井壁、储层、环境"的多重保护，并结合"类循环坑"集成不落地技术，提升了废弃钻井液重复利用率，降低了废弃固相处理难度，实现了致密砂岩的多保绿色钻井。

1. "类循环坑"集成不落地技术

1）传统泥浆坑固化工艺的风险

在尚未引进不落地装置之前，鄂北主要采用泥浆坑固化法进行废弃处理，该工艺是在钻完井后，采用自然蒸发或者清液抽走的方法，进行简单的固液分离，并在分离脱水后的废弃固相中加入固化剂，使用挖掘机进行搅拌，使之转化为像土壤一样的固体，使得各类有害物质被固化在水泥内，然后对岩屑进行压实，并在上面覆盖红土，恢复当地

原有地貌,该方法具有操作简单、成本低廉、危害小的特点,但也存在以下环保风险:

(1)挖掘泥浆坑,破坏了当地的地貌;

(2)固化后的废弃岩屑将永久遗留在自然区内,不符合当地的环保法律法规。

2)"类循环坑"集成式不落地技术

按照"现场简易收集、处理站集中处理"的原则,研发了"类循环坑"集成式钻井液不落地装置。

该系统针对传统不落地系统占地面积大、现场工艺流程复杂、设备利用率不高的问题,在收集和处理功能方面进行了改进。

(1)现场收集系统。摒弃了传统不落地系统现场小罐收集造成的钻井液固相沉淀慢、回收率低的问题,采用小罐组装设计,利于拆卸组装,增大整体容积,上部的液相直接回收利用,下部的高含量固相挖掘装车后运至处理站集中处理。

(2)处理站集中处理系统。处理站使用板框压滤机采用"破胶—絮凝—压滤—固化"的工艺技术,实现钻井液固液分离。分离后的固相经固化后其水浸物满足《污水综合排放》一级标准,可进行资源化应用或填埋;分离后的液相,进入微气泡旋流气浮深度处理,处理后的水满足二级排放要求,可用于工业生产及灌溉处理(表7-1-15)。

表7-1-15 废弃物环保指标

技术项目		技术指标
废弃固相	固相含水率/%	<30
	固相水浸物指标	满足国标
废弃液相	处理后液相SS去除率/%	>99
	处理后液相黏度/s	<30
	CODCr/(mg/L)	≤100
	SS/(mg/L)	≤70
	石油类/(mg/L)	≤5
	pH值	6~9

"十三五"期间,东胜气田全部实现了钻井液不落地,钻井全过程无污染,有效解决了环保区征地困难的问题。

2.低密度多保钻井液体系

东胜气田石千峰组、石盒子组泥岩易坍塌,低渗透储层孔喉小易受水锁伤害,且新环保法的实施,使得新型的低成本多保钻井液体系成为迫切的需求。采用天然易降解聚合物和高酸溶辅剂形成低密度多保钻井液体系,该体系除具有良好的流变性能外,还具有强的井壁稳定性,可有效降低目的层井底压差,并与防水锁剂配合,有效保护储层。

1）半透膜井壁保护性评价

低密度多保钻井液体系具有独特的半透膜效应，可实现泥岩自然脱水，并向井筒内流动，进而保证井壁稳定，从半透膜实验来看，常规的钾铵基不具备半透膜效应，钻井液持续向泥岩渗水，当吸水达到一定程度后，即发生井塌，而采用低密度多保钻井液体系后，泥岩持续向钻井液脱水，井壁稳定周期长，井壁保护效果突出（表7-1-16）。

表 7-1-16　钾铵基与低密度多保钻井液体系半透膜对比实验

钻井液体系	泥球增重率 /%		
	1h	5h	48h
钾铵基钻井液	3.17	4.69	21.75
低密度多保钻井液	−1.29	−3.86	−6.75

2）防水锁储层保护性评价

东胜气田致密低渗透气藏在钻井作业环节中，由于钻井液的浸入导致气相相对渗透率降低，形成水锁伤害。

基于毛细管力计算模型，通过优选润湿反转剂来有效降低表面张力、增加润湿角，减轻水锁对储层的伤害，从储层保护实验来看，采用钾铵基钻井液的储层渗透率恢复率仅 71.43%，采用防水锁技术的低密度多保钻井液体系储层渗透率恢复率可达 90.07%，储保效果显著（表7-1-17 至表7-1-19）。

表 7-1-17　防水锁剂优选实验结果

体系	接触角 θ/（°）	表面张力 σ/（mN/m）	$\sigma\cos\theta$/（mN/m）
地层水	38.97	48.7	37.86
SDFS−1	25.98	24.5	22.02
甜菜碱	31.48	27.9	23.79
OP−10	14.63	28.6	27.67
润湿反转剂	91.9	29.89	−0.99

表 7-1-18　不同体系毛细管力实验结果

序号	体系	接触角 θ/（°）	表面张力 σ/（mN/m）	$\sigma\cos\theta$/（mN/m）
1	钾铵基体系	43.5	52.00	26.78
2	低密度多保钻井液体系	85.9	31.54	2.25

表 7-1-19　低密度多保钻井液体系储保效果评价

序号	样品	层位	岩心	实验温度/℃	气测渗透率/mD	钻井液伤害后渗透率/mD	渗透率恢复率/%
1	钾铵基	盒1	锦145-5	90	1.61	1.15	71.43
2	低密度多保钻井液体系	盒1	锦145-31		1.41	1.27	90.07

3）性能指标

基于低密度多保钻井液体系，优化钻井工程设计，完善钻井液常规性能和储层保护指标要求，以有效保证现场施工效果（表 7-1-20 和表 7-1-21）。

表 7-1-20　低密度多保钻井液体系流变性能参数指标要求

性能及参数	目的层
密度 ρ/（g/cm^3）	1.05～1.10
马氏漏斗黏度 FV/s	40～65
低温低压滤失量 FL_{API}/mL	≤5.0
滤饼厚度 K/mm	≤0.5
高温高压滤失量 FL_{HTHP}/mL	≤12.0
含砂量 Cs/%	≤0.25
初切/终切（$G10''/G10'$）/Pa	（2～5）/（4～12）
pH 值	8～10
固相含量/%	≤5
膨润土含量/（g/L）	≤30.00
黏附系数 Kf	≤0.08

表 7-1-21　低密度多保钻井液储层保护性能参数指标要求

性能及参数	目的层
体系动态平均伤害率/%	≤10
渗透率恢复率/%	≥90
滤饼酸溶率/%	≥90
表面张力/（mN/m）	≤40
接触角/（°）	≥80

性能及参数	目的层
毛细管力 / （mN/m）	≤5
裂缝性储层自然返排率 /%	≥70
滤饼酸溶率 /%	≥80
酸洗后平均返排恢复率 /%	≥85

4）应用效果评价

东胜气田 2019 年应用低密度多保钻井液体系 4 口，平均单井进站一个月稳定产量 3.82m³/d，同区域邻井平均单井进站一个月稳定产量 2.70×10⁴m³/d，同比年增产 521.95×10⁴m³；现场实现自然建产井 4 口，平均单井无阻流量 3.96×10⁴m³/d，节约储层改造费用 232 万元。

第二节　复杂气水关系气藏差异化储层改造技术

东胜气田气藏类型多样，气水关系复杂，发育地层—岩性气藏、岩性—构造气藏和构造—岩性气藏等，分别呈现薄互层发育、储隔层应力差差异大、气水互层和气水同层发育的特征，需采用针对性储层改造工艺技术，实现规模建产。本节在充分结合地质特征基础上，形成水平井全通径完井多级压裂工艺、薄互层穿层压裂技术、气水互层和气水同层压裂技术。

一、水平井全通径完井多级压裂工艺

水平井多级分段压裂工艺技术是实现致密低渗透气藏有效开发的关键技术之一，针对东胜气田复杂类型气藏不同储层地质特征，总结分析前期水平井多级分段压裂工艺的优缺点，开展了地质、完井、压裂一体化的工艺研究，形成与气田储层地质特征相匹配的水平井全通径完井多级压裂工艺。

1. 东胜气田不同水平井多级压裂工艺技术特点及应用情况

"十二五"期间，针对鄂尔多斯盆地北部致密砂岩气藏形成了以裸眼封隔器预置管柱完井多级投球滑套分段压裂工艺为主的水平井改造模式，为大牛地气田快速有效建产提供了技术支撑。在后期生产实践中，该工艺不能实现压后井筒全通径，一旦气井产水量上升，后期措施作业受限。

与大牛地气田不同，东胜气田具有气水关系复杂的特点，气井压后普遍产水，对于水平井多级压裂工艺而言，能否实现压后井筒全通径，满足后期排水采气及措施作业要求是关键。因此，为探寻满足东胜气田高效开发要求的水平井完井方式及多级压裂工艺，对 2011—2016 年气田不同水平井多级压裂工艺技术特点及应用情况进行总结分析：裸眼封隔器预置管柱完井连续油管带底封压裂工艺、固井完井连续油管带底封压裂工艺、固井完井可钻（溶）桥塞压裂工艺和固井滑套压裂工艺能够实现压后井筒全通径满足东胜气田后期排水采气及措施作业要求，见表7-2-1。

表7-2-1　2011—2016年东胜气田不同水平井多级压裂工艺技术特点及应用情况

完井方式	压裂工艺	技术特点	应用井数/口	压后是否全通径
裸眼封隔器预置管柱完井	多级投球滑套	由小到大投不同尺寸球逐级打开压裂滑套实现分段压裂，无需射孔，技术成熟	71	否
	连续油管带底封	采用连续油管水力喷射，配套底部封隔器实现分段压裂，技术成熟	16	是
	计数滑套	投不同数目相同尺寸的小球打开对应的压裂滑套实现分段压裂，无需射孔，技术尚不成熟	3	否
固井完井	连续油管带底封	采用连续油管水力喷射，配套底部封隔器进行转层实现分段压裂，技术成熟	19	是
	可钻（溶）桥塞	泵送可钻（溶）桥塞和射孔联作工具进行射孔和封隔转层实现分段压裂，技术成熟	5	是
	固井滑套	下连续油管滑套打开工具，配套底部封隔器进行转层实现分段压裂，无需射孔，技术尚不成熟	1	是

2. 水平井全通径完井方式及多级压裂工艺优选

1）水平井全通径完井方式优选

（1）针对地层—岩性气藏，储层纵向上无明显水层，采用长缝压裂以及穿层压裂改造，优选裸眼封隔器预置管柱完井，自动选择甜点起裂，实现气井产能的最大化释放；针对储层砂体厚度大，纵向上无明显水层且天然裂缝相对发育，为满足大排量混合水体积压裂改造的需要，优选套管固井完井。

（2）针对岩性—构造气藏和构造—岩性气藏，为满足控水压裂和后期排水采气需要，优选套管固井完井，实现定点起裂、精准压裂。

2）水平井全通径完井多级压裂工艺优选

重点从施工排量、经济性、时效性三个方面对水平井全通径完井多级压裂工艺的优缺点进行对比分析：从施工排量来看，固井完井可钻（溶）桥塞压裂工艺施工能力最强；从经济性来看，固井完井连续油管带底封压裂工艺的工具及作业费用最低；从施工时效性来看，连续油管带底封压裂工艺的施工时效性最高（表7-2-2）。

综合对比分析不同水平井全通径完井多级压裂工艺优缺点，满足差异化压裂设计思路的要求，最终优选出适应于东胜气田不同储层特征的水平井全通径完井多级压裂工艺（表7-2-3）。

表 7-2-2 水平井全通径完井多级压裂工艺适应性对比分析

完井方式	生产套管尺寸 /in	压裂工艺	施工排量 / m³/min	经济性推荐指数	施工时效性段 / d
裸眼封隔器预置管柱完井	4 1/2	连续油管带底封	≤6.0	☆☆☆☆	6~8
固井完井		可钻（溶）桥塞	≤12.0	☆☆☆☆	3~5
		连续油管带底封	≤6.0	☆☆☆☆☆	6~8
		固井滑套	≤10.0	☆☆☆	8~10

表 7-2-3 东胜气田不同储层特征水平井全通径完井多级压裂工艺

井区	储层特征	设计思路	完井方式	压裂工艺
锦 eh	发育单套气层，上下隔层较好，纵向上无明显水层	长缝压裂	裸眼封隔器预置管柱完井	连续油管带底封压裂工艺
	发育多套气层，层间储隔层应力差小，纵向上无明显水层	穿层压裂	固井完井	可钻（溶）桥塞压裂工艺
锦 co	砂体厚度大，纵向上无明显水层且天然裂缝相对发育	混合水体积压裂		
锦 gb	气水同层，含水饱和度较高	控水压裂		连续油管带底封压裂工艺
锦 ff	储层距水层较近或存在天然裂缝，压后容易沟通水层			

二、薄互层穿层压裂技术

东胜气田锦 eh 井区属于地层—岩性气藏，2015 年开始评价，2016 年投入规模开发，开发方式为水平井。主力气层盒 1 段纵向发育多套小层，隔夹层厚度变化大、应力差异大，采用常规压裂技术仅能动用一套气层。为进一步提高储量动用率，近五年来通过对锦 eh 井区储隔层地应力分析和裂缝扩展规律研究，明确缝高影响因素、建立穿层压裂设计图版，结合室内实验和现场裂缝监测，逐步形成了穿层压裂技术。

1. 储隔层特征

锦 eh 井区盒 1 段纵向上发育 1~3 层气层，其中发育单层气层占比 19.7%，平均砂体厚度 21.8m，平均隔夹层厚度 15m；两层气层占比 47.4%，平均砂体厚度 12.7m，平均隔夹层厚度 4.1m；三层气层占比 32.9%，平均砂体厚度 14.7m，平均隔夹层厚度 3.3m。

应用偶极声波测井和室内实验数据，对动静态岩石力学和地应力参数进行计算和校正，得出隔层平均杨氏模量为 21.8GPa，泊松比为 0.28，储层平均杨氏模量为 28.3GPa，泊松比为 0.25；储层最小主应力梯度平均为 0.014MPa/m，隔层最小主应力梯度为 0.0165MPa/m，储隔层最小主应力差主要分布在 2~10MPa 之间，平均为 6.4MPa。

2. 穿层压裂参数设计图版

1）穿层压裂缝高影响因素研究

根据胡阳明、胡永全等的研究，缝高扩展影响因素包括储隔层应力差、隔层厚度、储层厚度、施工排量、压裂液黏度、入地液量等，本节采用正交实验设计方法论证确定了缝高影响主次顺序，即储隔层应力差＞压裂液黏度＞隔层厚度＞入地液量＞施工排量＞储层厚度。

2）裂缝高度延伸规律

在研究裂缝高度延伸规律时，往往采用数值模拟和室内实验相结合的方法，但对矿场实际裂缝高度延伸规律尚未见报道。本节基于矿场裂缝监测结果开展统计分析，明确裂缝高度延伸规律。

通过对东胜气田 17 口井 22 层井温测井结果分析（图 7-2-1 和图 7-2-2），表明缝高主要分布在 12～32m，当下隔层厚度小于 4m 时，下缝高容易穿透下隔层，沟通水层；当下隔层厚度介于 4～8m 且当上隔层厚度大于 1.8 倍下隔层厚度时，下缝高容易穿透下隔层；当上隔层厚度小于 1.8 倍下隔层厚度时，下缝高扩展得到控制；当下隔层厚度大于8m、下隔层应力大于上隔层应力时，下缝高不容易穿透下隔层。

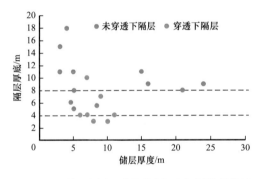

图 7-2-1 储层厚度、隔层厚度及穿层情况统计分析图   图 7-2-2 下隔层厚度与上、下隔层发育情况及穿层情况统计分析图

3）穿层压裂参数设计图版

在缝高延伸规律研究基础上，建立两层气层及三层气层不同参数组合下的地质模型，模拟不同储隔层应力差、储层厚度、隔层厚度、施工排量、入地液量条件下缝高延伸情况，并得到相应穿层压裂施工参数临界值，编制两层气层及三层气层基于多因素分析的系列穿层压裂设计图版（图 7-2-3 和图 7-2-4）。

3. 支撑剂嵌入对隔夹导流能力的影响

不同铺砂浓度条件下支撑剂的嵌入对储隔层导流能力的影响，是评价穿层压裂是否有效的关键所在，如果隔夹层的导流能力不能满足上下储层流体渗流需要，那么穿层压裂将变得没有意义。

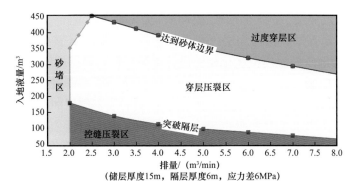

图 7-2-3　两层气层穿层压裂参数图版

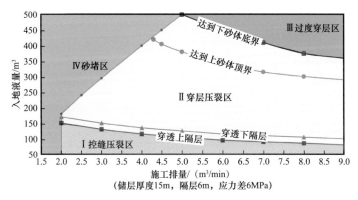

图 7-2-4　三层气层穿层压裂参数图版

本节利用室内实验测试了不同铺砂浓度条件下支撑剂的嵌入对储隔层导流能力的影响（图 7-2-5），表明同一闭合压力下，导流能力随铺砂浓度增大而增大；同一铺砂浓度下，导流随闭合压力增大而减小，锦 eh 井区盒 1 段闭合压力为 50MPa，由此对应铺砂浓度需大于 $5kg/m^2$ 才能满足流体渗流需要的导流能力（大于 $20\mu m^2 \cdot cm$）。

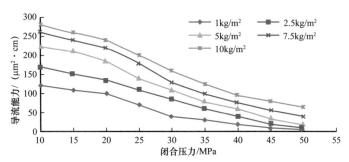

图 7-2-5　不同铺砂浓度不同闭合应力条件导流能力测试

4. 穿层压裂设计参数

根据锦 eh 井区盒 1 段储隔层纵向结构特征，结合支撑剂嵌入对隔夹层导流能力影响分析结果，利用 FracPro 压裂设计软件进行数值模拟，对于发育两层或三层砂体的薄互层，水平井眼位于其中一层砂体内，上下砂体具有一定隔层，压裂参数设计核心是根据隔夹层厚度实现有效穿层，扩大储层改造体积，提高单井产量。

针对两层砂体薄互层，依据穿层压裂设计图版，当隔层小于 4m，容易实施穿层，按照砂体跨度 30m 的地质模型模拟优化相关设计参数；针对隔层厚度大于 8m，不易实施穿层，实行单层长缝压裂；针对隔层在 4~8m，依据储隔层特征进行两层砂体穿层压裂设计；针对三层砂体薄互层，当水平井井眼位于上储层或下储层时，其设计思路、参数和两层砂体储层相似；当水平井井眼位于中间砂体时，参数设计依据上下储隔层厚度进行优化，当上下储隔层厚度均大于 8m，按照单层长缝设计进行优化；当上下隔层有一层大于 8m，按照两层砂体穿层压裂进行设计优化；当上下隔层厚度均小于 8m，按照三层砂体均衡穿层进行设计。具体压裂设计参数见表 7-2-4。

表 7-2-4 锦 eh 井区不同储隔层条件下的穿层压裂设计参数

储层类型	储隔层特征		压裂思路	施工参数
发育 2 套气层	单砂体厚度 10~20m	隔层厚度小于 4m	简易穿层	施工排量 4~5m³/min 加砂规模 45~50m³ 平均砂比 23%~25% 入地液量 300~350m³
		隔层厚度 4~8m	主动穿层	施工排量 5~6m³/min 加砂规模 45~50m³ 平均砂比 22%~24% 入地液量 300~350m³
		隔层厚度大于 8m	单层长缝压裂	施工排量 3.5m³/min 加砂规模 30~35m³ 平均砂比 25% 左右 入地液量 200~250m³
发育 3 套气层	单砂体厚度 10~15m	隔层厚度小于 4m	上下穿层	施工排量 5~6m³/min 加砂规模 50~55m³ 平均砂比 22%~24% 入地液量 350~400m³
		隔层厚度 4~8m	主动上下穿层	施工排量 6~7m³/min 加砂规模 55~60m³ 平均砂比 21%~23% 入地液量 400~450m³
		隔层厚度大于 8m	单层长缝压裂	施工排量 3.5m³/min 加砂规模 30m³ 左右 平均砂比 25% 左右 入地液量 200~250 m³

5. 现场试验及效果

为评价穿层压裂有效性，选取 6 口直井开展偶极声波缝高监测，以 Jeh-a 井为例，该井盒 1 段内部发育 3m 砂质泥岩夹层，应力差 4MPa 左右，对照穿层压裂图版，设计采用穿层压裂，偶极声波缝高监测表明裂缝高度 25m（图 7-2-6），有效实现了穿层；该井压后油压 14MPa，产气 $3.9 \times 10^4 m^3/d$。本技术累计应用 58 口井，平均产气 $3.59 \times 10^4 m^3/d$，相比常规压裂（$2.44 \times 10^4 m^3/d$）提高 47.1%。

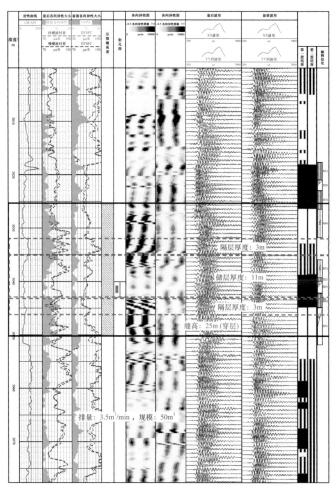

图 7-2-6　Jeh-a 井盒 1 层偶极声波缝高监测结果

三、气水互层和气水同层压裂技术

东胜气田气水关系复杂，主要体现在气层、水层、气水同层交互发育，针对气水互层、气水同层两种类型气藏，通过气藏气水组合关系分析、结合裂缝扩展及气水渗流规律研究，功能性材料研发及评价，开展了差异化的储层改造技术探索试验。

1. 气藏气水组合关系

气水互层气藏特征表现为气层与水层间发育泥岩隔层，主要分布于锦 ff 井区盒 2 段、盒 3 段，底部盒 1 段普遍发育含水层—水层。气层厚度主要为 3～20m，与水层之间的隔层厚度为 4～20m；压裂过程中缝高不易控制，易压穿隔层，沟通底部盒 1 段含水层或水层。

气水同层气藏特征表现为气藏充注程度偏低导致含水饱和度较高，主要分布于锦 gb

井区和锦 gg 井区盒 1 层。储层致密，以毛细管水、束缚水为主，气水共存，压后气液同产，产液量大、液气比高。

2. 气水互层压裂技术

气水互层气藏的改造技术对策，国内柴达木西北地区前期采用控缝高压裂、常规水平井多段压裂、直井体积压裂，压后产量低、含水率高、递减率快，后期开展了水平井细分切割 + 桥塞多段体积压裂增大改造体积技术试验，取得了良好的增产效果。东胜气田在实践过程中对该类气藏压裂技术进行了细化，形成了更为贴合储层特征的压裂技术。

1）压裂技术思路

（1）对于隔层厚度大于 10m 气水互层气藏，隔层厚度大，对压裂缝高扩展阻挡能力强，缝高不易穿透隔层，此时不需要过多考虑缝高扩展，采用常规压裂液、适度排量，造长缝，保证压裂缝长满足增产要求。

（2）对于隔层厚度介于 6~10m 气水互层气藏，在较大排量及液量条件下，缝高能够穿透隔层，沟通水层，需要采取"控缝高"压裂。根据胡阳明、胡永全等人的研究，压裂液黏度及施工排量对缝高扩展影响较大，前置液采用低黏压裂液比如不交联的原胶液进行造缝，施工排量采用由低到高变排量起裂，既可以控制缝高，又可以实现缝长延伸，携砂液采用高黏压裂液，有效支撑主裂缝。

（3）对于隔层厚度小于 6m 气水互层气藏，隔层对压裂缝高扩展的遮挡能力较弱，缝高容易穿透隔层，而过度控制缝高又会导致缝长延伸不足，改造体积偏小，影响压后效果。针对该类气藏，为了有效改造储层，需要转变压裂改造思路，不对缝高进行控制，采用适度排量施工，充分延伸缝长，并通过特殊手段，封堵异层水突进通道。具体实施过程中，采用二次加砂工艺，在前置液阶段泵入专用封堵材料，停泵后，封堵材料沉降在底部水层中，之后进行再次加砂，将常规支撑剂铺置在上部气层中，封堵材料在地层温度恢复后，遇水固结遇气溶解，实现对水流突进通道封堵，避免对储层渗透能力造成伤害，从而实现控水增气的目的（图 7-2-7）。

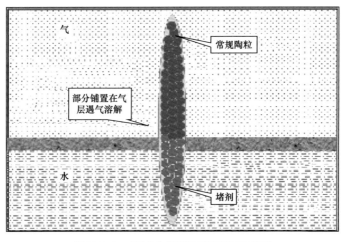

图 7-2-7　异层水封堵工艺原理示意图

2）异层水封堵材料

为满足异层水封堵工艺施工要求，封堵材料需要具备遇气溶解遇水固结的特性。在材料研发过程中，依据相似相容原理，针对遇气溶解性能，通过光谱分析获得锦 ff 井区天然气组分，优选与天然气组分相近的聚合物，并以聚丙交酯、聚乳酸、聚丙交酯等聚合物为基体，通过引入 90～120 号石油醚、120 号溶剂油、芳烃油、环烷油等结构来改善聚合物降解和溶解性能，再利用聚合反应通过合金加工改性制备形成气溶性堵剂。针对遇水固结性能，以石油内提炼的萜稀树脂及耐温固结聚合物为官能团，辅以水分子结合添加剂，研制出适合锦 ff 井区耐温 60℃专用异层水封堵材料。该材料在地层温度 60℃条件下加水混合，2h 大部分堵剂熔化，5h 后完成固结，固结强度达到 25MPa，将固结样本完全浸泡在甲烷气中，1h 后，溶解率能达到 80% 以上。在施工过程中，将封堵材料按一定比例与支撑剂进行混合，可以提高封堵材料固结强度及沉降速度。

3）现场试验

依据不同隔层厚度下的压裂技术思路，开展气水互层含水气藏压裂工艺现场试验。

对于锦 ff 井区隔层厚度大于 10m 的气水互层气藏，"十三五"期间共压裂 5 口井，施工排量 3～3.5m³/min，平均单段入地液量 287m³，平均单段加砂 43m³，压后初期平均日产气 1.3×10^4m³，日产液 1.33m³。

对于隔层厚度大于 6m 小于 10m 的气水互层气藏，"十三五"期间共压裂 11 口井，施工排量 2.5～3m³/min，平均单段入地液量 203m³，平均单段加砂 29m³，压后初期平均日产气 1.16×10^4m³，日产液 1.9m³。

3. 气水同层压裂技术

为实现气水同层气藏有效改造，结合裂缝中气水两相渗流规律，以降低水相对气相的影响优化压裂工艺。

1）气水两相渗流规律

为了分析压裂裂缝中的气水两相渗流规律，依据锦 gb 井区地层参数及相渗曲线（图 5-1-15），利用 CMG 油藏数值模拟软件，采取对数网格加密的方法，建立单裂缝模型，可以更精细地模拟井筒及裂缝附近的压力、含水饱和度及含气饱和度变化情况。

数值模拟油藏模型（图 7-2-8）需进行生产数据历史拟合以保证模型的有效性，为此选取了锦 gb 井区直井试采阶段生产数据对产气量及产水量进行拟合，可以达到 90% 以上的拟合程度，证明了所建立单裂缝油藏模型的有效性及精确性。

在此基础上，模拟了连续生产 3 年时间过程中裂缝附近及裂缝中的含气、含水饱和度变化情况，裂缝附近储层流体基本呈双线性流流动，随着生产的进行，上半段裂缝周围含水饱和度逐渐下降，气相相对渗透率得到提高，水相相对渗透率发生了降低，裂缝上半段成为主要产气通道；下半段裂缝周围出现高含水饱和度区域，气相相对渗透率受影响较大，为主要产水通道。随着生产时间增长，气水界面逐渐上升，水相通道会逐渐侵占气相通道，进而导致气井产气量下降。

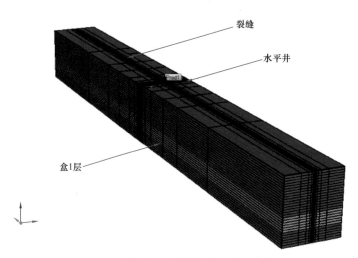

图 7-2-8　单裂缝油藏数值模拟模型示意图

针对气水同层气藏，依据气水两相渗流规律，压裂工艺可以采用疏水材料通过改变支撑剂及裂缝附近地层润湿性，由亲水性转变为中性至疏水性，进而改变相渗曲线，增大气相渗透率，降低水相渗透率，改善压裂效果。国内外对疏水材料开展了较多研究，苏煜彬、曲占庆、刘世恩等研发了选择性渗透支撑剂，胡莹莹、孙蒙等研发出了变相渗压裂液。

2）疏水材料综合评价方法

对于疏水材料透气阻水能力评价，刘红磊、徐鸿涛等测试了选择性渗透支撑剂的导流能力，翟恒来、杜涛等测试了变相渗压裂液的表面张力。本书利用室内实验结合数值模拟形成了一套疏水材料透气阻水能力综合评价方法。

（1）选择性渗透支撑剂综合评价方法。

选择性渗透支撑剂主要通过对常规支撑剂进行覆膜来改变支撑剂表面润湿性，润湿性的改变会导致相渗曲线发生变化。为此，首先通过室内实验测试不同选择性渗透支撑剂相渗曲线，与常规支撑剂相渗曲线进行对比，优选气相渗透率最高、水相渗透率最低的材料，之后开展导流能力测试，并将相渗曲线及导流能力测试结果代入单裂缝油藏数值模型，进行生产模拟，最后依据累计产气量及产水量与常规支撑剂对比对选择性渗透支撑剂透气阻水能力进行综合评价。采用该方法对 4 种选择性渗透支撑剂进行了评价，优选出一种支撑剂，较现用常规支撑剂气相相对渗透率平均增加 17%，水相相对渗透率平均降低 9%。

（2）变相渗压裂液综合评价方法。

变相渗压裂液是在压裂液中添加特定聚合物材料，当压裂液进入地层并滤失后，特定聚合物材料吸附于地层岩石表面，改变岩石表面的润湿性并形成一层透气阻水吸附层，增大地层水向裂缝中渗流的阻力。针对变相渗压裂液性能评价，先将地层吸附特定聚合物材料后测试其润湿角，选取润湿角最大的材料，将其配成溶液对岩心进行驱替，之后测试变相渗材料处理后的岩心的相渗曲线。将相渗曲线代入单裂缝油藏数值模型，对变相渗压裂液透气阻水能力进行综合评价。采用该方法对 3 种变相渗压裂液进行了评价，优选出一种压裂液，经其处理后的岩心气相相对渗透率平均增加 19%，且水相相对渗透率平均降低 7%。

3）增气控水压裂技术

在确定选择性渗透支撑剂及变相渗压裂液后，依据单裂缝油藏数值模型模拟不同参数下生产动态，以最大累计产气量及最小液气比为目标进行数值模拟（图 7-2-9），形成了增气控水压裂技术。模拟结果表明，密切割多簇射孔缩小缝间距可以大幅提高泄气体积进而提高累产气量，通过二次加砂工艺将选择性渗透支撑剂铺置在裂缝上部，并利用焖井技术增加变相渗压裂液的侵入深度，最终可以将累计产气量提高 1.37 倍，累计产水量仅增加 45% 左右，累计气液比降低 38.9%，实现了有效的增气控水。

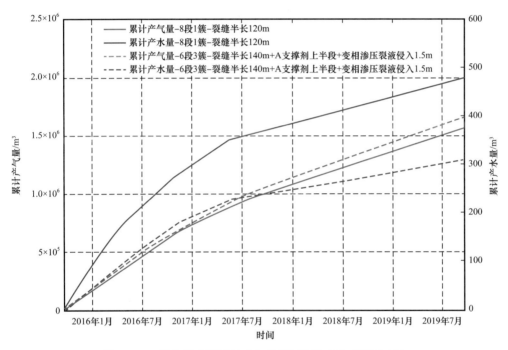

图 7-2-9　增气控水压裂技术与常规压裂技术生产情况对比

4）现场试验

为了评价增气控水压裂技术应用效果，开展了现场试验。以 Jgb-8-10 井为例，该井目的层为盒 1 段，测井解释为气层、气水同层，气水同层主要分布砂体底部，为了保证压裂效果，采用增气控水压裂技术，施工排量 6m³/min，入地液量 341m³，常规支撑剂 16.6m³，选择性渗透支撑剂 43.4m³。该井压后平均日产气量 2×10⁴m³，相比邻井提高 57%，液气比 2.12m³/10⁴m³，相比邻井降低 18%。

气水同层增气控水压裂共实施 10 口井，施工成功率 100%，有效率 90%，压后初期平均日产气 1.14×10⁴m³，相比邻井提高 60%，平均液气比 4.24m³/10⁴m³，相比邻井降低 31.7%。

第三节 高液气比气井排水采气技术

东胜气田受盆缘构造和气藏充盈度的影响，气藏含水饱和度高，导致气井生产中液气比偏高，生产递减快，适合低压集输模式开发。为满足低压集输开采需要，需要配套井下节流工艺技术，初期借鉴苏里格气田常规单相流井下设计技术，气井生产时偏率，配产不达标，不能持续稳定生产，影响开发效果。研究不同排水采气技术优点和局限性，结合气井的井况条件和生产特征，通过针对性攻关与集成创新，形成适应高液气比气井排水采气技术。

一、高水气比气井井下节流排水采气技术

1.井下节流排水采气技术难点

气田普遍高液气比，单井液气比分布范围为 $1.8\sim8.6m^3/10^4m^3$，平均液气比 $3.3m^3/10^4m^3$（表 7-3-1），远高于国内外已开发同类气藏 $0.5\sim1.3m^3/10^4m^3$ 的水平，没有成功的经验和配套的开发技术可借鉴，制约气田规模有效开发。

表 7-3-1 东胜气田不同井区气井主要生产特征

井区	开井数 / 口	平均套压 /MPa	单井日产气 / ($10^4m^3/d$)	单井日产水 / (m^3/d)	水气比 / ($m^3/10^4m^3$)
锦 aa	40	6.32	1.04	1.80	1.7
锦 gb	32	6.79	0.91	3.05	3.4
锦 eh	229	6.41	1.43	3.38	2.4
锦 co	52	10.6	1.34	11.51	8.6
总计	343	7.05	1.37	4.50	3.3

东胜气田受高液气比影响，初期气井井下节流排水采气技术存在以下难点：

（1）建产初期采用苏里格气田成熟的单相气体节流压降温降模型，从单一水合物防止角度设计节流器嘴径和下深，未考虑产出水对嘴流压降温降及对井筒排液能力的影响，导致设计节流器嘴径不能满足配产要求，加速气井积液，生产稳定性差。

（2）初期选用压差式节流器坐封方式是依靠弹簧弹力来实现初封，再依靠节流压差来实现完全密封，导致关停井会对胶筒产生较强冲击力，从而引起胶筒损坏而不密封，影响节流器使用寿命；同时气井出砂严重，节流器气嘴容易刺坏或堵塞，影响了气井正常生产。

（3）气井安装节流器后井筒不通畅，常规流压测试工具难以到达井底，动液面和井底流压测试困难；同时节流器将井筒分成两个压力系统，常规的油套压差法判断积液不再适用，气井积液判断难度加大，排水采气介入时机缺乏针对性，影响了气井正常稳定生产。

2. 高液气比气井井下节流工艺技术

1）井下节流工艺参数设计

针对高液气比气井生产特征，应用节点系统分析方法，以井下节流器为节点，采用气水两相嘴流模型、井筒两相管流模型及产能方程相结合的方式，综合设计节流器参数和预测井下节流过程压力、温度等动态参数变化规律。基本步骤为：

（1）给定井下节流器初始参数（下入深度）和井底温度；

（2）根据气井产能方程和配产要求确定井底流压；

（3）采用气井管流预测模型计算从井底到节流器入口压力和温度；

（4）再次采用气井管流预测模型，以气井井口压力为初值计算到节流器位置，得到节流器出口压力；

（5）根据节流器入口压力、出口压力，采用周舰模型计算得到节流器嘴径大小；

（6）采用李颖川节流温降机理模型计算节流温降，从而得到节流器出口温度；

（7）再次采用气井管流预测模型，以节流器出口压力、温度为初值计算到井口，从而得到井下节流气井全井筒压力温度分布；

（8）在求取井筒压力温度分布的基础上，进行水合物生成情况预测；要保证气井不生成水合物，井下节流气井全井筒流体温度必须始终高于水合物生成温度，反之下移节流器位置进行重新计算，通过多次反复迭代最终确定节流器下入深度和嘴径大小。

以 JaaPabH 井为例，气井基础参数见表 7-3-2 所示，采用上述方法对其进行井下节流工艺参数设计，设计节流器嘴径 4.6mm，节流器下深 2003m。

表 7-3-2　JaaPabH 井基础参数

基础参数	取值	基础参数	取值
测试油藏压力 /MPa	15.80	油管外径 /mm	60.3
油藏温度 /℃	71.94	油管下深 /m	2384.29
完钻井深 /m	测深 3530/ 垂深 2299.3	井口流压 /MPa	1.6
水平段长度 /m	1000	井口流温 /℃	12.2
A 点深度 /m	测深 2530/ 垂深 2332.1	产水量 /（m³/d）	1.5
无阻流量 /（10⁴m³/d）	8.72	节流器设计嘴径 /mm	4.6
产气量 /（10⁴m³/d）	3.03	节流器设计下深 /m	2003

为验证高液气比气井井下节流工艺参数设计的可靠性，在 JaaPabH 井节流器入口处（下部 13m）、节流器出口处（上部 22m）、节流器出口处上部 122m、节流器出口处上部 302m 共 4 个位置安装存储式压力温度计，对流体压力和温度进行长期连续监测，压力和温度测试数据见表 7-3-3。

表 7-3-3　JaaPabH 井稳定生产阶段井筒不同位置处的流压、流温测试数据

压力计位置 /m	流压 /MPa	流温 /℃
1701	3.34	52.7
1881	3.58	54.4
1981	3.67	54.9
2016	6.74	61.7

利用表 7-3-2 基础参数，采用上述方法分别预测节流器出口、入口位置的压力、温度值，并与表 7-3-3 中实测的流压和流温数据对比，如图 7-3-1 和图 7-3-2 所示。图 7-3-1 中节流器入口压力预测值为 7.16MPa，实测值 6.74MPa，误差为 6.23%，表明气液两相嘴流压降模型具有较好的准确性，满足工程计算精度要求，适用于高液气比气井井下节流器嘴径设计。

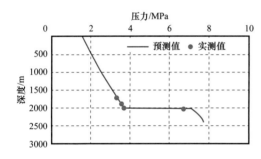 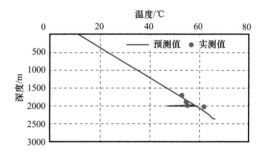

图 7-3-1　节流器入口、出口位置压力预测值与实　图 7-3-2　节流器入口、出口位置温度预测值与实
　　　　　测值对比　　　　　　　　　　　　　　　　　　测值对比

图 7-3-2 中节流压降预测值为 10.9℃，实测节流压降值为 6.71℃，相差 4.19℃，原因是实测节流器出口温度是节流器上部 22m 处的温度值，由于节流后流体温度会在短时间内急剧上升，因此，实测节流器上部 22m 处的温度值比节流器出口实际温度要高，造成实测节流温降值偏小。

2）井下节流技术适用性边界的确定

以锦 eh 井区的气井基本参数（表 7-3-4）为依据，重点分析气井压力、产气量、产水量、节流器下深对井下节流气井井筒携液能力的影响，进而明确井下节流技术应用条件，从而为井下节流工艺科学选井提供依据。

表 7-3-4　东胜气田锦 eh 井区的气井基本参数

地层中部深度 / m	井口温度 / ℃	井底温度 / ℃	井口流压 / MPa	油管外径 / mm	平均产气量 / 10⁴m³/d	平均产水量 / m³/d	节流器下深 / m	节流器嘴径 / mm
3080	10	88	3.5	60.3	2.5	4	2000	3

（1）压力边界的确定。

井下节流气井要保证正常携液生产，必须有足够的举升压力。因此，必须对气井产水量和产气量进行约束，保证气井井底流压始终高于举液所需要的压力值，这样才能够将井筒液体顺利举升出井口，保证气井连续稳定携液生产。根据表7-3-4基础数据分别计算不同产水量、产气量条件下气井排液所需要的举液压力，如图7-3-3所示。产水量越大、产气量越小，气井需要的举液压力就越大。

（2）产气量边界的确定。

结合东胜气田高液气比生产特征，根据气井临界携液理论，气井不同油管尺寸下临界携液流量分布图版如图7-3-4所示，气井产气量至少要大于5000m³/d，才能保证节流器上部低压井筒稳定携液。

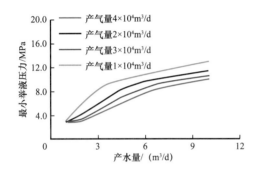

图7-3-3　不同产水量、产气量与井筒举液压力变化关系

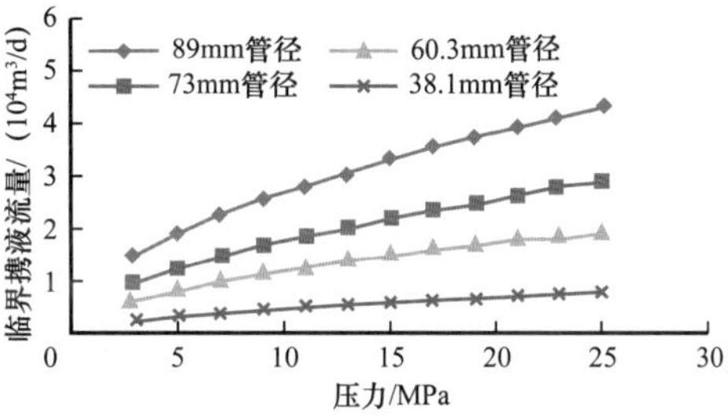

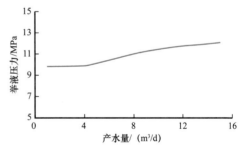

图7-3-4　不同压力、管径下气井临界携液气流量变化关系

（3）产水量边界的确定。

随产水量增大，气井需要的举液压力逐渐增大，不利于气井稳定排水采气。根据表7-3-4基础数据，预测了不同产水量条件下气井井筒举液压力变化规律，如图7-3-5所示。当气井产水量低于5m³/d时，举液压力随产水量变化相对平缓，此时气井安装节流器后对井筒排液影响较小。

图7-3-5　气井不同产水量与井筒举液压力变化关系

基于上述排液影响因素分析，提出了一种考虑气井产能、举液能力和临界携液能力的高产液气井井下节流技术应用条件确定方法，如图7-3-6所示。该方法基本步骤为：

① 根据气井动静态资料和测试数据，确定气井流入曲线和油管流出曲线；

② 确定气井配产气量，并根据气井流入曲线和油管流出曲线确定对应的气井井底流压值和油管举液压力值；

③ 如果气井井底流压值大于油管举液压力值，则判定气井具备下入井下节流器的压力条件；

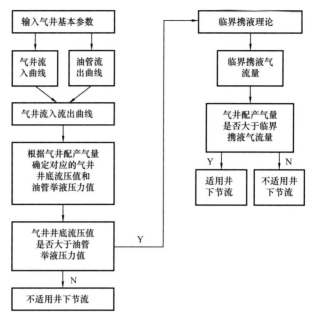

图 7-3-6　高水气比气井井下节流技术应用条件确定方法

④ 如果气井具备下入井下节流器的压力条件，则根据气井临界携液理论计算得到全井筒不同位置处对应的临界携液气流量以及气井的最小临界携液气流量；

⑤ 当气井配产气量大于最小临界携液气流量时，判定气井具备下入井下节流器的产气量条件；

⑥ 如果气井同时满足压力条件和产气量条件，则认为气井适合投放井下节流器，反之不建议投放井下节流器。

根据井下节流技术应用条件确定方法，编制了东胜气田井下节流技术不同液气比特征下压力选井条件，见表 7-3-5。

表 7-3-5　东胜气田井下节流技术应用选井条件

产气量 /（$10^4 m^3/d$）	不同产水量下的套压 /MPa				
	$1m^3/d$	$2m^3/d$	$3m^3/d$	$4m^3/d$	$5m^3/d$
4.0	2.97	3.21	4.34	5.60	6.78
3.5	2.97	3.31	4.61	5.95	7.19
3.0	2.97	3.48	4.96	6.39	7.71
2.5	2.97	3.75	5.41	6.97	8.28
2.0	2.96	4.16	6.03	7.72	8.92
1.5	2.97	4.80	6.94	8.62	9.62
1.0	3.21	5.91	8.31	9.65	10.40
0.5	4.41	8.23	10.05	11.38	12.24

3）机械平衡式井下节流器

针对压差节流式节流器稳定性差、有效期短，研制出机械平衡式节流器（图7-3-7）。其主要原理如下。

（1）坐封：将钢丝绳帽接上专用工具及节流器，下至设计深度；然后绞车上提纲丝，投送装置上凸轮机构自动寻找油管接箍缝，锚定机构随之打开，锚定在油管内壁上，继续上拉钢丝使胶筒充分密封，内部锁定机构上行至上死点，从而锁定锚定机构和密封机构。绞车快速上提，上击震击器产生动能冲击剪断丢手接头上的剪销，完成节流器的投放工艺。

（2）解封：下打捞工具，打开平衡套，油压、套压平衡，捞住解封套上提，解封剪钉剪断，胶筒下行回弹，密封机构解封，卡瓦失去支撑下行解封，完成解封。

（3）喷射排液：为提高节流器排液和举升能力，增加设计喷射和涡流机构；利用节流器高速喷射流体通过喷射机构将井内积液连续不断带入喷射排液雾化器，经喷射排液雾化器喉道将井内积液与喷射流体进行有效混合，混合后流体进入涡流机构，涡流机构使流体快速旋转，流体沿工具向上运动，工具的结构将流体无序的紊流流态转变为有序的涡流运动，减少无序流体的能量损失。

图 7-3-7　平衡式节流器结构示意图

平衡式节流器具有以下优势：（1）依靠钢丝和锁紧机构坐封，密封可靠；（2）有解锁机构和泄流通道，提高了打捞成功率；（3）设计了防砂机构，防止气嘴的刺坏；（4）气嘴设计在上部，防止节流器中心管刺坏和节流温降变化对胶筒损坏。

平衡式节流器主要技术参数见表7-3-6所示。

表 7-3-6　平衡式节流器技术参数表

型号	Y255-57B	Y255-45B	Y255-70B	Y255-35B
适用井	$2\frac{7}{8}$in	$2\frac{3}{8}$in	$3\frac{1}{2}$in	1.9in
适用井况自喷气井、高气油比井				
耐压差 /MPa	40	40	40	40
耐温 /℃	130	130	130	130
最大外径 /mm	ϕ57	ϕ45	ϕ70	ϕ35
长度 /mm	700	625	800	820
下井深度 /m	≤2500	≤2500	≤2500	≤2500
坐封载荷 /kg	350	350	450	350
剪销冲载 /kg	750～1000	750～1000	900～1250	900～1250
气咀系列 ϕ0.8mm～ϕ7.0mm				
油管内径 /mm	ϕ62	ϕ50.3	ϕ76	ϕ41.3

平衡式节流器推广应用196口井，实现节流器安全下入和稳固坐封，大幅提升了工具有效期，且单套平衡式节流器成本较以往压差式节流器成本降低了40%。

4）井下节流技术应用效果

2015—2020年，高水气比气井井下节流排水采气技术在东胜气田推广应用196口井780井次，在井下节流＋低压集输开采模式下，气井不仅有效防止水合物生成，实现了"零堵塞"和"零注醇"生产，而且气井配产符合率由78.3%提升至96.2%，生产时率由78.3%提升至99.3%，实现了"高产水、高液气比"气井连续携液稳定生产，有效支撑了东胜气田持续规模上产（图7-3-8）。

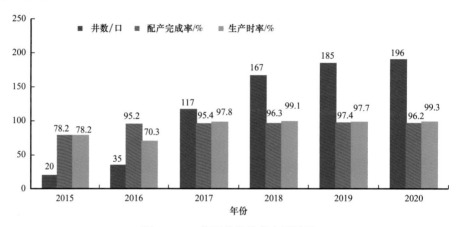

图7-3-8 井下节流技术应用效果

3. 井下节流气井高效排水采气技术

1）积液定量诊断技术

气井开始积液后，井筒内流体压力分布分为上下两段。上段为几乎没有携液能力的低速气流，夹带少量微液滴，流态为雾流，其流动特征接近纯气流；下段为少量气体穿过的混气液柱，流体流态为段塞流或泡状流。井筒内上下两段流体存在明显的气液分界面，被称为"积液液面"。

采用东胜气田575井次的实际积液井测压数据，对不同液气比气井井筒管流模型进行评价应用，无滑脱模型计算单相气体或者低液气比气井井筒流压精度较高，平均误差0.22%，平均绝对误差仅为4.33%，如图7-3-9所示，可以用于积液井液面以上井段流压计算。采用修正后的Hasan & Kabir模型从井底计算至积液面位置时，流压平均误差仅有3.04%，流压平均绝对误差为4.98%，如图7-3-10所示，满足高液气比积液工程计算要求，便于积液井液面以下井段流压计算。

现场实测流压数据证明，当节流器上部积液时，节流器下部已全部积液，因此可假设节流器下部管段的积液面在节流器深度处。当节流器上部不积液时，液位在节流器下部，液位示意如图7-3-11所示。

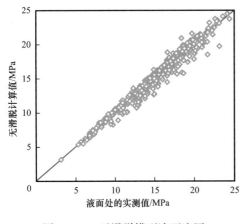

图 7-3-9 无滑脱模型液面流压
计算值与实测值

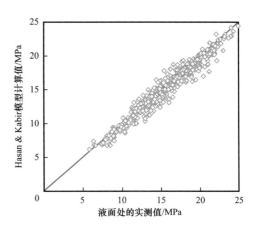

图 7-3-10 Hasan & Kabir 液面流压
计算值与实测值

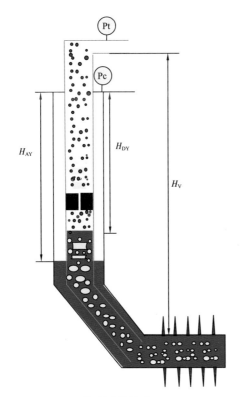

(a) 液面在节流器下部

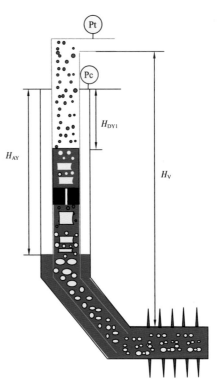

(b) 液面在节流器上部

图 7-3-11 井下节流井液面示意图

井底流压可根据气井流入动态方程计算。一点法产能测试工艺与多点法试井工艺相比，简单、省时、经济，因此在工程中获得广泛应用。其压力平方形式的无量纲 IPR 方程为：

$$\left(\frac{p_{wf}}{\bar{p}_r}\right)^2 = 1 - \alpha \frac{q}{q_{max}} - (1-\alpha)\left(\frac{q}{q_{max}}\right)^2 \qquad (7-3-1)$$

式中 α——无量纲层流系数；

p_r——目前平均地层压力，MPa；

p_{wf}——井底流压，MPa；

q——气产量，$10^4 m^3/d$；

q_{max}——绝对无阻流量，$10^4 m^3/d$。

井下节流积液井全井筒压力计算过程，如图 7-3-12 所示。

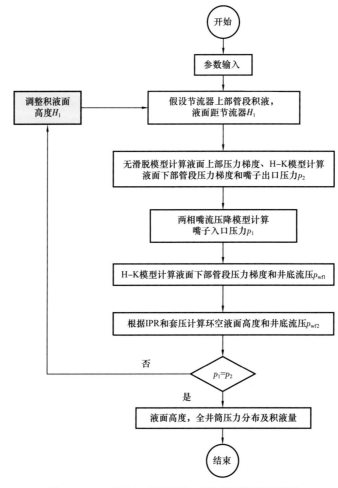

图 7-3-12 节流气井井筒流动模型计算程序框图

2）智能化泡沫排水采气技术

（1）高效泡排剂选型。

通过高温、高压环境下泡排剂性能评价试验，优选出 OPUS-087、OPUS-088 型泡排剂。

表 7-3-7 泡排剂在 90℃下起泡性能比较

泡排剂名称	泡沫高度 /mm							
	0.2% 浓度		0.3% 浓度		0.4% 浓度		0.5% 浓度	
	初始高度 / mm	5min 后	初始高度 / mm	5min 后	初始高度 / mm	5min 后	初始高度 / mm	5min 后
UT-6B	87.5	71	105.5	92.5	132.5	103	130	108
UT-12	82.5	69.5	106.5	91.5	119	104.5	119.5	105
HBGC1	99.5	87.5	128.5	107.5	121.5	104	144	124
HBGC2	96	88.5	101.5	92	123.5	110	139.5	118
OPUS-087	119.5	94.5	151.5	134.5	150.5	121.5	159	131
OPUS-088	141	117	135	124.5	149.5	138	158	129.5

注：模拟地层水矿化度：25×10^4mg/L。

在压力 3MPa、温度 90℃、地层水矿化度 7.2×10^4mg/L 的环境下，OPUS-087、OPUS-088 型泡排剂在不同浓度（0.2%、0.3%、0.4%、0.5%）下的起泡高度见表 7-3-7，初始起泡高度在 119.5mm 以上，5min 后起泡高度在 94.5mm 以上，且随着药剂浓度的增加，起泡高度逐渐增加。

（2）智能化加注工艺配套。

基于东胜气田低压集输工艺未配套注剂管线特点，优选出远程控制智能化自动加药装置作为泡排剂加注工艺，该装置具备如下特点（图 7-3-13）：

图 7-3-13 井组式智能加药装置

① 适用多种气井泡排型号，具有可控多路分配器，最多可实现 1 台装置同时加注 8 口气井药剂；

② 具备远程控制系统，可远程调整泡排加注制度，根据气井需要定时、定量加注；

③ 保温箱式集成结构，整体式高效保温，避免冬季药剂冻堵；

④ 光源追踪式太阳能供电系统，为装置运行及冬季加热保温提供更多的电能。

采用远程控制智能化自动加药装置，可明显降低人工加药强度，且节约生产运行成本，以 JPH-cdc、JPH-sdk 井为例，3 个月内 2 口井累计智能加药 677 井次 4151L，减少人工配药及化排车出车 649 井次，劳动强度降低 95.9%；车辆运行里程缩短约 3.894×10^4km，节约生产运行成本 3.894 万元（表 7-3-8），平均单井泡排施工成本降低 58 元 / 次，降幅为 38%。

表 7-3-8　远程控制智能化自动加药装置泡排剂加注及节约运行成本情况

井号	累计加药井次 / 次	累计加注泡排剂量 / L	累计加注药水量 / L	实际配药井次 / 次	减少配送井次 / 次	减少配药比例 / %	化排车实际油耗 / L/100km	井场距离 / km	油品单价 / 元 /L	节约成本 / 万元
JPH-cdc	367	2085	8340	14	353	96.2	20	60	5.0	2.118
JPH-cdk	310	2166	8664	14	296	95.5	20	60	5.0	1.776
合计	677	4151	17004	28	649	95.9	—	—	—	3.894

3）现场应用效果

通过集成应用积液定量诊断技术、高效泡排剂及智能化加注工艺，实现了东胜气田泡排工艺的提质增效。2018—2020 年累计完成 185 口井下节流气井积液诊断，符合率 94.3%，实施泡排井 128 口，合计泡排井次 17564 次。与前期相比，泡排井数增加 3.6 倍，万立方米气药剂量降低 45%，泡排成功率由 53% 增加至 91%，年产量递减率由 31% 降至 13%，实现了低压集输含水气藏的稳定开发（表 7-3-9）。

表 7-3-9　东胜气田高效排水采气技术应用效果统计

阶段	累计积液诊断井数 / 口	诊断符合率 / %	累计泡排施工井数 / 口	泡排井次 / 次	万立方米气泡排剂量 / L/10^4m^3	单立方米气泡排剂量 / L/m^3	泡排成功率 / %	年产量递减率 / %
2017 年 11—2018 年 10 月（试验前）	—	—	36	2106	5.1	0.9	53	31
2018 年 11—2019 年 10 月（试验阶段）	142	91.1	89	4164	2.5	0.4	87.6	19
2019 年 11—2020 年 10 月（推广阶段）	185	94.3	128	13400	2.8	0.6	91	13
合计	185		128	17564				

二、高产液气井同井采注技术

高产液气井开发面临诸多问题，气井井筒压损大、气井自喷生产期短，地面采输管线压损大，无法混输，产出水拉运与处理成本高。为实现高产液气井有效采气与低成本水处理目的，充分利用潜油电泵深抽、产出水不出地面处理优势，集成创新高产液气井同井采注技术。

1. 同井采注一体化工艺管柱设计技术

工艺思路：地层产出流体经井下气液分离器分离后，分离出的液体沿油管内经电泵增压后由气液流道转化装置转至封隔器上部油套环空回注至上部储层，分离出的气体进入封隔器下部油套环空再经气液流道转化装置进入油管内采出地面（图7-3-14）。

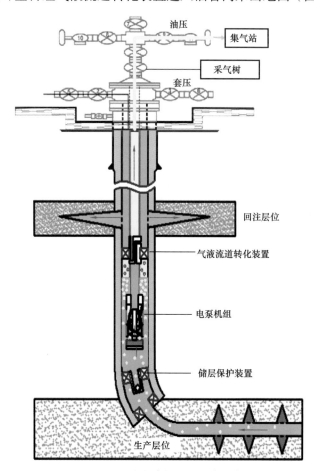

图 7-3-14 同井采注工艺思路示意图

为实现以上工艺目的需解决气水分离、压降可控、流道转换、储层保护四大技术难题。

1）井下气液分离技术

工艺采用两级旋转式气液分离器。气液混合物由吸入口进入到分离器后，由螺旋状诱导轮引入至低压吸入叶轮,产生稳定的压头,进入高速旋转的分离转子,液体甩至分离腔内壁,进入交叉导轮流道供泵抽吸,气体进入分离腔中心,从排气孔排至油套环形空间,实现气液分离。该技术采用双级分离,分离效率可比单级油气分离器提高10%~15%,并且内部径向扶正,防止偏磨。

2)潜油电泵变频控制技术

为调节电泵排量,实现井筒压降可控,采用变频控制。变频控制借助成熟的电子技术,实现数字化智能控制、交互式人机界面,便于操作,使用方便。其主要功能有变频启动、变频调速及保护功能。

(1)变频启动。

该方式是最常用的启动方式,由自主设定电动机的启动频率。该启动频率可在20~50Hz之间自主调节。在变频启动期间,输出到电动机的电压,从初始频率对应的电压开始,无级线性的增加到额定电压。启动时间从0~99.9s,可自主调节设定。

(2)变频调速。

该方式用于潜油电泵工作中流量调节。在气井实际生产过程中,可以通过调节频率方便的实现调节流量的大小。

(3)变频控制柜保护功能。

① 欠载。

变频柜检测到电流低于负载某设定值,机组将启动变频停机。变频柜保护中心提供一个可调节的欠载设定值,调节范围:0~100A。保护中心一旦设定欠载保护功能,发生欠载时,开始欠载倒计时(60s),在倒计时期间如果负载恢复正常,机组将正常运行。否则,机组将以变频停机方式停止运行。

② 过载。

变频柜检测到电流高于负载某设定值,机组将启动变频停机。变频柜保护中心提供一个可调节的过载设定值,调节范围:0~300A。变频柜一旦设定过载保护功能,发生过载时,开始过载倒计时(60s),在倒计时期间如果负载恢复正常,机组将正常运行。否则机组将以变频停机方式停止运行。

③ 缺相。

运行中,变频柜保护中心检测到缺相,机组立刻停止运行。

④ 电流不平衡保护。

在运行中,变频柜一旦检测到主回路电流不平衡(不平衡度大于10%),变频柜则进入保护倒计时(60s)状态,倒计时到零时,机组立刻停止运行;若在倒计时期间电流恢复平衡,则正常运行。

⑤ 短路。

在运行中,变频柜检测到主回路短路,则机组立刻停止运行。

3)过电缆桥式密封与流道转换技术

由于工艺管柱下部带有潜油电泵机组,油管上捆绑有潜油电泵动力电缆,封隔器的坐封、解封方式选择范围有限,从施工简易性、经济性及安全性方面考虑,选择 Y211 型封隔器。同时为缩短工具长度，简化工具结构，将桥式分流接头、集成分流接头、上电缆密封总成、下电缆密封总成和内中心管进行了集成设计，总称过电缆桥式封隔器，其结构如图 7-3-15 所示。

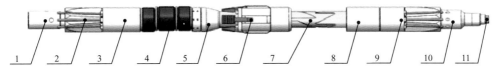

图 7-3-15　过电缆封隔器结构示意图

1—桥式分流接头；2—动力电缆；3—上电缆密封总成；4—封隔器密封总成；5—锥体；6—卡瓦扶正总成；
7—外中心管；8—连接套；9—下电缆密封总成；10—集成分流接头；11—内中心管

过电缆桥式封隔器自上而下由桥式分流接头、上电缆密封总成 、胶筒密封总成、锥体、卡瓦扶正总成、外中心管、连接套、下电缆密封总成、集成分流接头、内中心管等部件组成。

过电缆桥式封隔器下入过程中扶正体销钉卡在外中心管短轨道的上死点，当封隔器下至设计位置后，上提工具管串，轨道销钉在扶正体与套管壁的摩擦力作用下与外中心管产生相对位移，轨道销钉下行至外中心管换向轨道的下死点，然后继续上提胶筒坐封距，下放管柱，此时轨道销钉换向至长轨道，继续下放管柱卡瓦与锥体接触后伸出与套管壁接触、咬合，此时卡瓦不在于锥体对胶筒形成支撑作用，继续下放管柱，胶筒被压缩，封隔器油套环形空间，封隔器坐封完毕；解封时直接上提管柱封隔器即可解封。

桥式分流接头、集成分流接头、封隔器内外中心管三部分实现了气液流道转换。下部油套环空内气体经集成分流接头、内外中心管环空进入油管，下部油管的液体经过内中心管、桥式分流接头进入上部油套环空。

电缆密封装置采用随压密封的方式，两端设计成锥角，装配时给予一定的预压紧力，下井后在井液压力作用下，压力越高，密封越好。穿越电缆采用导体横截面积 13mm² 小扁电缆，在外层包裹了一层经过热处理、压实、焊接、退火等工艺的不锈钢钢管。

4）防倒灌储层保护技术

该工艺通过气液流道转换技术实现了产出液在井筒内直接回注，但在气井生产过程中不可避免要进行检泵作业。因此在检泵作业过程中，在回注层和气井产层之间增加防倒灌装置，避免回注水返吐至气井产层造成污染伤害。防倒灌装置采用 Y445 丢手封隔器与单流阀工具组合，实现了流体由井底流向井口的单向流动，避免了回注水返吐至产层。

经过技术攻关与集成，形成了同井采注工艺管柱技术。管柱自下向上主要由防倒灌封隔器装置、井下传感器、电动机、气液分离器、离心泵、过电缆桥式封隔器、动力电缆等部件组成（图 7-3-16）。流体通过气液分离器分离后，经离心泵增压进入封隔器下部油管，从集成分流接头进入过电缆封隔器内中心管，然后经桥式分流接头进入到封隔器以上油套环空，回注到上部回注层；气体则经气液分离器后进入封隔器下部的油套环形空间，再经集成分流接头的进气孔进入过电缆封隔器内外中心管的环形空间，从桥式分流接头的气流通道进入到封隔器上部的油管内，从油管采出地面。

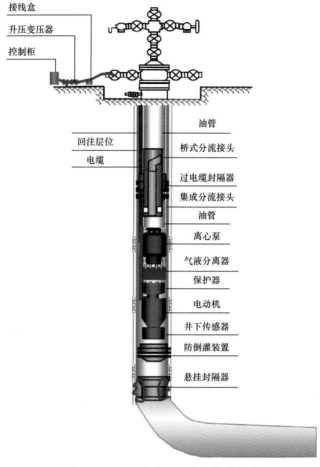

图 7-3-16　同井采注管柱工艺示意图

2. 潜油电泵同井采注工艺参数设计技术

1）同井采注工艺参数设计方法

首先根据配产气量，利用产气流入曲线计算井底流压，其次根据井底流压，利用产水流入曲线计算出产水量；再次根据产水量、回注层深度、回注压力等参数，确定电泵排量、下深和扬程；最后根据压力、温度、产气、产水参数和出砂情况，确定电动机、保护器、分离器等电泵机组选型。

经过东胜气田 39 口现场试验及效果评价总结出了过电缆桥式封隔器、潜油电泵和防倒灌封隔器三者下深原则：一是潜油电泵尾部距离与过电缆桥式封隔器距离大于 200m；二是防倒灌封隔器装置下至水平井悬挂封隔器以上 20m，直井下至产层顶界以上 20m。潜油电泵尾部下至防倒灌封隔器以上 50m，过电缆封隔器下至回注层底界下面 20m。可以在保证泵沉没度的基础上，对电动机尾部深度至防倒灌封隔器距离进行适当调整。

2）同井采注回注层选择方法

回注层要满足以下基本条件：

（1）同层位回注的原则；

（2）回注层保存条件好，埋藏深度不宜过浅；

（3）封隔层封闭能力要强，避免污染上部地表水，破坏环境；

（4）固井质量好，避免回注水窜流至上部水源造成污染。

3. 同井采注稳定运行配套技术

在同井采注工艺井生产运行过程中会出现井口带液、气锁、卡泵等生产问题，需要针对性措施进行治理。

1）同井采注工艺井生产制度优化调整方法

综合考虑频率、回注压力、泵沉没度、防气锁、产气量、井口产水量等参数因素，形成"投产控产降液、提频提产回注、稳频稳产、综合调整正常运行"生产制度优化方法，使气井尽快平稳度过气井脉冲产水期，稳定正常生产。

（1）投产控产降液。低频小排量启泵，套管排污进罐；适时停泵，调节油管阀门，控制产量，减少带液。

（2）提频提产回注。启泵提频生产，降低井筒液面；密切关注回注压力、气锁现象。

（3）稳频稳产。固定合适频率，气量稳定，井口不产液。

（4）综合调整正常运行。根据产出流体变化，适时调频，防止气锁、防止泵卡。同时根据回注压力变化，适时调频、排污或气液混输。

2）卡泵综合治理技术

（1）套管排污防卡泵技术。当运行电流缓慢上涨 1～2A 或出现卡泵特征时，连接套管排污口进罐进行套管排污。套管排污进罐时，要缓慢打开套管阀门控制泄压至大气压，排污至水质清澈为止；套管排污进站时，套压高于油压，先关闭油管阀门，打开套管阀门泄压至回压，后调整套管针阀开度，打开油管阀门，保证液体不回流至油管。

（2）防气锁停机卡泵技术

气锁特征为电流低于正常运行电流，吸入口压力上升，电动机温度升高，井口产液量降低或不产液。

首先试验调频解气锁，降低或提高运行频率，至运行电流提高至正常生产水平，吸入口压力下降，电动机温度下降。当套压较高时，先进行套管泄压，提高泵扬程，再进行调频解气锁。若调频无法有效解气锁，电动机温度升至130℃以上，则停泵进行气液置换，等吸入口压力、油压上涨至3～4MPa，电动机温度恢复至正常生产水平再择机开井。当停机置换后仍然发生气锁，则进行洗井作业。先进行套管补液，然后正洗井至出液畅通，进出口水质一致，洗井压力不超过15MPa，洗井过程观察电流及电动机温度变化情况。

当电流变化呈现出明显垛状电流特征时，则根据吸入口压力情况提高运行频率，放大生产压差改善垛状电流。井口瞬时呈现脉冲流时，可根据单井情况采取关井泡排等方法治理。

（3）电潜泵解卡技术

发生卡泵时，应记录卡泵时间、卡泵前生产情况、电流卡片等数据。卡泵处理采取先变频正反转解卡—再变频洗井解卡—最后工频解卡的工作流程，防止工频解卡对电缆损伤。

卡泵后首先调整电动机相序，进行正反转解卡，至电流、电压、电动机温度恢复正常。

当变频正反转无法解卡，则采取洗井解卡。先进行套管补液，防止洗井过程过电缆封隔器失效。正注洗井至返出液正常，控制排量由小到大，泵压不超过 20MPa。洗井过程中，随时观察记录泵压、排量、出口量及漏失量、运行电流、电泵温度等数据。泵压升高、洗井不通时，应停泵及时分析原因进行处理，不应强行憋泵。电泵温度升高时应及时调整洗井制度。洗井液要求进出口水质一致方可结束施工。当洗井仍然无法解卡启泵，则采用工频启泵。

JehPagH 井 2020 年 5 月 24 日过载停机，正反转变频解卡无法正常启动，测绝缘 25MΩ，三相直流电阻 7.7Ω、7.7Ω、7.7Ω；2020 年 5 月 26 日洗井解卡不成功，测量井下机组直流电阻 7.8Ω、7.8Ω、7.8Ω，绝缘电阻 25MΩ。2020 年 6 月 3 日正反转工频解卡成功，频率 36Hz 正转开机成功，电流 25A，机组运行平稳。

4. 现场应用效果评价

截至 2020 年 12 月 31 日，同井采注工艺应用 39 口井，平均单井井筒压降降低 16.95MPa，井筒液面大幅度降低，累计采气 $2525 \times 10^4 m^3$，排液采气作用显著；累计回注液量 $7.72 \times 10^4 m^3$，节省产出液处理费用约 926 万元，工艺降本取得成效。

该项技术达到了从地层到井底的最大生产压差生产，实现了产出液不出地面的直接回注处理的目的，形成了从井底到集气站液相压损近乎零的"纯气"采输模式。

第四节　高液气比气井低压集气技术

东胜气田单井液气比较高且冬季气温较低，地面天然气管网易形成水合物堵塞，影响正常输送。结合气井生产特征，同时考虑环保和经济要求，从集气管线水合物防治方法、压力设计等级、天然气携液、管网连接模式、计量等技术方面，优化形成多井多站串接、气液混相计量、丙烷制冷脱水、涡流整流混输携液等高液气低压集气工艺技术系列。

一、天然气低压串联集输与处理

1. 东胜气田地面集输面临的困难及挑战

东胜气田属于高寒、低产、低温、含水、含烃类气田，井口初期压力为 10～15MPa，压力递减较快，压降速率为 0.01～0.049MPa/d，平均压降速率 0.0222MPa/d。单井配产

$2 \times 10^4 m^3/d$，日产液 $1.55m^3/10^4m^3$；井口温度较低，冬季约 $4\sim7℃$，夏季约 $13\sim16℃$。另外东胜气田处于沙漠丘陵地区，地势起伏频繁，高差大，局部高差达100m。东胜气田气质组分以烃类为主，不含硫化氢；盒3段、盒2段气层平均甲烷占烃类的含量大于95%，为干气，不同层位气体组分有所不同。通过HYSYS软件对该组分进行水合物形成模拟，其水合物温度生成曲线如图7-4-1所示，单井集气管线埋地低温冬季约2℃，夏季约10℃，相应水合物生成临界压力为1.5MPa、4.0MPa。

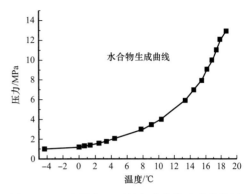

图7-4-1 东胜气田天然气水合物生成曲线图

东胜气田水平井开发平均液气比 $1.55m^3/10^4m^3$，最高达 $10.5m^3/10^4m^3$，低压串联集输条件下，高液气比不利于天然气携液，管网压损较大，给低压防堵工艺的成功运行带来了较大挑战。同时气井排水采气和高产液地面集输的优化运行也给气井气液混相计量带来了更高的要求。另外，低成本要求提出了少进站、长距离集输的要求，也给高产液井的集输提出了挑战，东胜气田甜点式滚动开发模式，需要对管网动态调整，管网设计和优化难度加大。

2.天然气低压串联集输与处理工艺技术

结合井下节流采气方式，集输系统采用"井口不加热、不注醇，中低压集气，带液计量，井间串接，常温分离，二级增压，集中处理"的集气工艺，气液混输与气液分输相结合的总体集输气工艺。中低压串接集气采用井下节流防止水合物生成。气井采用旋进漩涡流量计带液计量（图7-4-2）。

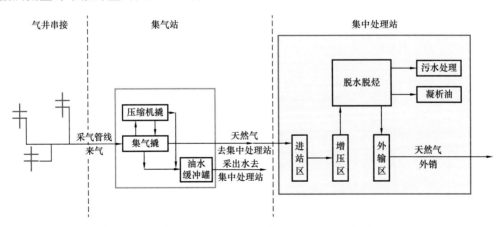

图7-4-2 东胜气田低压集输工艺流程示意图

为保证生产运行不形成水合物，合理利用压力，尽可能保证一次增压进口压力，同时满足天然气外输交接压力3.7MPa要求，操作参数见表7-4-1。

表 7-4-1　集输系统操作参数表

序号	站场	设计参数			
		冬季		夏季	
		压力 p/MPa	温度 T/℃	压力 p/MPa	温度 T/℃
1	井口	≤1.3	4～7	4	13～16
2	集气站	进/出：0.8～1.0/3.0～3.5	40	进/出：3.5～3.7/3.3～3.5	40
3	集中处理站	进/出：2.0～2.2/4.0	40	进/出：2.0～2.2/4.0	40

1）多井多站串接技术

东胜气田采用滚动建产方式开发，采用常规节奏的设计建设模式，会出现集输系统适应性低，地面建设进度滞后，无法及时释放气井产能的问题。

东胜气田最初设计参考苏里格气田，采用单站串接集气模式。按照气井进站压力1.0MPa、远端气井回压小于1.3MPa的原则，经过水力、热力核算，采气管线应用DN65、DN80、DN100、DN150四种管径规格的管线，以枝状串接方式接入到集气站，采气干管为DN150管径，集气站所属采气管线的辐射半径可达到5～8km范围。为适应滚动开发方式，创新采用"多井多站串接"替代"多井单站串接"模式。按照气藏预测的主力层位、主河道砂体方向，提前将DN150采气干管敷设至距离集气站5km半径处，并结合气田开发规划，在采气干管合理位置设置阀门，下一批次的气井建成后，可直接敷设管线接入到预留阀门进行投产，这种采气干管部署模式，可保障当期气井产能释放，并为下一批次气井接入进行了合理预留，形成了"干管先行"部署模式。应用"多井多站串接、干管先行"的设计建设模式，及时释放了产能，并完善了集输管网拓扑结构，提高了适应性。

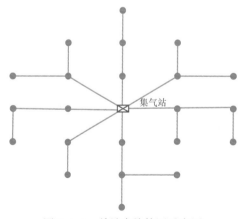

图 7-4-3　单站串接管网示意图

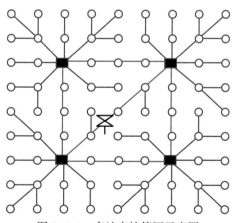

图 7-4-4　多站串接管网示意图

2）气液混相计量技术

东胜气田单井产气量、产液量差异较大，部分气井产液不规律，需要对单井产液量、产气量进行连续准确的计量。传统的节流式流量计或者涡街流量计只能以气相或液相作为测量介质，气中含液体积超出一定值时误差很大甚至发生工作异常。

涡街节流式混相流量计对涡街流量计和节流式流量计进行了集成设计（图 7-4-5），首先，将流量计的主体结构设计成直管段与涡流发生体两部分，在流体进入到直管段之前，设置流态混合器使流体以均匀的状态流经流量计，降低混相计量误差。其次，在直管段中部插入涡流发生体，流体绕过发生体后，产生规则的旋涡，再通过测量旋涡频率计算流体的体积流量 Q 和流速 v。同时，直管段内部进行变径设计，流体流经直管段后产生一定节流压差，压差为 Δp，构成一个节流流量计。输入密度、温度、压力等数据，综合计算得到气井瞬时及累积气体、液体流量，从而在不进行气液分离的情况下实现气液两相流量的准确计量。

涡街节流式混相流量计主要设计参数为：气量范围 3000～50000m³/d，液量范围 0～150m³/d，设计压力 10MPa。经现场试验验证，气液计量误差小于 ±7%。流量计本体结构简单，单套投资显著低于其他类分相或者混相流量计，使东胜气田在串接集气模式下，实现对单井气液的低成本有效计量。

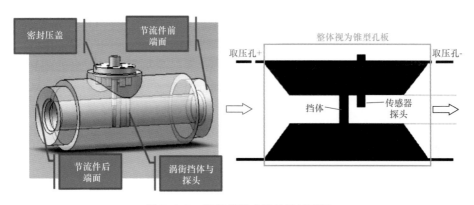

图 7-4-5　涡街节流式流量计示意图

3）丙烷制冷脱水脱烃技术

东胜气田原料气的特点：（1）不含硫化氢，二氧化碳含量低，小于 3%；（2）微含凝析油；（3）气质组分中含饱和态水，容易析出。产品气要满足 GB 17820—2018《天然气》Ⅱ类气质要求：水露点要满足交接点压力 5.3MPa 和 3.7MPa 下，水露点比输送条件下低 5℃，烃露点不高于输送温度。根据东胜气田气体组分数据，在外输压力 5.3MPa 和 3.7MPa 两种工况下，对应的烃露点分别为 8℃ 和 12℃，且原料气中含饱和水，水、烃露点均不能满足国家Ⅱ类气指标（GB 17820）要求，因此需要进行脱水和脱烃处理。结合常用的脱水脱烃工艺和东胜气田天然气特点，对比了以下几种脱水脱烃工艺：

（1）采用丙烷制冷同时脱烃脱水工艺，设备紧凑，冷量利用率高；

（2）选择节流制冷脱烃脱水，可减少制冷工艺设备，但是脱烃脱水工艺前压缩机出口压力增加，总功率增大；

（3）选择三甘醇脱水外加丙烷制冷脱油，可取消注醇以及回收系统；

（4）选择三甘醇脱水外加节流制冷脱油，可取消注醇及回收系统以及丙烷制冷系统。

经过综合对比，丙烷制冷方案投资最省，且工艺成熟，国内多座天然气处理厂脱水脱烃都采用了该工艺。采用该工艺，在交气压力 3.3~5.3MPa 时，可实现水露点为 5℃（夏季）/-5℃（冬季），烃露点为 10℃（夏季）/0℃（冬季）。在满足水露点、烃露点要求的基础上，考虑轻烃回收效益和低温分离器效率等方面的因素，冷凝分离温度确定为夏季 -5℃，冬季 -15℃，该工艺设计不但保障了外输水、烃露点达标，还实现了轻烃的经济回收，总投资收益率达 12.6%。

二、气液两相低阻混输与整流携液

1. 低压串联管网气液混输特征

1）气液混输模型优选

东胜气田气井产液量较大，串联采气管网中基本处于气液混输状态。为保障采气管网运行正常，实现天然气携液顺利输送；同时，也为了最大限度地延长集气半径，降低投资；从串联采气管网中气液混输特征的研究入手，应用多相流模拟软件 Pipephase 进行分析模拟研究，优选确定气液混输模型。

Pipephase 软件中包括 32 种水力计算经验模型，但各个经验模型的适用性不同，计算混输管道压降时对于用一种工况各经验模型的计算结果可能存在很大的差别。所以经验公式的选取对计算结果影响较大。选用 Pipephase 中最常用的 BBM、BB、MB、MBE、DUKLER、EATON 和 EF 等 7 种经验模型对东胜气田集输管网生产情况进行模拟，得到模拟压降，与实际生产压降数据进行对比，分析各模型的适用情况。通过模拟分析发现，BBM 模型和 EF 模型分别在不同的液气比范围内体现出较好的适用性，当井口液气比范围小于等于 2m³/Nm³ 时，采用 BBM 进行模拟计算，当井口液气比范围大于 2m³/Nm³ 时时，采用 EF 模型进行计算。

2）气液混输特征

通过软件模拟和实验，影响流型最主要的因素是气液相流速和管道倾角。在东胜气实际管网中的天然气流速和气井产液条件下，地面串联管线气液混输流态多为层流，还有少量的波浪流，对现场工况范围进行扩展模拟，有可能出现地形起伏引起的段塞流。

针对东胜气田集输管网气液混输条件，利用多相流与相分离实验室多相流实验环道系统开展起伏管路中低压气液混输系统综合实验，观察不同流速、倾角、高差及液气比条件下的流动特征和携液特性。在气液混输动态模拟实验中，将水平管底部液相完全携走较为困难，考虑到现场操作的难易程度和经济因素，需要寻求不影响实际生产下的携液气速最优解，定义为工程携液气速。在临界携液气速的定义和确定中，以实验中观察到的携液现象为主，辅以最小压力梯度判定。临界携液气速是使液膜反向流动状态消失的最小气速。

通过实验发现，携液过程中影响工程携液气速 V_{gc} 的物理量有液相折算速度 V_l、气相密度 ρ_g、液相密度 ρ_l、表面张力 σ、重力加速度 g、倾斜管长度 L、倾角 θ，对该物理过程用 π 定理进行因次分析，得到：

$$V_{gc}=C_{k1}\left[\frac{\sigma\left(\rho_1-\rho_g\right)}{\rho_g^2}\right]^a \sin\varphi^b \qquad (7\text{-}4\text{-}1)$$

式中　V_{gc}——工程携液气速，m/s；

　　　C_{k1}——准则系数；

　　　σ——表面张力，N；

　　　ρ_1——液相密度，kg/m³；

　　　ρ_g——气相密度，kg/m³；

　　　φ——倾角，（°）；

　　　H——井深，m。

$$C_{k1}=f\left(Fr\right) \qquad (7\text{-}4\text{-}2)$$

其中 Fr 为弗劳德数，表达式为：

$$Fr=\frac{V_1^2}{gL} \qquad (7\text{-}4\text{-}3)$$

式中　V_1——液相折算速度，m/s；

　　　g——重力加速度，m/s²；

　　　L——倾斜管长度，m。

参考气井携液临界气速倾斜段的方程，结合实验得到 θ 与 V_{gc} 的关系曲线，取 $a=0.25$，$\varphi=1.7\theta$，$b=0.38$，得：

$$V_{gc}=C_{k1}\left[\frac{\sigma\left(\rho_1-\rho_g\right)}{\rho_g^2}\right]^{0.25} \sin\varphi^{0.38} \qquad (7\text{-}4\text{-}4)$$

$$C_{k1}=f\left(Fr\right) \qquad (7\text{-}4\text{-}5)$$

根据实验数据，取工程携液气速准则系数为 C_{k1}，对式（7-4-5），利用 matlab 的 Curve Fitting Tool 工具进行拟合优化，最终取 General model Fourier1 函数，其拟合误差平方和 8.258，R 平方 0.06145，标准误差 0.6271。

$$C_{k1}=3.365 + 0.2446\cos\left(5.117Fr\right) + 0.3001\sin\left(5.117Fr\right) \qquad (7\text{-}4\text{-}6)$$

2.涡流整流携液技术

相比于传统清管器定期清管，采用旋流技术解决管道积液问题是混合输送气液两相流领域的技术创新。涡流工具是旋流技术的一种应用，其作用是使天然气形成强烈的螺旋流，积液受到螺旋流的切向力作用，在管道内不断旋转前进，最终被携带出管道。涡流工具能够将两相流管路中无规则的湍流流动变为规则有序的环状涡旋流动，降低管道压降，提高携液能力，同时兼具安装维护方便、绿色节能、投资小等优点，在油气田采输过程中得到了广泛应用。

东胜气田部分起伏管路中容易形成低点积液，产生段塞流增加管路压降，有时甚至会形成水合物，减少管线截面积，堵塞管道，降低管线的有效输送能力，从而严重影响气田产能发挥。因此，在东胜气田气液混输管路中探索应用了涡流整流技术。

涡流工具的主要结构参数有顶角、尾角、中心体长度、螺距、叶高和叶宽。通过实验测试可知，45°为涡流工具的螺旋叶片最优起旋角度，改进涡流工具的结构参数能够提高气相携液能力，但也会增大管道局部摩阻，因此需对涡流工具结构参数进行优化使其助排效果最佳，需同时满足两个评价相关指标——提高天然气携液能力与降低管道压降损失。管道中安装涡流工具后，气液两相流通过螺旋形空腔时流通面积突然减小，会产生巨大阻力，因此顶角和尾角采用了具有"高速度、低阻力"优点的流线型设计，以达到减少局部阻力的效果。做出适合于涡旋流分离器顶角和尾角的设计准则及数学模型，将顶角的三次 Hermite 多项式和尾角五次 Hermite 多项式、边界条件等数学模型进行程序编译，针对不同的管道内径，可迅速准确地得到对应的曲线数据，在 SOLIDWORKS 三维建模软件中导入顶角和尾角曲线数据，然后围绕中心导流柱轴线旋转而成，从而做出涡流工具的三维模型。

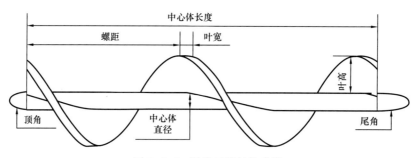

图 7-4-6 涡流工具结构参数

根据现场气液工况，选定液速为 0.05m/s，改变入口气速，分析涡流工具关键结构参数对管道携液整流的影响，因此需要对涡流工具的关键结构参数进行研究分析以确定最佳参数，既充分提高了管道的切向速度，又能够使管道整体压降降低。通过对涡流工具的叶高、叶宽、螺距和中心体长度模拟优化得出高、中、低气速时的涡旋整流模拟结果（表 7-4-2）。

表 7-4-2　涡流工具关键结构参数模拟优化结果（管径 D_i=50mm）

结构参数最优值	V_{sg}=2m/s	V_{sg}=4m/s	V_{sg}=6m/s	V_{sg}=8m/s	V_{sg}=10m/s
叶宽 W/D_i 最优值	0.22	0.22	0.22	0.18	0.18
叶高 H/D_i 最优值	0.44	0.44	0.28	0.28	0.44
螺距 P/D_i 最优值	2.2	2.2	2.2	1.6	1.6
中心体长度 L/D_i 最优值	6	6	2	2	6
涡流工具加工型号	1#	1#	2#	3#	4#

涡流工具在起伏管道中安装位置不同，螺旋气相流对底部积液的携带能力也会不同，因此在起伏管道中合理选择特征位置点安装涡流工具，有助于充分利用螺旋气相流的切向作用力，更好地携带管底积液。建立实验系统，设置管道底部积液含液率为 0.3%，将涡流工具安装在 U 形管道系统中如图 7-4-7 所示的三个位置。选在距离底部 0.3m 的上倾管段处作为观测点，进行观察比较涡流工具在这三个特征位置点的携液情况。通过对携液效果进行对比，表明安装在 2# 位置处，涡流工具携液效果最好，且环状流现象比较明显。当气速增大到 6m/s 之后，管道底部积液量基本全部被携带出去。这是由于随着气速增大，液相集中在水平管与上倾管的拐弯处，涡流工具在 2# 位置处，气流经过拐弯处积液时，螺旋强度仍较大，能够携带积液爬升上倾管道（图 7-4-8）。

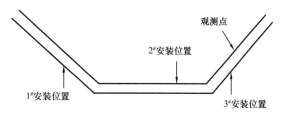

图 7-4-7　不同安装位置处的涡流工具携液情况

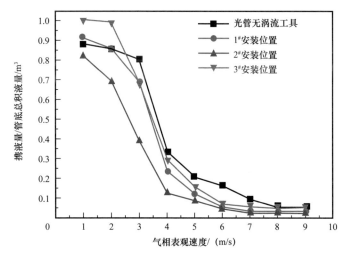

图 7-4-8　不同安装位置时管道携液临界气速分析

不同安装位置的携液效果和压降情况分别如图 7-4-8 和图 7-4-9 所示。通过不同安装位置时管道压降对比，1#、2# 和 3# 安装位置装入涡流工具的管道压降与与光管管道压降相比均不超过 0.02kPa，表明实验选用涡流工具在管道中产生的压降普遍较小；1# 安装位置处携液效果一般，6m/s 之后管道中积液量较少，管道压降较大，不同气速下普遍大于光管压降；在 2# 安装位置处，当折算气速小于 6m/s 时管道压降略大于光管压降，当气速大于 6m/s 时，由于涡流工具的增速携液作用，管道中积液已排除大部分，管道压降开始小于光管压降；3# 安装位置处携液效果并不明显，6m/s 之后管道中积液量较少，管道压降较大，不同气速下均大于光管压降。

流整流技术在东胜气田 J72-9-P1/P2 井管线进行了现场应用试验，在现场气体流速 3.0～5.46m/s 条件下工具应用效果较好，压损降低 11.84%～13.18%，有效提高天然气携液能力，防止管道积液。

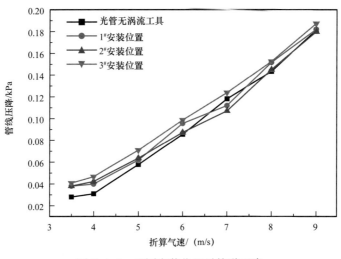

图 7-4-9　不同安装位置时管道压降

三、集输全流程信息化管理与控制

"十三五"以来，随着东胜气田开发规模逐步扩大，集输系统围绕集中处理站为中心向东西扩展，集输井场、站场、管线逐步增多，管理难度增大。为提高集输系统运行效率，提高劳动生产率，以集输全流程为研究对象，打造高效的信息化管理与控制体系，助力气田规模上产及效益开发。

1. 建设思路

应用信息化技术及设备，开展采气井、集气站、管网阀室、集中处理站、分输站的基础设施建设，以及天然气从井口、集输、外销整个集输流程的管理与控制。主要关键点包括网络、自控、安防等基础设施建设对信息化应用中数据采集、远程操控的支持能力；生产流程中各环节动态数据及时准确的传输与共享；生产过程中异常情况分析预测模型的准确与优化；实现生产数据远程监测，重点设备智能启停，单井、集气站无人值守，管线稳定运行，井站安防预警报警。通过岗位调整与优化，有效减少前端生产人员，现场管理由分散管理向集中管控转变，促进生产方式从劳动密集型向知识密集型的转变，实现增产不增人。

2. 数据采集监控技术

1）网络建设

东胜气田生产指挥中心位于气田中部的锦58井区，根据总体规划，东部、西部井区集输系统将统一接入到集中处理站。锦58井区距离东部、西部井区边缘超过100千米，需要建设稳定的网络系统，保障数据有效传输，实现数据有效上传及控制指令下达，并保障网络安全。建立覆盖东胜气田集输系统各环节网络通信系统。网络通信系统涉及监控中心、集气站、RTU阀室和采气井场。以生产指挥中心为中心，以三网（工控网、视频网、办公网）隔离为标准，随产建建成东胜气田网络通信体系，实现主干网络千兆带宽、生产井场光纤到达、办公网络全覆盖、产建井场无线覆盖。采气井场为现场接入节点，用于接入 SCADA 应用与安防应用终端设备。井场内，单井自控数据、安防音视频数据分别汇聚到井场工业交换机，再通过与输气管线同沟敷设的支线光纤（8 芯）传输至集气站汇聚交换机；2 芯用于传输生产数据、报警信息、控制指令（工控网），2 芯用于传输安防数据、视频信息（安防网），工控网与生产网实现物理隔离；使用 4G 通信或无线网桥作为生产数据的备用传输链路。

集气站至各个井口的通信采用点对多点的逻辑结构。根据集气站与各个井口的地理位置分布，将集气站与各个井口串接。根据通信实现方式的不同，有随输气管道自建通信光缆、租用公网无线 4G 网络、租用公网有线宽带网络等三种实现方式。

通信系统采用光纤通信方式。从各个井口敷设光缆至集气站，集气站将各个井口数据汇总处理后，将各种数据信号通过通信光缆传输至集中处理站。集气站至各个井口的通信采用点对多点的逻辑结构。根据集气站与各个井口的地理位置分布，将集气站与各个井口串接。合理地选取光缆芯数，通过各个井口的光配线架的跳接，进行光缆芯数分配，每个井口与集气站独占 4 芯光纤。构建集气站与各个井口之间的点对多点的直联通信通道。

考虑到实际使用及以后的业务预留，单井管线直接进入集气站的，井口至集气站的通信光缆由 4~8 芯提升至 12~24 芯。多井串接管线进入集气站的，井口至集气站的通信光缆全程为 24 芯。外输管线、集气站与集气站之间通信光缆统一为 24 芯。

各集气站之间、集气站到集中处理站、集气站到分输站之间均采用光纤接网络。集气站间铺设单模光纤 48 芯（新建集气站），随管道进行同沟铺设（或者电力线路立杆安装）。

2）集输系统各节点参数采集监控（井口、集气站、管网、处理站）

（1）井口。

每座井场分别设置 1 套 RTU。RTU 系统完成对井场内工艺过程的远程数据采集、监控，并将所有生产数据传送至 SCADA 中心控制系统，实现 SCADA 中心控制系统对所辖井场的监控。主要完成的监控内容有：井口套压检测，井口压力和温度检测，场采气管线瞬时、累计流量检测，井口高低压紧急关断阀运行状态及远程控制，同时视频监控及喊话。

井场仪表和材料的选型以性能稳定、可靠性高、性能价格比高、满足所需准确度要求、满足现场环境及工艺条件要求、符合环保要求等为原则。压力远传仪表采用智能压力变送器，带液晶显示表头。温度远传仪表采用一体化温度变送器，带液晶显示表头。井口采气管线流量检测选用旋进旋涡流量计，流量计通过 RS485 接口将信号接入井场 RTU，2018 年经工艺优化后，井口应用气液两相混相流量计，对气液两相流量进行计量。井口紧急关断阀门选用自力式高低压紧急切断阀。

RTU 系统设备采用风光互补电源系统供电，以保证 RTU 系统正常工作。现场仪表工作电源（24VDC）由井场 RTU 提供。井场建设总体目标为实时监控视频、生产数据（瞬时、累计）、压力曲线、报警记录等，实现电子巡井，远程控制。为气井生产动态分析提供数据,为采气作业提供数据接口。

(2)集气站。

在每座集气站电控一体化集成橇内分别设置 1 套站控系统 SCS,由过程控制系统 PCS 及安全仪表系统 SIS 两部分组成:站控系统 SCS 完成整个生产过程的监视控制、紧急停车与火气监测,并将数据上传至调控中心。安全仪表系统 SIS 又分为火气系统(FGS)和紧急关断系统(ESD)两个子系统。

① 过程控制系统(PCS)。

过程控制系统(PCS)主要测控参数,主要包括以下 8 项内容:

a. 进站、压缩机进出口压力、温度远程检测。

b. 站内流程控制开关阀状态检测以及开关控制。

c. 天然气一体化集成橇:自用气压力调节以及流量、压力、温度检测,闪蒸罐液位、压力检测,自用气分离器液位检测。

d. 压缩机橇:压缩机自带 PLC 控制系统,控制系统完成压缩机橇内数据的采集以及联锁控制。压缩机与电控橇站场控制系统之间的检测,控制信号主要包括:压缩机运行状态信号检测,压缩机进、出口压力温度检测,压缩机进、出口电动阀门的状态以及开关控制。

e. 发电机橇:发电机运行状态、故障报警、以及启停控制。

f. 高压配电橇:配电系统运行参数检测。

g. 采出水罐液位、温度以及电加热棒运行状态、故障信号检测,采出水罐温度信号直接进电加热棒控制器,由控制器根据温度联锁控制电加热棒的启停。

h. 污水外输区:外输泵运行状态上传,污水罐高液位联锁启动污水外输泵,低液位联锁停污水外输泵;污水外输流量检测;污水外输汇管和污水泵后压力检测。

通过过程控制系统(PCS)覆盖进站阀组、分离外输区、压缩机、采出水罐、外输泵、放空区等。实现数据采集远程监控、紧急情况下自动关断,生产参数超限自动报警,生产异常智能预警,生产流程自动运行。

② 安全仪表系统(SIS)。

安全仪表系统主要包括紧急关断系统、火气系统。集气站内部署视频监控系统、周界防护系统、语音对讲系统、智能门禁系统、火气报警系统、烟雾报警系统、声光报警系统等多套安防设施,确保整个生产过程安全可控。

站场紧急关断系统设置两级关断。一级关断(PSD)包含全站保压关断,关闭进、出站紧急切断阀,关断生产流程及辅助流程。二级关断(USD)为单元关断,此级别关断由站场系统自动完成,当局部流程发生故障时,进行单元关断。

火气系统(FGS)主要包括可燃气体泄漏检测和报警、火灾报警系统和声报警器。

(3)管网。

目前基于井站数据采集,管网关键节点数据监控室主要实现运行参数监控和异常报警分析方面功能,内容包括对天然气管线在温度、压力、流量及介质中硫化氢等危害物质含量进行参数监控和异常报警分析。实时监控天然气管线在温度、压力、流量等重要运行参数以及历史趋势的查询。

3. 全流程信息化管理

采用以数字化和 SCADA 系统为核心的三级生产指挥控制系统。第一级为采气厂生产指挥中心：采用空间地理信息与虚拟现实软件平台技术和 SCADA 系统对气田进行远程监控，实现生产统一调度的智能化管理；第二级为站场控制级：由 RTU、过程控制系统 PLC、安全控制系统 PLC 和 ESD 远程 I/O 等站控系统实现；第三级为就地控制级：由现场仪表、控制阀门等设施实现。

井场配置 RTU、集气站配置 PLC 等系统，实现井、站数据的采集与远程的操控，集中处理站中控楼内设置有 1 套以监控与数据采集系统为核心的控制系统，集成各井、集气站、管网阀室、集中处理站、分输站的生产实时数据，并将数据上传至生产指挥中心。

独立井口采气平台的现场仪表、控制设备及 ESD 远程 I/O，实现井口无人值守；井口采气平台和集气站合建站检测仪表、控制设备及站控 SCS 系统，实现集气站无人值守；集中处理站、分输站检测仪表及站控 SCS 系统；生产指挥中心分别实现对所属生产单元的监控、调度和管理。

4. 应用效果

东胜气田已建成覆盖全气田的干线光缆网络，井场、集气站实现无人值守，少人巡站。建设了全厂统一的 SCADA 系统，解决数据实时采集与远程控制问题，实现集气站集中监控。"无人值守"模式运行后，降低了员工劳动强度，提高了管理效率，优化了管理流程，整体提升了管理精益水平。其中，采气管理二区成立以来，生产井由 98 口增加至 323 口，年产量由 $2.06 \times 10^8 \mathrm{m}^3$ 增加到 $13.4 \times 10^8 \mathrm{m}^3$，在岗人员仅 57 人，一直维持稳定，实现了"增产增效不增人"。

第八章　地质工程一体化探索应用

地质工程一体化是实现复杂油气藏效益勘探开发的必由之路。从国内外各油气田的勘探开发进程及技术发展来看，一体化协同发展理念已经植根于油气勘探开发中，并随着勘探开发的对象、目标、技术及管理模式不断丰富发展。华北油气分公司通过引进、消化、吸收国内外"地质工程一体化"经验作法，在鄂尔多斯盆地致密低渗透气藏开发实践中探索形成了具有自身特色的地质工程一体化工作模式与方案，现场应用后取得较好效果。

第一节　地质工程一体化内涵及机制

一、地质工程一体化提出和引进

1. 地质工程一体化提出背景

"地质工程一体化"起源于北美页岩气革命。自 1821 年在美国纽约州的弗里多尼亚镇（Fredonia）首次发现页岩气，众多业内专家学者从深化页岩储层地质认识、提高单井产量工程工艺技术等方面开展了大量研究。20 世纪 90 年代，经过近 20 多年的探索研究，形成了以水平井钻井技术和分段压裂技术为主体的页岩气开发技术，美国页岩气产量随之迅猛增加。巴奈特（Barnett）页岩气区年产量由 1999 年的 $22 \times 10^8 m^3$ 快速增加到 2009 年的 $560 \times 10^8 m^3$，产量在 10 年间增长了 25 倍。2010 年后，美国页岩气产量进入了高速增长阶段，由 2010 年的 $1511 \times 10^8 m^3$ 增加到 2019 年的 $7158 \times 10^8 m^3$，页岩气产量占 2019 年天然气总产量的 75%。美国 Range 公司总地质师 Bill Zagorski 曾就页岩气革命提出两点成功经验：一是基于正确的地质认识，二是雇用最好的工程技术人员和施工队伍，即"地质工程一体化"。北美页岩气开发采用了"一趟钻"高效钻井、水平井轨迹远程导向、储层精细改造及地上地下立体开发等关键技术，同时通过多学科扁平化高效一体化团队、现场作业协同化运作机制、地质工程一体化工作平台等三个方面达成地质工程一体化技术管理模式，实现跨学科、跨部门多元协作，不断优化技术参数和管理流程，快速高效科学决策，大幅增加单井产量并显著降低单位油气生产成本，对致密低渗透气藏高效开发具备指导意义。

2. 地质工程一体化内涵

1）地质工程一体化概念

地质工程一体化以提高单井产能并达到经济有效为目标，以地质—储层综合研究及三维地质模型为基础，地下地上一体化统筹设计，通过工作平台和流程将地质和工程有机融合在一起。"地质"泛指以油气藏为中心的地质—油藏表征、地质建模、地质力学、油气藏工程评价等综合研究，而不是特指学科意义上的地质学科。"工程"泛指在勘探开发过程中，从钻井到生产等一系列钻探及开发生产工程技术及解决方案，经过针对性的筛选、优化，并指导作业实施。

2）地质工程一体化理念

地质工程一体化不是基础理论研究，不是工程技术研发，是直接服务于开发生产活动和过程的互动式综合性应用研究。在深化地质油气藏认识的基础上，分析和掌握关键问题和挑战，在实践中不断优化和改进主体技术和集成方案，持续改进学习曲线，同时为基础理论研究和工程技术开发提出需求和建议。地质工程一体化技术核心是地上地下一体化及品质三角形。地上地下一体化是指交通水系、自然保护区、山岭沟壑等地面条件与构造预测、储层预测、甜点分部、轨道设计等地下目标的一体化优化设计。品质三角形即储层品质、钻井品质及完井品质，储层品质是指准确预测储层含气性、非均质性、孔渗及裂缝特征等，并优选出地质甜点；钻井品质是指提高储层钻遇率、储层保护效果及钻井时效；完井品质是指优化储层改造工艺、压裂施工规模，构建较好的人工渗流通道。

3）地质工程一体化运行模式

常规的油气开发运行模式一般都是单一流程，即按照物探、地质、气藏、钻井、储层改造、采气的单向流程运行，各专业系统间相互沟通结合较少，相互完成目标不统一，往往出现各人自扫门前雪的情况，最终会陷入低投入、低质量、低产出、低效益的恶性循环。地质工程一体化油气开发模式是彼此关联、互动迭代、共同进步的，各专业系统之间不断进行沟通交流、迭代优化，最终产生新认识、高质量、高产出、高效益。

4）地质工程一体化工作任务

地质工程一体化着力于单井全生命周期的优化管理，即"布好井、定好井、打好井、压好井、管好井"。首先，通过深化储层地质认识优选甜点区并确定开发部署区域，采用油气藏数值模拟及投产井分析确定合理井型及井距；其次，在钻井过程中做好轨道设计及地质导向，同时提高储层保护及钻遇效果；再次，根据储层钻遇情况，地质工程结合确定储层改造技术思路、改造工艺及相关参数等；最后，储层改造完毕后选取合理的返排/测试、生产制度、人工举升工艺等。整个井位部署与实施过程中充分做到地质工程相结合，通过迭代提升形成闭环优化系统，不断提升气藏开发效果。

5）地质工程一体化必要条件

通过总结国内外地质工程一体化气藏开发经典案例，达成地质工程一体化需要具备三个必要条件：一是一体化理念决策者和团队，即具备运行地质工程一体化的人才队伍基础；二是协同作战的管理架构，即从顶层设计开始制定出一套完整的运行地质工程一体化的管理模式；三是多学科数据基础和工作平台，即地质工程各专业在同一平台上运行，相互之间可以实现无缝连接。

3. 国内外地质工程一体化示范

随着美国页岩油气成功开发，发展了围绕提高产能，推进地质和工程技术的融合和发展的"地质工程一体化模式"。北美针对非常规油气开发，推出"地质工程一体化解决方案"，建立"一体化协同决策中心"。得益于一体化技术规模化的发展应用，美国非常规油气勘探开发成本比早期降低了50%以上，长水平井压裂、加密布井、一体化工厂化运作已成常态，低油价下抗风险能力显著增强，使得原来认为不具备开采价值的页岩气和致密油的勘探开发成为现实。

近年来，国内各油气田为应对"高成本、低效益"困境，加强地质工程一体化研究，开展精细地质油藏认识、钻井品质提升和完井优化等众多方面研究，取得了显著的效果。中国石油长庆油田与壳牌石油合作开发的长北气田，基于储层薄、渗透率低、存在阻流带等特征，依据地质工程一体化理念，成立一体化合作项目部，地上地下充分融合，各专业各系统交叉优化提升，整体部署47口双分支水平井自然建产实现 $33×10^8 m^3/a$ 稳定产能。中国石油大港油田与洛克公司合作的赵东油田针对滩海储层预测及工程技术开发难题，应用一系列领先效益性特色技术，推行扁平化、一体化及信息化管理模式，地质精细描述确定开发目标，工程支撑地质开发目标实现，建成国内首个滩海亿吨级油田，年产油连续 10 年百万吨。中国石化涪陵气田面对海相页岩埋深大、构造和地表复杂、技术不成熟等难题，通过地质工程一体化，构建"管理 + 技术"新型油公司模式，地质与工程协同管理、协同攻关模式，坚持地质工程一体化研究思路优化方案，全力推进国家级示范区建设，建成了全球除北美之外最大的页岩气田。截至 2020 年底，日产气水平 $2200×10^4 m^3$，累计产气 $334×10^8 m^3$。

通过总结国内外地质工程一体化实践示范案例，得到四条做好地质工程一体化开发模式的启示：一是好的顶层设计（管理架构）是一体化成功运行的根本保证；二是精细、扎实基础地质研究及工程技术科学配套是成功关键；三是地质与工程深度融合、迭代优化是一体化实施的技术保障；四是标准化、信息化是提高地质工程一体化实施效率关键手段。

4. 东胜气田地质工程一体化开发历程

东胜气田沉积变化快、气藏类型多样、气水关系复杂，气井表现为低压、低产、高液气比特征，目前低品位储量、高成本投资等因素制约着东胜气田效益开发。前期，东胜气田在评价开发过程中物探、地质、气藏、钻井、储层改造等各专业侧重于自身问题的解决，相互之间的融合不够。锦 58 井区北部、南部为地层—岩性气藏和岩性气藏，气层厚度大、含气性好，地质专业方面加强了单砂体刻画、井震联合预测、三维地质建模、实时跟踪调整等四方面工作以提高储层钻遇效果。钻井专业方面主要侧重于安全快速成井，所采用的钻井液体系多以稳定井壁为主，水平段钻遇泥岩后往往通过提高钻井液密度来稳定井壁，造成储层保护效果不佳。储层改造专业方面则对于改造规模的认识并不充分，地质与工程相互之间未充分沟通交融，造成多口井实施效果不佳。锦 30 井区为岩性气藏，优质甜点主要受储层物性和裂缝控制，但储层非均质性强、含气性差异大，勘探评价前期对储层分布情况认识不够清晰，地质甜点识别不够充分，工程上多采用以机械封隔为主的分层压裂，压裂规模有限，难以实现对气藏的大规模改造，实施 8 口探井产气效果一般。这些难题使得气田 $7000 \times 10^8 m^3$ 储量无法有效动用,完成产建任务困难重重。

面对东胜气田庞大的未动用难动用地质储量及复杂高含水气藏地质特征,华北油气分公司系统分析开发评价过程中存在的问题,认识到地质工程一体化是实现东胜气田效益开发的唯一路径。2018—2019 年,借鉴大牛地气田大幅度提高单井产量高效调整取得的良好效果,逐步消化吸收国内外典型油气藏地质工程一体化开发模式,开始在东胜气田探索华北特色地质工程一体化并取得了一定的效果。2020 年,中国石化党组提出了地质工程一体化的要求,并举办了两期培训班,华北油气公司多位领导专家参加了培训。通过系统培训和交流,使得地质工程一体化模式获得了进一步提升,并通过多轮井次现场应用,编制了具有华北特色的地质工程一体化工作方案,形成了不同气藏类型的气藏描述和开发政策技术、差异化钻井、压裂和排水采气技术对策,不断迭代认识、持续优化,支撑了东胜气田效益建产。

二、地质工程一体化运行机构

1. 组织机构

成立华北油气分公司"地质工程一体化"工作领导小组,组长由油气开发总地质师及主管工程工艺的副总经理担任,成员包括油气勘探管理部、油气开发管理部、工程技术管理部、投资发展部、科技管理部、信息化管理中心、勘探开发研究院、石油工程技术研究院、采气一厂、采气二厂、采油一厂、监督中心等各部门主要负责人组成。形成的地质工程一体化运行机构,并未将原有机构推倒重来,而是在原各部门基础上进行的有机组合,由领导层、管理部门、运行部门、技术支撑团队、内部支撑部门组成。领导层由开发总地质师及主管工程工艺副总经理担任,负责沟通并做好顶层设计及目标要求;管理部门由油气勘探管理部、油气开发管理部、工程技术管理部及投资发展部组成,部门之间统一认识、下达年度开发任务、同步组织并验收油气藏开发项目;运行单位由勘探开发研究院、石油工程技术研究院、采油气厂、监督中心等组成,全力做好方案编制、运行、跟踪、评价及优化等工作;技术支撑团队由中国石化石油勘探开发研究院及石油工程技术研究院组成,做好瓶颈技术攻关及先进技术应用;内部支撑部门由科技管理部、概预算中心、信息中心及物供中心组成,做好科技、价格、信息化及物资保障工作。

2. 管理职责

"地质工程一体化"工作领导小组主要职责包括:(1)负责统筹规划与部署分公司"地质工程一体化"工作,制定工作推进方案,确定工作内容及目标,并根据勘探开发工作需要设置各区块一体化项目组;(2)负责"地质工程一体化"项目方案审查、过程管控与实施效果评估等全过程管理;(3)负责监督协调各成员单位落实"地质工程一体化"工作;(4)负责制定公司地质工程一体化工作业务流程与标准体系,实现地质工程一体化管理模式的复制和推广;(5)负责制定一体化工作考核办法与激励政策。

按照"以事权为纲"要求,以一体化项目为载体,采取业务部门主导、专业协同、平台支撑的管理方式,在组织机构不变、专业职能不变的前提下,管理部门间由"接力赛"变为"团体赛",研究支撑上由"分散式分段支撑"变为"平台化同步支撑"。具体如图 8-1-1 所示。

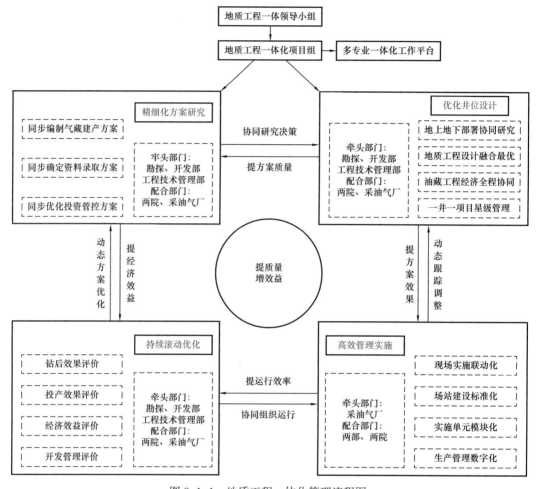

图 8-1-1　地质工程一体化管理流程图

三、地质工程一体化保障措施

1.强化油气藏精细研究与应用

建立以储层综合研究为基础、以三维模型为核心的油气藏精细研究技术体系。深化油气藏单砂体分布规律、储层主控因素、断缝识别、含油气性预测和高产富集规律等研究;加快老区储量动用状况评价,加大含水气藏分区精细描述,持续开展新区开发评价与先导试验,全力提高储量动用程度;加强建模数模一体化工作,优化井位部署和井身轨迹设计,提高储层"甜点"钻遇率,提升部署质量。

2.强化全程储保技术研究与应用

深化储层工程地质特征及储层伤害机理研究,分类分级评价储层伤害主控因素,优化入井液体系配方和全流程储层保护技术措施，降低储层固相、液相侵入伤害及大分子聚合物伤害；控制井内压差，提高钻完井时效，降低储层伤害物侵入深度和伤害程度。

3. 强化增产增效技术研究与应用

深入分析勘探开发目标区储层地质特征，剖析增产增效难点，开展不同油气藏类型储层改造技术攻关和配套技术研究，加强高含水气藏控水增气机理研究，加大致密砂岩油气藏低伤害增能体积压裂技术攻关，试验应用新型压裂液体系、低成本安全高效压裂工艺及控水增气压裂材料，提高储层有效改造体积和单井产量。

4. 强化碳酸盐岩储层工程工艺技术攻关与配套

深入剖析碳酸盐岩裂缝—溶蚀孔洞储层工程地质特征，开展简易控压自然建产完井技术研究，提高自然建产井比例；攻关不同储层地质特征的多级注入酸压改造技术，增加裂缝改造体积和复杂程度；配套含硫气井中途测试和环保性试气建产技术，解决工艺与工具配套不足影响产建速度的问题；研究含硫天然气安全生产集输及除脱硫技术系列，降低全生命周期含硫天然气集输成本，构建系统性的采输系统腐蚀监测及控制技术体系。

5. 强化专家技术支持及实施过程管控

围绕勘探开发目标区，分别成立地质工程一体化工作组，由公司高级专家、专家指导开展方案的论证与部署、单井设计的优化及完善、实施效果总结评价与分析等，全面开展区域重点井技术跟踪和支持，解决重大难题，形成区域技术模板和推荐做法。

按照大运行工作思路，以集约化及综合投资最低为原则，合理安排单井及井组实施顺序和施工队伍。紧抓入井材料质量和现场实施过程管控，作业前组织开展入井材料综合性能检测，材料不达标坚决不入井，施工过程中做好钻井液材料及性能指标、液氮用量、破胶剂加量、加砂量、入地液量、施工排量等参数的监控，确保严格执行设计要求。

6. 加快建立一体化运行工作平台

在 EPBP 基础数据平台上，加快构建多专业、全流程、全生命周期的油气藏一体化数据库系统，研发一体化实时决策平台，多专业协调互动、实时决策、构建学习曲线、动态优化，实现项目、井的实时跟踪、风险预警，提升一体化项目运行质量与效率。

第二节　地质工程一体化技术路线

一、地质工程一体化工作总体目标

华北油气分公司以"储层品质、钻井品质、完井品质"三角形多学科地质油藏研究为内容，确定了地质工程一体化储层品质、钻井品质、完井品质、产量目标、投资目标等。

储层品质主要指烃源岩成熟情况、自由气和吸附气含量、储层物性条件、非均质性、天然裂缝、各向异性、孔喉特征、孔隙压力及异常情况等。储层品质目标是明确地质产能主控因素及有力含气层位置。钻井品质目标是直井储层钻遇符合率90%以上，水平井气层钻遇率提升5%/年，钻井时效提升10%/年；储层污染伤害率控制10%以内。完井品质目标是通过压裂分级优化、射孔簇优化、压裂液、支撑剂及井下工具优选、泵注程序设计及优化等实现缝控储量与井控储量符合率达到90%以上。产量目标为平均单井产量提高20%。天然气十亿立方米产能建设投资降低2亿元/年，最终目标控制到20亿元以内。

二、地质工程一体化工作流程

1. 一体化精细方案研究

精细方案研究是一体化工作的基础，方案研究一体化就是从增储建产、资料录取、投资管控等方面实现方案同步编制、同步确定和同步优化。通过地球物理建模，利用地震、钻井、实验、试采资料，建立地质、岩石物理等多参数模型，实现井位平台部署、钻井工程、储层改造、油气藏开发等多方面的优化。利用地球物理方法对构造进行精细解释，对微幅构造、微断层以及不同尺度的裂缝系统开展细致刻画，建立精确构造模型；对储层实现反演模拟，建立多属性模型，指导井位部署及钻完井压裂施工；在地质储层和地质力学综合研究的基础上开展水平井轨迹方位、靶体优化、钻井液安全窗口、井壁稳定以及压裂施工优化等工程实施方案研究设计，指导开发井的一体化、工厂化实施；通过实施结果，及时优化调整模型参数，在大数据和精准参数场的帮助下确保开发井成功率及单井产量的不断提高。具体流程如图8-2-1所示。

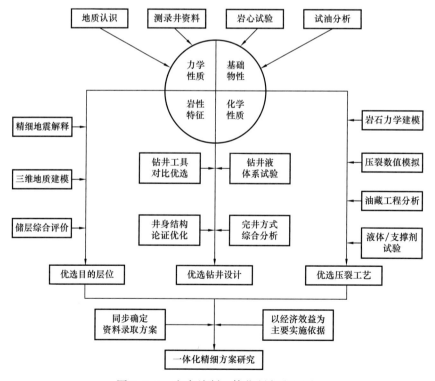

图8-2-1 方案编制一体化研究流程图

2. 一体化高产井位设计

建立油藏—工程—地面—经济有机结合的"逆向设计、正向实施"开发模式，做到"一井一案"星级管理。通过各专业协同研究，井位论证精细化、经济评价全程化，不断迭代提升完善地质、工程设计内容。

1）钻井设计

通过精细小层划分对比与地震、测井、岩心结合的综合地质评价，结合最新试气、采气等成果，明确不同油气藏井位部署的"储层甜点"和"完井甜点"等关键参数；综合地应力方向、压裂控制半径等各项基础研究，做好不同油气藏的钻井设计优化，包括井台组合、"铂金靶体"位置、井身结构、完井方式、钻具组合、钻井液等优化。水平井在造斜段即开展水平段着陆及导向方案设计、精细建立地质导向模型、地质钻井结合优化导向方案。地质、油藏、钻井工程师不但是设计的编写人，同时也负责紧密跟踪、及时优化，总结经验教训，不断迭代提升，经济评价全程参与设计优化。具体流程如图 8-2-2 所示。

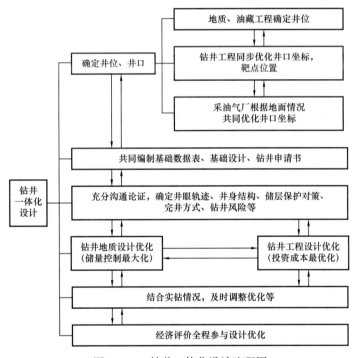

图 8-2-2 钻井一体化设计流程图

2）完钻改造设计

根据钻完井实施情况，运用井身、固井、导向、录井、测井、储层解释、裂缝预测、岩石力学等参数，做好压裂方式、段簇组合、压裂规模、加砂参数、液体配比、支撑剂性能等优化，差异化设计施工参数，开展单井个性化压裂地质设计，为最优化体积改造奠定方案基础。地质、油藏、完井改造工程师不但是设计编写人，同时也负责紧密跟踪、及时优化，总结经验教训，不断迭代提升，开展单井钻井压裂经济效益评价，以经济评价结果作为最直接的决策依据，并根据评价结果优化地质、工程设计内容，具体流程如图8-2-3所示。

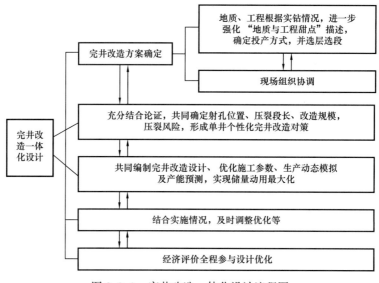

图 8-2-3　完井改造一体化设计流程图

3. 一体化高效管理实施

地质工程一体化实施高效管理目标瞄准"钻井实施平台化、压裂改造集约化、工程服务市场化"特色管理体制，促进技术进步，提高作业质量与效率，有效控制建设成本。

1）钻井一体化高效管理实施

统筹兼顾地面和地下资源，实现地下资源的最大化效益开采，采用井位部署平台化的手段，通过对地形地貌、交通水系、地质灾害及保护区等地面因素的综合判定实现钻前工程最优化。建立地质、工程联合钻井跟踪团队，通过持续精细构造建模、断层裂缝空间刻画、储层特征预测，优化井身结构及三维井眼轨迹，确保钻遇效果和钻井速度提高，保障钻井安全及工程质量最优化，具体流程如图8-2-4所示。

2）压裂改造集约化

根据储层岩石力学及渗流力学特征，按照"储量动用最大化、投入产出最优化"原则，围绕实钻地质目标重点优化压裂方式、段簇组合、改造体积、压裂规模、液体性能、经济导流能力、储层保护、施工效率等关键参数。地质人员全程技术支持、工程人员全程技术跟踪、监督人员全程质量管控，提高方案设计执行率，实现"设计—施工—提升—评估—优化"全过程闭环管理。

3）工程服务市场化

坚持"向资源要效益、甲乙双方共赢"理念，坚定不移走工程技术服务市场化之路，主动营造良好竞争氛围，推进钻井、试油单井招投标管理，培育出技术管理实力较强的一体化施工战略承包商，为技术进步、产量提高、降本增效和实现致密油气一体化高效勘探开发奠定基础。

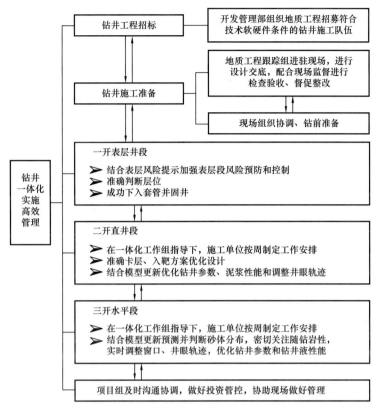

图 8-2-4　钻井一体化高效管理实施流程图

4. 一体化效果评价及后评估

单井实施后，地质开展钻遇效果分析，重点分析构造、储层及含气性方面，钻井工程开展钻井过程储层保护，压裂工程方面分析储层改造对策，采气方面分析排水采气工艺，掌握气井投产后生产情况，做到全流程地质工程一体化分析，明确实施效果。

方案实施后，从地质认识、实施效果、开发技术适应性、开发指标、钻井工程、采气工程、地面工程、项目财务及安全环保节能维稳等方面开展方案效果评估，针对方案实施过程中存在的问题和不足，及时开展分析和明确下步措施，指导后续方案编制。

5. 一体化持续滚动优化

定期开展一体化钻后及投产效果滚动评价。在目标储层位置、轨迹设计等方面，通过钻后分析，对每口井实钻靶体位置进行精确归位，更新地质模型、地球物理模型，提升油气藏描述精度；结合投产产能、储量控制程度、采收率分析、经济评价，确定最优甜点位置、井型与设计轨迹。在投产方式、压裂段长、射孔位置、压裂液体系等方面，根据不同投产方式、不同压裂段长、规模等与产量对比进行滚动优化，最终确定最优投产方式、压裂段长、规模以及最适合的压裂液；通过多轮次对比优化，持续迭代提升开发质量。具体流程如图 8-2-5 所示。

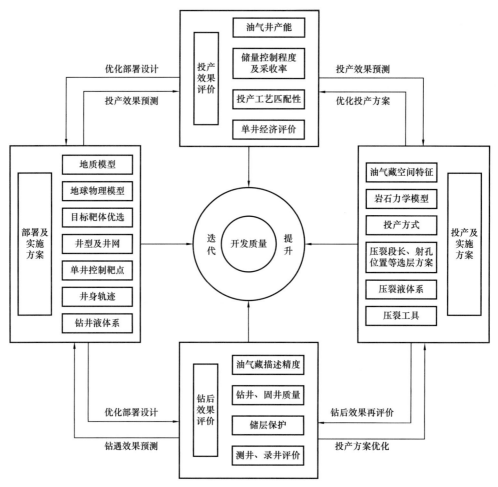

图 8-2-5　一体化滚动优化流程图

三、锦 30 井区地质工程一体化实践

1. 锦 30 井区地质工程一体化项目组

基于前期大牛地气田及东胜气田多口单井一体化实践经验，以提高区块总体建产效果、实现一体化常态运行为目标，围绕开发方案编制与实施成立"地质 + 工程 + 现场"一体化项目组，协同开展井位部署、方案论证、跟踪实施和迭代提升。由地质工程一体化领导小组优选项目长，组织物探、地质、气藏、钻井、压裂、采气、地面、环保、经济等多专业技术人员成立锦 30 井区地质工程一体化项目组，确定"打造小长北"的气藏滚动开发目标，安排项目执行时间节点并制定工作计划，按照"项目长负责制"整体推动锦 30 井区滚动开发项目严密运行。

2. 锦 30 井区一体化开发方案编制

锦 30 井区滚动开发方案在编制过程中经过了多专业一体化多轮次讨论审查，最终确定了满足效益开发的锦 30 井区滚动开发方案。一是坚持"三不一否决"效益论证，观念上不经过一体化的洗礼不推进、管理上不经过多维度的优化不定型、方案上不经过多轮次的打磨不落鲁、效益不过关的坚决否决。多单位、多专业的技术专家运用多地视频沟通方式，采用"正向推进，逆向论证"模式，上一环节对下一环节提目标，下一环节对上一环节提要求，贯彻上下沟通的编制模式。二是坚持"一体化经营"打磨提升。推行"一体化经营"理念，全员思想格式化，地下地上充分融合，各专业各系统多轮次同步优化提升，打磨提升方案质量，保障开发效益。充分发挥一体化经营的优点，概念设计头脑风暴，相互关联、彼此支撑、彼此成就，各系统之间可以实时/适时反馈与优化，迭代式改进各工程系统针对性方案。

（1）构建空间立体井网，极尽动用"甜点"。

针对东胜气田辫状河储层非均质性强的难题，建立了气井钻遇单一、叠置心滩的控制范围模式，形成了不同沉积微相的合理井距确定方法，叠置心滩直井井距为 600～700m、水平井井距为 600～900m，单一心滩水平井井距由心滩分布确定。综合考虑地貌、储层分布特征及微观渗流因素，地上地下一体化形成 3 类混合井网部署模式，即以水平井为主、直井为辅的丛式井组模式，直井、定向井丛式井组模式，以直井/定向井为主、水平井为辅的丛式井组模式。针对甜点分散、有效动用制约因素多的难题，建立了从地面到地下、从宏观到局部、从局部到属性的多维度、多尺度、多因素耦合的"分级约束"井网优化设计体系。2020 年，东胜气田锦 30 井区丛式井组比例达到 97.6%，储量动用率由 53% 提高至 81%。通过地震与地质紧密结合精细刻画岩性、孔隙度、气层厚度等分布确定有利储层发育区，并对钻井品质提出低密度储保要求；精细描述储层平面及纵向展布、心滩发育情况，为水平段轨迹调整、压裂选层选段提供准确依据。

（2）集成优快钻井技术，极优连通"甜点"。

基于储层低密度保护要求，试验并推广应用无土相高性能水基钻井液，J30P6H、J30-4-P1 等多口井现场应用后钻井液密度控制在 1.10g/cm^3 左右，且 API 失水、固相含量等均控制在储层保护技术标准内。基于钻井降本提效及排水采气技术需求，集成创新 6$\frac{1}{2}$in 小井眼钻井及窄间隙固井技术并实现了在石化上游企业首次规模化应用，与 8$\frac{1}{2}$in 井眼相比，单井钻井废弃物减少 40%、钻井投资降低 31%、钻井周期缩短 47%。优化水平井提高储层钻遇率轨迹控制技术，综合分析"地震、测井、录井、钻井"实时数据，实时调整钻井轨迹，缩短调整方案平均下达时间 0.86d，砂岩钻遇率最高达 99.3%，储层钻遇率最高 96.8%。"地质 + 工程 + 运行"联合开展设计宣贯，地质工程一体化理念进一步延伸至一线施工队伍，激发施工队伍落实方案设计的积极性及主动性，现场应用"一趟钻"提速技术及无土相高性能钻井液，水平段最短 4.25d 完钻，有力提升钻井品质。

（3）研发精准压裂技术，极限激活"甜点"。

基于储层岩石力学参数、储隔层及断缝发育情况等，结合井距、泄气半径等差异化设计压裂施工规模，依据地质模型以形成复杂缝网为目标进行三维精细压裂设计，确定各压裂段施工参数；以提高缝控储量为目标，进行地质、工程双甜点优选，采用密切割压裂改造，缝间距由 90m 缩小至最短 15m；现场派驻技术人员跟进每段压裂施工，并根据实施情况实时调整压裂施工参数，确保每段均取得较好的压裂施工效果。针对性压裂改造后水平井达产率达到 100%，平均单井日产量 $3.05 \times 10^4 m^3/d$。

（4）创新排水采气集输技术，极致品尝"甜点"。

针对锦 30 井区部分中高液气比气井排采难题，创新"多参数定量识别、嘴流管流两相耦合、泡排 +"排采技术组合，井下节流工艺液气比应用界限由 $1m^3/10^4m^3$ 拓展至 $10m^3/10^4m^3$。应用 190 口井，生产时率提高至 98.3%。针对高产水气井产能释放难、水处理成本高的难题，集成创新"井下分离 + 井下分流"同井采注技术，实现高液气比气井（液气比 $>10m^3/10^4m^3$）产能有效释放，将含气饱和度动用下限由 55% 降至 45%。针对单井液量大、递减快、压损大的难题，优化形成以"单井计量、多井串接、气液混输"为核心的低压串接与回压控制技术，集输半径由 8km 增大至 17.8km，实现"零注醇、低压损"，助力含水气藏绿色高效集输。

（5）应用迭代评价方法，经济评价"甜点"。

基于优化形成的整体开发方案，依据石油工程造价管理系统清单计价计算方案中每口井的钻井、压裂、采气、地面、环保等投资预算，结合单井预测产量，根据经济评价结果决定是否采用该部署方案，若预期收益率未达到 8%，则需从地质部署、工程方案两方面开展迭代优化，直至方案预期收益率达到 8% 或以上。锦 30 井区部署采用小井眼丛式定向井组开发模式，通过规模化应用 $6^1/_2$in 小井眼井及丛式井组等实现了整个方案经济可行，但初期实施多口井后产量效果不佳，未能达到方案预期收益率达到 8% 或以上，锦 30 井区地质工程一体化项目组根据实施效果对储层特征及产气情况进行了迭代优化，将多口定向井及时调整为水平井，保障整个方案现场实施后取得预期效果。

3. 锦 30 井区井位星级管理模式

为提高锦 30 井区滚动开发方案针对性，创新建立了井位星级管理模式，每口井制定星级管理卡。星级管理以储量价值和投资效益最大化为目标，以单井的收益率作为星级评判标准。8%≤单井内部收益率＜10%，属于三星级井位；10%≤单井内部收益率＜12%，属于四星级井位；12%≤单井内部收益率，属于五星级井位。基于星级管理模式，从井位部署开始进行精细论证，重点培育五星级井位，采用地质工程一体化设计，从设计源头进行提质提效、降本增效，根据星级标准针对性优选高水平队伍，培育战略合作承包商，现场组织实施按照不同星级管理，重点打造五星级高产井，现场实施后及时进行效果评价，不断迭代提升井位部署及施工工艺水平，完善少井高产技术系列。

4. 单井设计编制及跟踪实施

基于编制形成的锦 30 井区滚动开发方案，按照具体井位星级，优先实施五星级井位。基于不同星级井位建立地质设计人员与工程设计人员的双向沟通机制，地质设计人员细化储层地质特征认识，明确单井高产主控因素，基于储层物性、含气性、天然裂缝发育情况等提出单井预测产能目标，并为工程工艺方案制定提供必要的资料支撑，编制形成钻井地质设计；工程设计人员根据储层条件及单井预测产能目标，制定相应的快速钻完井技术方案、储层段提高钻遇率及储层保护技术方案等，形成钻井工程设计。

钻井设计编制过程中，地质设计人员与工程设计人员反复沟通，不断深化地质工程一体化认识，形成最佳的钻井地质设计及钻井工程设计；同时由设计人员编制单井钻井工程预算，与方案投资控制目标的符合率严格控制在90%以上，不达标则反复优化设计直至达标为止。钻井实施过程中，地质设计人员与工程设计人员紧密跟踪现场钻遇情况，根据实钻岩性变化情况及时制定轨迹调整方案，确保实现高气层钻遇率，同时工程设计人员紧密跟进做好储层保护技术措施，提高储层保护效果。

储层改造设计编制过程中，地质及工程技术人员基于储层钻遇录井显示情况及测井等数据，紧密沟通并一同确定本井投产层位、投产方式及压裂改造规模等，编制形成单井投产与储层改造地质及工程设计，并相应编制单井压裂工程预算，与方案投资控制目标的符合率同样控制在90%以上。储层改造施工过程中，技术人员现场跟进压裂施工作业情况，确保压裂设计方案在现场贯彻执行，提高储层改造效果。

5. 锦30井区地质工程一体化实施效果

2020年锦30井区通过地质工程一体化优选储层有利区部署直井/定向井34口、水平井8口，含小井眼定向井组10个（29口）、定向井/水平井混合井组5个（定向井4口、水平井8口），丛式井组井占比97.6%。通过地质工程一体化跟踪实施实现了水平段砂岩钻遇率92.5%，气层钻遇率61.5%，定向井、水平井钻井周期分别为16.17d及48.60d，较2019年缩短54.09%及48.26%，已压裂定向井32口，25口井达产，达产率78.1%，平均日产气量$1.74 \times 10^4 m^3$，水平井压裂2口，达产率100%，平均日产气量$3.05 \times 10^4 m^3$。2020年开发区投产井30口，平均生产天数69d，26口井试气试采生产，处于返排期，液气比较高，平均液气比$9.55 m^3/10^4 m^3$。

第九章 应用效果

东胜气田位于鄂尔多斯盆地北缘，上古生界石炭系—二叠系气藏主要含气层位与盆地内部一致，但具有"四个过渡带"的特点：构造特征表现为从南部斜坡区向北部继承性隆起区过渡、沉积特征表现为由北部近物源陡坡区冲积扇沉积向南部缓坡区辫状河沉积过渡、烃源岩展布由盆内大型生烃中心向盆缘逐渐减薄至缺失过渡、成藏模式由盆内（准连续）岩性成藏单一模式向盆缘（非连续）多因素复合成藏过渡。由于成藏条件复杂，而且成藏后期存在持续且强烈的构造活动，造成气水分布复杂，与盆内连续分布的致密砂岩气有显著差异。早期研究认为该区难以形成大型气田，通过持续的探索，在"十三五"期间，依托国家重大专项，形成了东胜气田"源储输构差异配置，多类型气藏有序聚集，常规—非常规天然气有序共生"的成藏认识，建立了源内充注准连续成藏、源内充注调整成藏、源侧断—砂输导非连续成藏三种成藏模式，丰富和完善了鄂尔多斯盆地成藏理论。在此模式指导下，发现了地层—岩性、岩性、岩性—构造等多类型气藏。截至 2020 年底，在该区上古生界提交探明储量 $1474×10^8m^3$，标志着盆地北缘 60 多年的天然气勘探工作实现了里程碑式的跨越。

在勘探取得突破的同时，不同类型气藏精细描述技术、致密含水气藏渗流机理认识、气藏开发技术政策以及配套工程工艺技术也逐渐完善。

通过地质地震一体化实现了不同类型气藏的甜点识别与精细刻画。在心滩刻画方面，以近物源陡坡带沉积模式为指导，创新引入分形理论进行测井曲线重构，解决了多期叠置且无明显夹层的复合砂体内部期次界面识别难题，垂向划分精度达到 3～5m；基于各向异性去噪、空间相对分辨率等理论，从地震运动学、动力学及几何学信息入手，采用"均方根振幅刻画河道的外形特征、瞬时相位等时格架切片刻画不同河道的边界、倾角 + 水平井实钻分析融合刻画河道内幕心滩"的方法，突出了地质体空间轮廓，提高了河道延展性、河道边界及心滩细节的刻画能力，实现了宽度 200～350m 单期心滩的空间定量表征，现场应用后储层钻遇率由 85.2% 提高至 93.3%。在低幅构造精细描述方面，通过对合成记录进行精细标定、精细层位追踪、井控变速成图，形成了以"小网格解释、小半径追踪、小滤波参数调整、小等值线间距成图"为核心的"四小法"构造精细刻画方法，实现了 5m 以上低幅构造的精细描述，刻画出构造幅度 5～25m、面积 0.3～0.8km² 的构造气藏 131 个，含气面积 72.7km²。在流体预测方面，基于大尺寸成藏物理模拟、在线核磁共振 /CT 扫描、高分辨率场发射扫描电镜分析等研究，系统揭示了致密砂岩储层地层水赋存机理，即微观上主要为成藏驱替不彻底而滞留在微小孔隙中的束缚水和毛细管水，宏观上气水无明显分异，多分布在砂体边缘或内部致密层，天然气主要分布在相对高孔渗储层。基于复合砂体内部气层—水层—干层的差异分布特征，创新建立了考虑流体、岩性因子差异的含气性预测技术，通过叠后时频分析与高分辨率叠前地质统计学反演实现了储层含气饱和度预测，提高了气水空间识别能力，预测吻合率达到85%，现场应用后水平井气层钻遇率由46.6%提高至67.4%。

通过理论研究和室内物理模拟，系统研究盆缘致密含水气藏气水两相渗流机理，认识到气藏渗透率应力敏感中等，渗透率越低，其渗透率应力敏感程度就越强；孔隙度敏感程度总体较弱，孔隙度越低，其孔隙度应力敏感程度就越低。孔隙度敏感性弱于其渗透率敏感性，水相的存在会使得岩心的应力敏感程度加强。揭示了在致密气藏的开发过程中，启动压力梯度并非一成不变的，存在随着储层压力降低而逐渐增大的动态变化过程，称之为"动态启动压力梯度"，启动压力梯度的存在会使储层流动区范围进一步减小。在明晰了致密储层渗流机理的基础上，分类建立了致密气藏压裂水平井和压裂直井产能计算模型，形成了致密含水气藏产能评价技术体系，指导了气井合理配产、井网井距等开发技术政策的制定。

针对气藏类型多样的特点，地面地下一体化综合考虑地表地貌和心滩空间叠置关系，形成了不同类型气藏混合井网立体开发模式。地层—岩性气藏的心滩类型以多层切叠式和叠置式为主，适宜采用直井+水平井混合井型，压裂投产，井距为600～800m，水平井水平段长度为1000～1200m；岩性气藏以孤立式心滩为主，适宜采用水平井为主直井为辅的井型，定点密切割压裂投产，井距为900～700m，水平段长1200～1500m；岩性—构造气藏以侧向叠置式和孤立式心滩为主，适宜采用定向井为主水平井为辅的井型，气藏物性较好，自然投产为主，井距为650m，为保证低幅构造气藏的开发效益，要求单井控制面积大于0.5km^2，单井井控储量大于0.5×10^{8}m^3。

根据储层工程地质特征，形成了完善的配套工程工艺技术。一是漏塌控制提速降本钻井技术，通过创新弱承压地层井组井间协同防漏技术，有效解决了弱承压地层钻井漏失严重问题，漏塌治理有效率较前期提升40%以上；针对东胜气田石千峰组及石盒子组裂缝型泥岩严重失稳难题，创新形成"地震+地质+测井+钻井"地质工程一体化的井壁稳定技术，水平井井壁失稳复杂时间缩短86.9%，实现钻速大幅提高，现场应用水平井289口井，机械钻速提高52.4%、钻井周期缩短50.4%、钻井投资降低18.3%。二是复杂含水气藏差异化高效压裂技术。针对东胜气田薄互层气层，为提高储层纵向动用率，着重考虑水平应力差、隔层厚度、施工排量、入地液量等对缝高的影响，建立穿层压裂图版，形成水平井穿层压裂技术；现场应用58口井，日产气提高47.1%；针对微裂缝发育岩性气藏，在三维地质建模基础上，结合天然裂缝分布、岩石力学、地应力等参数，建立地层可压性评价和混合水压裂参数设计方法，形成"多簇射孔、高黏液造主缝、低黏液扩支缝"混合水体积压裂技术；现场应用25口井，水平井和直井产量分别提高29%和45%；针对复杂气水关系储层压后高产液低产气的问题，研发了遇气溶解遇水固结封堵剂，评价优选了控水支撑剂，在此基础上创新形成气水同层组合疏水压裂技术和气水异层选择性封堵控水压裂技术，现场应用12口井，平均单井日产气提高81.6%，液气比降低40.9%。三是高液气比气井高效采输一体化技术。创新两相流"多参数定量识别+两相耦合嘴流管流模型"设计技术，解决了井下节流应用界限不清的问题，配合研发的新型生物基纳米泡排剂，解决了液气比小于10m^3/10^{4}m^{3}的气井排液难题；针对高产水气井产能释放难、水处理成本高的难题，自主研发桥式分流过电缆封隔器和同井采注参数设计技术，形成"井下分离 + 井下分流"同井采注一体化技术，解决了液气比大于 $10m^3/10^4m^3$ 的气井排液难题，为高含水气藏清洁低成本采气开辟了新途径。四是高产液井低压串接混输集气技术。针对盆地北缘复杂的地貌条件，攻关形成以"混合串接 + 工具整流技术"为核心的高产液气井低压串接气液混输集气工艺，大幅提高了集气半径，最大可达 17.8km，有效解决了高地形差条件下的气液混输难题。

在鄂尔多斯盆地北缘过渡带攻关形成的复杂类型气藏成藏模式以及精细描述和开发技术，完善并提升了中国致密油气开发技术，成为油气专项非常规油气勘探开发和陆上油气工程技术的重要组成部分。在中国油气勘探开发由常规向非常规、致密油气过渡的关键节点，通过在现场的实践应用，有力支撑了致密气储产量的上升。"十三五"期间，东胜气田累计部署气藏评价井 79 口，评价落实可动用储量 $870×10^8m^3$，累计部署天然气产能建设井位 306 口，新建产能 $20.5×10^8m^3$，十亿立方米产建投资从 33 亿元降至 28 亿元，单位完全成本降至 963 元 $/10^3m^3$，2020 年产气量突破 $15×10^8m^3$，年利润 3.8 亿元，实现了东胜气田的规模高效开发。在向宁夏、内蒙古等工业企业供气的同时，也保障了气田周边数万户牧民生活用气，助力了少数民族地区能源转型和脱贫致富。技术成果的持续应用，为"十四五"期间将东胜气田建成年产量达到 $30×10^8m^3$ 的大气田打下了坚实的基础，也可为盆地边缘多种类型气藏的开发动用提供指导，对其他致密含水气藏的开发也有借鉴意义。

参 考 文 献

安永生，曹孟京，兰义飞，等，2010. 井下节流气井的生产动态模拟新方法［J］. 天然气工业，36（4）：55-59.

包洪平，邵东波，郝松立，等，2019. 鄂尔多斯盆地基底结构及早期沉积盖层演化［J］. 地学前缘，26（1）：33-43.

曹光强，姜晓华，李楠，等，2019. 产水气田排水采气技术的国内外研究现状及发展方向［J］. 石油钻采工艺，41（5）：614-622.

车国琼，王立恩，汪轰静，等，2019. 断层对致密砂岩气藏甜点区的控制作用——以四川盆地中部蓬莱地区须二段气藏为例［J］. 天然气工业，39（9）：22-32.

车自成，罗金海，刘良，2002. 中国及临区区域大地构造学［M］. 北京：科学出版社.

陈安清，陈洪德，向芳，等，2007. 鄂尔多斯东北部山西组—上石盒子组砂岩特征及物源分析［J］. 成都理工大学学报（自然科学版）（3）：305-311.

陈朝兵，杨友运，邵金辉，等，2019. 鄂尔多斯东北部致密砂岩气藏地层水成因及分布规律［J］. 石油与天然气地质，40（2）：313-325.

陈敬轶，贾会冲，李永杰，等，2016. 鄂尔多斯盆地伊盟隆起上古生界天然气成因及气源［J］. 石油与天然气地质，37（2）：205-209.

陈俊，谢润成，刘成川，等，2019. 中江气田侏罗系致密砂岩气藏测井流体识别及定量评价［J］. 天然气工业（S1）：136-141.

陈雷，杨红歧，肖京男，等，2018. 杭锦旗区块漂珠—氮气超低密度泡沫水泥固井技术［J］. 石油钻探技术，46（3）：34-38.

陈全红，2007. 鄂尔多斯盆地上古生界沉积体系及油气富集规律研究［D］. 西安：西北大学：10-175.

陈涛涛，贾爱林，何东博，等，2014. 川中地区须家河组致密砂岩气藏气水分布形成机理［J］. 石油与天然气地质，35（2）：218-223.

陈义才，王波，张胜，等，2010. 苏里格地区盒8段天然气充注成藏机理与成藏模式探讨［J］. 石油天然气学报，32（4）：7-12.

戴金星，1979. 成煤作用中形成的天然气和石油［J］. 石油勘探与开发，6（3）：10-17.

戴金星，1982. 煤成气涵义及其划分［J］. 地质论评，28（4）：370-372.

戴金星，裴锡古，戚厚发，1992. 中国天然气地质学（卷一）［M］. 北京：石油工业出版社.

戴金星，戚厚发，1981. 关于煤系地层生成天然气量的计算［J］. 天然气工业，1（3）：49-54.

邓伟飞，赵爽，赵迪，等，2019. 四川盆地西部地区窄河道砂岩精细刻画关键技术［J］. 天然气工业（S1）：96-101.

丁景辰，2017. 高含水致密气藏水平井稳产原因分析及启示——以鄂尔多斯盆地大牛地气田为例［J］. 天然气地球科学，28（1）：127-134.

丁景辰，曹桐生，吴建彪，等，2018. 致密砂岩气藏高产液机理研究［J］. 特种油气藏，25（3）：91-95.

丁景辰，杨胜来，胡伟，等，2014. 致密气藏应力敏感性实验［J］. 大庆石油地质与开发，33（3）：170-174.

丁景辰，杨胜来，聂向荣，等，2014. 致密气藏的应力敏感性及其对气井单井产能的影响 [J]. 西安石油大学学报（自然科学版），29（3）：63–67.

丁景辰，杨胜来，史云清，等，2017. 致致密气藏动态启动压力梯度实验研究 [J]. 油气地质与采收率，24（5）：64–69.

丁燕云，2000. 鄂尔多斯盆地北部航磁反映的构造特征 [J]. 物探与化探，24（3）：197–202.

杜涛，姚奕明，蒋廷学，等，2014. 新型疏水缔合聚合物压裂液综合性能评价 [J] 精细石油化工，31（3）：72–76.

段策，2012. 致密砂岩气藏水平井开发技术研究 [D]. 成都：成都理工大学：10–71.

付金华，邓秀芹，王琪，等，2017. 鄂尔多斯盆地三叠系长8储集层致密与成藏耦合关系 [J]. 石油勘探与开发，4（1）：48–57.

付金华，范立勇，刘新社，等，2019. 鄂尔多斯盆地天然气勘探新进展、前景展望和对策措施 [J]. 中国石油勘探，24（4）：418–430.

干大勇，黄天俊，吕龑，等，2020. 地震振幅能量表征河道砂体及其储层物性——以川中地区中侏罗统沙溪庙组为例 [J]. 天然气工业，40（10）：38–43.

高树生，叶礼友，熊伟，等，2013. 大型低渗致密含水气藏渗流机理及开发对策 [J]. 石油天然气学报，35（7）：93–99.

耿建卫，2017. 一种低温早强低密度水泥浆 [J]. 钻井液与完井液，34（4）：65–68.

宫克勤，胡登辉，郭翠翠，2010. 对天然气节流井筒参数的探讨 [J]. 科学技术与工程，10（30）：7510–7512.

归榕，万永平，2012. 基于常规测井数据计算储层岩石力学参数——以鄂尔多斯盆地上古生界为例 [J]. 地质力学学报，18（4）：418–424.

郭春秋，李方明，刘合年，等，2009. 气藏采气速度与稳产期定量关系研究 [J]. 石油学报，30（6）：908–911.

过敏，2010. 鄂尔多斯盆地北部上古生界天然气成藏特征研究 [D]. 成都：成都理工大学，10–182.

韩重莲，李庆松，2014. 选择性支撑剂在大庆喇萨杏油田的应用 [J]. 长江大学学报（自然版），10（32）：153–154.

郝蜀民，李良，张威，等，2016. 鄂尔多斯盆地北缘石炭系—二叠系大型气田形成条件 [J]. 石油与天然气地质，37（2）：149–154.

何登发，李德生，王善成，等，2017. 中国沉积盆地深层构造地质学的研究进展与展望 [J]. 地学前缘，24（3）：219–231.

何发岐，梁承春，陆骋，等，2020. 鄂尔多斯盆地南缘过渡带致密—低渗油藏断缝体的识别与描述 [J]. 石油与天然气地质，41（4）：710–718.

何自新，2003. 鄂尔多斯盆地演化与油气 [M]. 北京：石油工业出版社.

胡文瑞，2009. 低渗透油气田概论 [M]. 北京：石油工业出版社.

胡文瑞，2017. 地质工程一体化是实现复杂油气藏效益勘探开发的必由之路 [J]. 中国石油勘探，22（1）：1–5.

胡阳明，胡永全，赵金洲，等，2009. 裂缝高度影响因素分析及控缝高对策技术研究 [J]. 重庆科技学院学报（自然科学版），11（1）：28–31.

胡永全，任书泉，1996. 水力压裂裂缝高度控制分析［J］. 大庆石油地质与开发，15（2）：55–58.

黄延章，1997. 低渗透油层非线性渗流特征［J］. 特种油气藏，4（1）：9–14.

纪文明，李潍莲，刘震，等，2013. 鄂尔多斯盆地北部杭锦旗地区上古生界气源岩分析［J］. 天然气地球
科学，24（5）：905–914.

贾爱林，张明禄，谭健，等，2016. 低渗透致密砂岩气田开发［M］. 北京：石油工业出版社.

贾承造，郑民，张永峰，2012. 中国非常规油气资源与勘探开发前景［J］. 石油勘探与开发，39（2），
129–136.

姜振学，林世国，庞雄奇，等，2006. 两种类型致密砂岩气藏对比［J］. 石油实验地质，28（3）：210–
214.

蒋艳，2011. 长北天然气开发项目风险管理模式研究［D］. 西安：西安石油大学：5–51.

金立璨，2017. 鄂尔多斯盆地东缘二叠系下石盒子组沉积体系分析［D］. 荆州：长江大学：18–46.

金衍，陈勉，2012. 井壁稳定力学［M］. 北京：科学出版社：24–66.

金振奎，时晓章，何苗，2010. 单河道砂体的识别方法［J］. 新疆石油地质，31（6）：572–575.

黎华继，严焕榕，詹泽东，等，2019. 川西坳陷侏罗系致密砂岩气藏储层精细评价［J］. 天然气工业
（S1）：129–135.

李功强，陈雨霖，贾会冲，等，2017. 鄂尔多斯盆地北部十里加汗区带致密砂岩储层流体赋存状态及分布
特征［J］. 天然气工业，37（2）：11–18.

李国华，王素荣，李永明，等，2011. 多级注入下沉剂控缝高压裂工艺优化及应用［J］. 石油化工应用，
30（4）：35–40.

李美俊，王铁冠，刘菊，等，2007. 由流体包裹体均一温度和埋藏史确定油气成藏时间的几个问题——以
北部湾盆地福山凹陷为例［J］. 石油与天然气地质，28（2）：151–158.

李鹏晓，孙富全，何沛其，等，2017. 紧密堆积优化固井水泥浆体系堆积密实度［J］. 石油钻采工艺，
39（3）：307–312.

李强，田晓平，孙风涛，等，2019. 辽中凹陷南洼构造转换带发育特征及其对油气成藏的控制作用［J］.
油气地质与采收率，26（5）：41–47.

李松，刘玲，吴疆，等，2021. 鄂尔多斯盆地南部山西组—下石盒子组致密砂岩成岩演化［J］. 天然气地
球科学，32（1）：1–10.

李伟，王雪柯，张本健，等，2020. 中国中西部砂岩天然气大规模聚集机制与成藏效应［J］. 石油勘探与
开发，47（4）：668–678.

李颖川，胡顺渠，郭春秋，等，2003. 天然气节流温降机理模型［J］. 天然气工业，18（5）：70–72.

李颖川，王志彬，唐嘉贵，等，2010. 气井气水两相节流温降模型［J］. 天然气工业，30（3）：57–59.

李仲东，2006. 鄂尔多斯盆地北部上古生界压力异常及其与天然气成藏关系研究［D］. 成都：成都理工
大学：15–175.

李卓，姜振学，庞雄奇，等，2013. 塔里木盆地库车坳陷致密砂岩气藏成因类型［J］. 地球科学（中国地
质大学学报），38（1）：156–164.

梁顺军，雷开强，王静，等，2014. 库车坳陷大北—克深砾石区地震攻关与天然气勘探突破［J］. 中国石

油勘探, 19（5）: 49–58.

林小兵, 刘莉萍, 田景春, 等, 2014. 川西坳陷中部须家河组五段致密砂岩储层特征及主控因素 [J]. 石油与天然气地质, 35（2）: 224–230.

凌云, 高军, 孙德胜, 等, 2007. 基于地质概念的空间相对分辨率地震勘探研究 [J]. 石油物探（5）: 432–463.

凌云, 高军, 吴琳, 2005. 时频空间域球面发散与吸收补偿 [J]. 石油地球物理勘探（2）: 176–182.

凌云, 郭向宇, 高军, 等, 2010. 油藏地球物理面临的技术挑战与发展方向 [J]. 石油物探,（4）: 319–336.

刘畅, 陈冬霞, 董月霞, 等, 2015. 断层对南堡凹陷潜山油气藏的控制作用 [J]. 石油与天然气地质, 36（1）: 43–50.

刘崇建, 黄柏宗, 徐同台, 等, 2001. 油气井注水泥理论与应用 [M]. 北京: 石油工业出版社.

刘道理, 李坤, 杨登锋, 等, 2020. 基于频变 AVO 反演的深层储层含气性识别方法 [J]. 天然气工业, 40（1）: 48–54.

刘合年, 史卜庆, 薛良清, 等, 2020. 中国石油海外"十三五"油气勘探重大成果与前景展望 [J]. 中国石油勘探, 25（4）: 1–10.

刘红磊, 2011. 选择性支撑剂性能评价及在低渗透裂缝性油藏的应用 [J]. 油气藏评价与开发, 1（1-2）: 55–60.

刘凯, 王任, 石万忠, 等, 2021. 鄂尔多斯盆地北部杭锦旗地区下石盒子组多物源体系: 来自矿物学及碎屑锆石 U–Pb 年代学的证据 [J]. 地球科学, 46（2）: 540–554.

刘乃震, 2017. 致密砂岩气藏水平井高效开发技术——苏里格气田苏 53 区块开发实践 [M]. 北京: 石油工业出版社.

刘乃震, 何凯, 叶成林, 2017. 地质工程一体化在苏里格致密气藏开发中的应用 [J]. 中国石油勘探, 22（1）: 53–60.

刘世恩, 郭红, 王冰, 2010. 疏水支撑剂 DXL–1 的研制 [J]. 化学工程与装备（2）: 39–40.

刘殊, 任兴国, 姚声贤, 等, 2018. 四川盆地上三叠统须家河组气藏分布与构造体系的关系 [J]. 天然气工业, 38（11）: 1–14.

刘小洪, 2008. 鄂尔多斯盆地上古生界砂岩储层的成岩作用研究与孔隙成岩演化分析 [D]. 西安: 西北大学: 1–156.

刘永辉, 张中宝, 陈定朝, 等, 2011. 高气液比气井井下节流携液分析 [J]. 新疆石油地质, 32（5）: 495–497.

卢海川, 宋伟宾, 谢承斌, 等, 2018. 纳米基低密度水泥浆体系的研究与应用 [J]. 油田化学, 35（3）: 381–385.

罗晶, 巫芙蓉, 张洞君, 等, 2019. 基于电阻率约束的分频含气性预测技术 [J]. 天然气工业, 39（9）: 33–38.

罗静兰, 罗晓容, 白玉彬, 等, 2016. 差异性成岩演化过程对储层致密化时序与孔隙演化的影响 [J]. 地球科学与环境学报, 38（1）: 79–92.

马新华, 2005. 鄂尔多斯盆地天然气勘探开发形势分析 [J]. 石油勘探与开发, 4: 50–53.

马志欣，张吉，薛雯，等，2018. 一种辫状河心滩砂体构型解剖新方法［J］. 天然气工业，38（7）：16-24.

倪春华，刘光祥，朱建辉，等，2018. 鄂尔多斯盆地杭锦旗地区上古生界天然气成因及来源［J］. 石油实验地质，40（2）：193-199.

齐荣，2016. 鄂尔多斯盆地伊盟隆起什股壕区带气藏类型［J］. 石油与天然气地质，37（2）：218-223.

齐荣，2019. 鄂尔多斯盆地杭锦旗东部断裂特征及对天然气成藏的影响. 特种油气藏，26（4）：58-63.

齐荣，李良，2018. 鄂尔多斯盆地杭锦旗地区泊尔江海子断裂以北有效圈闭的识别［J］. 石油实验地质，40（6）：793-799.

齐荣，李良，秦雪霏，2019. 鄂尔多斯盆地北缘近源砂砾质辫状河砂体构型与含气性［J］. 石油实验地质，41（5）：682-690.

秦波波，罗春芝，杨云峰，2016. 水泥浆聚合物降滤失剂的合成及性能评价［J］. 长江大学学报（自科版），13（4）：27-29.

秦勇，2018. 中国煤系气共生成藏作用研究进展［J］. 天然气工业，38（4）：26-36.

邱隆伟，朱士波，高青松，等，2015. 杭锦旗地区山西组辫状河三角洲的判定及其沉积演化［J］. 河南理工大学学报（自然科学版），34（5）：626-633.

邱中建，邓松涛，2012. 中国非常规天然气的战略地位［J］. 天然气工业，32（1）：1-5.

邱中建，龚再升，1999. 中国油气勘探 第一卷：总论［M］. 北京：石油工业出版社.

曲占庆，何利敏，王冰，等，2014. 支撑剂表面疏水处理方法的研究［J］. 石油化工高等学校学报，27（1）：90-96.

宋毅，伊向艺，卢渊，2008. 地应力对垂直裂缝高度的影响及缝高控制技术研究［J］. 石油地质与工程，22（1）：75-77.

苏煜彬，赵倩云，姚坚，等，2020. 基于OTS-SAM技术的疏水石英砂支撑剂的制备及性能评价［J］. 现代化工，40（6）：165-168、174.

孙富全，侯藏，靳建州，等，2007. 超低密度水泥浆体系设计和研究［J］. 钻井液与完井液，24（3）：31-34.

孙焕泉，周德华，赵培荣，等，2021. 中国石化地质工程一体化发展方向［J］. 油气藏评价与开发，11（3）：269-280.

孙黎娟，吴凡，赵卫华，等，1998. 油藏启动压力的规律研究与应用［J］. 断块油气田，5（5）：30-33.

孙晓，2006. 杭锦旗地区上古生界盒1段厚层砂体疏导能力综合评价［J］. 石油地质与工程，30（1）：22-25.

孙晓，李良，丁超，2016. 鄂尔多斯盆地杭锦旗地区不整合结构类型及运移特征［J］. 石油与天然气地质，37（2）：165-172.

王勃，姚红星，王红娜，等，2018. 沁水盆地成庄区块煤层气成藏优势及富集高产主控地质因素［J］. 石油与天然气地质，39（2）：366-372.

王飞龙，2007. 鄂尔多斯盆地杭锦旗地区上古生界古水动力体系与油气运移成藏［D］. 西安：西北大学：15-98.

王凤国，2003. 鄂尔多斯盆地杭锦旗地区油气化探特征及含油气远景评价［J］. 物探与化探（2）：

104-105.

王国亭，贾爱林，闫海军，等，2017. 苏里格致密砂岩气田潜力储层特征及可动用性评价［J］.石油与天然气地质，38（5）：896-904.

王雷，张士诚，温庆志，2012. 不同类型支撑剂组合导流能力实验研究［J］.钻采工艺，35（2）：81.

王朋岩，刘凤轩，马锋，等，2014. 致密砂岩气藏储层物性上限界定与分布特征［J］.石油与天然气地质，35（2）：238-243.

王瑞飞，陈明强，2007. 储层沉积—成岩过程中孔隙度参数演化的定量分析——以鄂尔多斯盆地沿25区块、庄40区块为例［J］.地质学报，81（10）：1432-1438.

王思航，陈义才，张军帮，等，2014. 苏北盆地富民油田阜一段储层流体包裹体特征及成藏时期研究［J］.油气藏评价与开发，4（5）：79-92.

王宇，李颖川，余朝毅，2006. 气井井下节流动态预测［J］.天然气工业，26（2）：117-119.

魏周胜，王文斌，陈小荣，等，2002. 超低密度早强水泥浆在天然气井固井中的应用［J］.石油钻采工艺，24（6）：15-17.

翁定为，蒋廷学，焦亚军，等，2009. 安塞油田改变相渗压裂液重复压裂现场先导试验［J］.油气地质与采收率，16（2）：103-105.

吴奇，梁兴，鲜成钢，等，2015. 地质—工程一体化高效开发中国南方海相页岩气［J］.中国石油勘探，20（4）：1-23.

夏飞，2017. 浅谈我国致密气开发技术现状及未来发展潜力［J］.石化技术，24（9）：176.

夏鲁，刘震，李潍莲，等，2018. 砂岩压实三元解析减孔模型及其石油地质意义——以鄂尔多斯盆地十里加汗地区二叠系下石盒子组致密砂岩为例［J］.石油勘探与开发，45（2）：275-286.

鲜成钢，张介辉，陈欣，等，2017. 地质力学在地质工程一体化中的应用［J］.中国石油勘探，22（1）：75-88.

谢军，鲜成钢，吴建发，等，2019. 长宁国家级页岩气示范区地质工程一体化最优化关键要素实践与认识［J］.中国石油勘探，24（2）：174-185.

谢军，张浩淼，余朝毅，等，2017. 地质工程一体化在长宁国家级页岩气示范区中的实践［J］.中国石油勘探，22（1）：21-28.

谢润成，周文，李良，等，2010. 鄂尔多斯盆地北部杭锦旗地区上古生界砂岩储层特征［J］.新疆地质，28（1）：86-90.

谢增业，杨春龙，李剑，等，2020. 致密砂岩气藏充注模拟实验及气藏特征——以川中地区上三叠统须家河组砂岩气藏为例［J］.天然气工业，40（11）：31-40.

徐鸿涛，苏建政，孙俊，等，2015. 疏水支撑剂两相导流能力实验研究［J］.科学技术与工程，15（32）：27-31.

徐清海，2017. 鄂尔多斯盆地十里加汗地区致密砂岩气差异富集的主控因素及甜点区地质模型［D］.北京：中国地质大学：12-156.

徐轩，王继平，田珊珊，等，2016. 低渗含水气藏非达西渗流规律及其应用［J］.西南石油大学学报（自然科学版），38（5）：90-96.

徐亚军，杜远生，杨江海，2007. 沉积物物源分析研究进展［J］.地质科技情报（3）：26-32.

薛成国,何青,陈付虎,等,2014.测试压裂分析方法在富县探区的应用研究[J].油气藏评价与开发,4(1):54-57.

薛会,王毅,毛小平,等,2009.鄂尔多斯盆地北部上古生界天然气成藏期次——以杭锦旗探区为例[J].天然气工业,29(12):9-12.

薛会,张金川,王毅,等,2009.鄂北杭锦旗探区构造演化与油气关系[J].大地构造与成矿学,33(2):206-214.

杨朝蓬,高树生,刘广,等,2012.致密砂岩气藏渗流机理研究现状及展望[J].科学技术与工程,12(32):8606-8613.

杨海波,余金陵,魏新芳,等,2011.水平井免钻塞筛管顶部注水泥完井技术[J].石油钻采工艺,33(3):28-30.

杨华,付金华,2005.鄂尔多斯盆地天然气勘探开发战略研讨[J].天然气工业(4):1-5.

杨华,刘新社,黄道军,等,2016.长庆油田天然气勘探开发进展与"十三五"发展方向[J].天然气工业,36(5):1-14.

杨华,刘新社,孟培龙,2011.苏里格地区天然气勘探新进展[J].天然气工业,31(2):1-8.

杨华,刘新社,杨勇,2012.鄂尔多斯盆地致密气勘探开发形势与未来发展展望[J].中国工程科学,14(6):40-48.

杨华,魏新善,2007.鄂尔多斯盆地苏里格地区天然气勘探新进展[J].天然气工业,27(12):6-11.

杨华,杨奕华,石小虎,等,2007.鄂尔多斯盆地周缘晚古生代火山活动对盆内砂岩储层的影响[J].沉积学报,25(4):526-533.

杨俊杰,2002.鄂尔多斯盆地构造演化与油气分布规律[M].北京:石油工业出版社.

杨昆鹏,项忠华,黄鸣宇,等,2018.低成本超低密度水泥浆体系研究与应用[J].钻井液与完井液,35(4):92-95.

杨仁超,董亮,张吉,等,2020.苏里格气田西区地层水成因、分布规律与成藏模式[J].沉积学报:1-19.

杨涛,张国生,梁坤,等,2012.全球致密气勘探开发进展及中国发展趋势预测[J].中国工程科学,14(6):64-68.

杨娅敏,赵桂萍,李良,2016.杭锦旗地区地层水特征研究及其油气地质意义[J].中国科学院大学学报,33(4):519-527.

姚泾利,刘晓鹏,赵会涛,等,2019.鄂尔多斯盆地盒8段致密砂岩气藏储层特征及地质工程一体化对策[J].中国石油勘探,24(2):186-195.

姚泾利,周新平,惠潇,等,2019.鄂尔多斯盆地西缘古峰庄地区低级序断层封闭性及其控藏作用[J].中国石油勘探,24(1):72-81.

叶礼友,高树生,杨洪志,等,2015.致密砂岩气藏产水机理及开发对策[J].开发工程,35(2):41-46.

易士威,林世国,杨威,等,2013.四川盆地须家河组大气区形成条件[J].天然气地球科学,24(1):1-8.

尤欢曾,李良,2001.鄂北上古生界天然气成藏地质特征[J].天然气工业(S1):14-17.

袁志祥，2001. 鄂北塔巴庙、杭锦旗地区古生界天然气勘探前景分析［J］. 天然气工业（S1）：5-9.

翟光明，1992. 中国石油地质志（卷十二）［M］. 北京：石油工业出版社.

张广权，李浩，胡向阳，等，2018. 一种利用测井曲线齿化率刻画河道的新方法［J］. 天然气地球科学，29（12）：1767-1774.

张合文，崔明月，张宝瑞，等，2019. 低渗透薄层难动用边际油藏地质工程一体化技术——以滨里海盆地 Zanazour 油田为例［J］. 中国石油勘探，24（2）：203-209.

张吉，范倩倩，王艳，等，2019. 苏里格致密砂岩气藏大井组混合井网立体开发技术［J］. 新疆石油地质，40（6）：714-719.

张世华，田军，叶素娟，等，2019. 断层输导型天然气成藏模式的动态成藏过程——以川西坳陷新场构造带上三叠统须二段气藏为例［J］. 天然气工业，39（7）：49-56.

张威，李良，贾会冲，等，2016. 鄂尔多斯盆地杭锦旗地区十里加汗区带下石盒子组1段岩性圈闭成藏动力及气水分布特征［J］. 石油与天然气地质，37（2）：189-196.

张毅，陈东，邓钧耀，等，2019. 煤层气低温早强低密度水泥浆体系研究［J］. 硅酸盐通报，38（11）：3681-3685.

张永清，2020. 东胜气田二级井身结构水平井钻完井关键技术［J］. 石油地质与工程（5）：98-101.

张永清，张阳，邓红琳，等，2015. 红河油田长8油藏水平井钻完井技术［J］. 断块油气田（3）：384-387.

张照录，王华，杨红，2000. 含油气盆地的输导体系研究［J］. 石油与天然气地质，21（2）：133-135.

长庆油田石油地质志编写组，1992. 长庆油田 中国石油地质志 卷十二［M］. 北京：石油工业出版社.

赵邦六，董世泰，曾忠，等，2021. 中国石油"十三五"物探技术进展及"十四五"发展方向思考［J］. 中国石油勘探，26（1）：108-120.

赵国玺，2007. 泊尔江海子断裂带岩性特征及封闭性演化史研究［D］. 西安：西北大学：15-62.

赵红格，刘池洋，2003. 物源分析方法及研究进展［J］. 沉积学报，21（3）：409-415.

赵靖舟，付金华，曹青，等，2017. 致密油气成藏理论与技术评价［M］. 北京：石油工业出版社.

赵靖舟，李军，曹青，等，2013. 论致密大油气田成藏模式［J］. 石油与天然气地质，34（5）：573-583.

赵振宇，郭彦如，王艳，等，2012. 鄂尔多斯盆地构造演化及古地理特征研究进展［J］. 特种油气藏，19（5）：15-20.

周舰，2018. 产液水平气井井下节流工艺参数优化及应用［J］. 石油机械，46（4）：69-75.

周舰，王志彬，罗懿，等，2013. 高气液比气井临界携液气流量计算新模型［J］. 断块油气田，20（6）：775-778.

周瑞立，周舰，罗懿，等，2013. 低渗产水气藏携液模型研究与应用［J］. 岩性油气藏，25（4）：196-202.

朱筱敏，刘成林，曾庆猛，等，2005. 我国典型天然气藏输导体系研究——以鄂尔多斯盆地苏里格气田为例［J］. 石油与天然气地质，26（6）：724-729.

朱宗良，李文厚，李克永，等，2010. 杭锦旗地区上古生界层序及沉积体系发育特征［J］. 西北大学学报（自然科学版），40（6）：1050-1054.

邹才能，1997. 非常规油气地质［M］. 北京：地质出版社.

邹才能，陶卜振，侯连华，等，2011. 非常规油气地质［M］. 北京：地质出版社.

邹才能，陶士振，杨智，等，2012. 中国非常规油气勘探与研究新进展［J］. 矿物岩石地球化学通报，31（4）：312–322.

邹才能，陶士振，张响响，等，2008. 中国低孔渗大气区地质特征、控制因素和成藏机制［J］. 中国科学：D 辑，39（11）：1607–1624.

邹才能，张光亚，陶士振，等，2010. 全球油气勘探领域地质特征、重大发现及非常规石油地质［J］. 石油勘探与开发，37（2）：129–145.

邹才能，朱如凯，吴松涛，等，2012. 常规与非常规油气聚集类型、特征、机理及展望——以中国致密油和致密气为例［J］. 石油学报，33（2）：173–187.

Alvaro P, Faruk C, 1999. Modification of Darcy.law for the threshold Pressure gradient［J］. Joumal of Petroleum Seience and Engineering, 22（5）：237–240.

Bai D, Yang M, Lei Z, et al, 2020. Effect of tectonic evolution on hydrocarbon charging time：A case study from Lower Shihezi Formation（Guadalupian）, the Hangjinqi area, northern Ordos, China［J］. Journal of petroleum science & engineering, 184：106465.

Baoquan Z, Linsong C, Chunlan L, 2012. Low velocity non–linear flow in ultra–low permeability reservoir［J］. Journal of Petroleum Science and Engineering, 80（4）：1–6.

Caineng Zou, 2012. Unconventional Petroleum Geology［M］. Amsterdam：Elsevier Pr.

Civan F, 2008. Generalized Darcy's law by control volume analysis including capillary and orifice effects［J］. Journal of Canadian Petroleum Technology, 47（10）：1–7.

Cumella S P, Shanley K W, Camp W K, et al, 2008. Understanding, exploring, and developing tight gas sands［C］. Vail Hedberg Conference. AAPG Hedberg Series：5–12.

Ding J, Yang S, Cao T, et al, 2018. Dynamic threshold pressure gradient in tight gas reservoir and its influence on well productivity［J］. Arabian Journal of Geosciences, 11（24）：783–788.

Ding J, Yang S, Nie X, et al, 2014. Dynamic threshold pressure gradient in tight gas reservoir［J］. Journal of Natural Gas Science & Engineering, 20：155–160.

Holditch S A, 2006. Tight gas sands［J］. Journal of Petroleum Technology, 52（9）：86–94.

Huyan Y, Pang X, Jiang F, et al, 2019. Coupling relationship between tight sandstone reservoir and gas charging：An example from lower Permian Taiyuan Formation in Kangning field, northeastern Ordos Basin, China［J］. Marine and petroleum geology, 105：238–250.

Kazemi H, 1982. Low–permeability gas sands［J］. Journal oI Petroleum Technology, 34（10）：2229–2232.

Li Y, Xu W, Wu P, et al, 2020. Dissolution versus cementation and its role in determining tight sandstone quality：A case study from the Upper Paleozoic in northeastern Ordos Basin, China［J］. Journal of natural gas science and engineering, 78：103324.

Liu G, Zeng L, Zhu R, et al, 2021. Effective fractures and their contribution to the reservoirs in deep tight sandstones in the Kuqa Depression, Tarim Basin, China［J］. Marine and petroleum geology：124.

Passey Richard B, 1990. In Replay：Evaluation of Assay Linearity［J］. Clinical Chemistry, 36（3）：586–587.

Peng S, 2020. Gas-water relative permeability of unconventional reservoir rocks：Hysteresis and influence on production after shut-in［J］. Journal of natural gas science and engineering, 82：103511.

Qiao J, Zeng J, Jiang S, et al, 2019. Heterogeneity of reservoir quality and gas accumulation in tight sandstone reservoirs revealed by pore structure characterization and physical simulation［J］. Fuel（Guildford）, 253：1300-1316.

Songquan L, Linsong C, Xiusheng L, et al, 2008. Nonlinear seepage flow of ultralow permeability reservoirs ［J］. Petroleum Exploration and Development, 35（4）：606-612.

Spencer C W, 1985. Geologic aspects of tight gas reservoirs in the Rocky Mountain region［J］. Journal of Petroleum Technology, 37（8）：1308-1314.

Spencer C W, 1989. Review of Characteristics of low-permeability gas reservoirs in western United States［J］. AAPU Bulletin, 73（5）：613-629.

Stephen A Holditch, 2006. Tight gas sands［J］. SPE J（6）：86-93.

Wei X, Qun L, Shusheng G, et al, 2009. Pseudo threshold pressure gradient to flow for low permeability reservoirs［J］. Petroleum Exploration and Development, 36（2）：232-236.

Yang M, Li L, Zhou J, et al, 2013. Segmentation and inversion of the Hangjinqi fault zone, the northern Ordos basin（North China）［J］. Journal of Asian earth sciences, 70-71：64-78.

Yu Y, Lin L, Zhai C, et al, 2019. Impacts of lithologic characteristics and diagenesis on reservoir quality of the 4th member of the Upper Triassic Xujiahe Formation tight gas sandstones in the western Sichuan Basin, southwest China［J］. Marine and petroleum geology, 107：1-19.

Zhang M, Manabu T, Tetsuro E, 1998. Laboratory measurement of low-permeability rocks with a new flow pump system［J］. Material Research Soeiety Symposium：889-896.

Zhao W, Zhang T, Jia C, et al, 2020. Numerical simulation on natural gas migration and accumulation in sweet spots of tight reservoir［J］. Journal of natural gas science and engineering, 81：103454.

Zheng D, Pang X, Jiang F, et al, 2020. Characteristics and controlling factors of tight sandstone gas reservoirs in the Upper Paleozoic strata of Linxing area in the Ordos Basin, China［J］. Journal of natural gas science and engineering, 75：103-135.